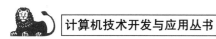

计算机技术开发与应用丛书

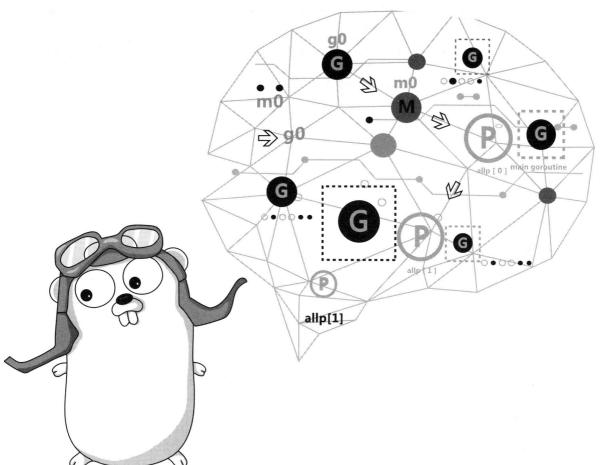

深度探索Go语言

对象模型与runtime的原理、特性及应用

封幼林◎编著

清华大学出版社

北京

内 容 简 介

本书主要讲解 Go 语言的一些关键特性的实现原理。Nicklaus Wirth 大师曾经说过：算法＋数据结构＝程序，语言特性的实现不外乎是数据结构＋代码逻辑。

全书内容共分为 4 部分：第一部分是基础特性(第 1～3 章)，第二部分是对象模型(第 4 和 5 章)，第三部分是调度系统(第 6 和 7 章)，第四部分是内存管理(第 8 和 9 章)。书中主要内容包括指针、函数栈帧、调用约定、变量逃逸、Function Value、闭包、defer、panic、方法、Method Value、组合式继承、接口、类型断言、反射、goroutine、抢占式调度、同步、堆和栈的管理，以及 GC 等。

书中包含大量的探索示例和源码分析，读者在学会应用的同时还能了解实现原理。书中绝大部分代码是用 Go 语言实现的，还有少部分代码是用汇编语言实现的，这些代码都可以使用 Go 语言官方 SDK 直接编译。探索过程循序渐进、条理清晰，用到的工具也都是 SDK 自带的，方便读者亲自上手实践。

本书适合 Go 语言的初学者，在学习语言特性的同时了解其实现原理。更适合有一定的 Go 语言应用基础，想要深入研究底层原理的技术人员，以及有一些其他编程语言基础，想要转学 Go 语言的开发者阅读。

图书在版编目（CIP）数据

深度探索 Go 语言：对象模型与 runtime 的原理、特性及应用/封幼林编著.—北京：清华大学出版社，2022.8（2022.11 重印）
　　（计算机技术开发与应用丛书）
　　ISBN 978-7-302-60085-5

　　Ⅰ. ①深…　Ⅱ. ①封…　Ⅲ. ①程序语言－程序设计　Ⅳ. ①TP312

中国版本图书馆 CIP 数据核字（2022）第 018232 号

责任编辑：赵佳霓
封面设计：吴　刚
责任校对：时翠兰
责任印制：朱雨萌

出版发行：清华大学出版社
　　　　网　　　址：http://www.tup.com.cn, http://www.wqbook.com
　　　　地　　　址：北京清华大学学研大厦 A 座　　　　邮　　编：100084
　　　　社　总　机：010-83470000　　　　　　　　　　邮　　购：010-62786544
　　　　投稿与读者服务：010-62776969, c-service@tup.tsinghua.edu.cn
　　　　质量反馈：010-62772015, zhiliang@tup.tsinghua.edu.cn
　　　　课件下载：http://www.tup.com.cn, 010-83470236
印　装　者：三河市龙大印装有限公司
经　　　销：全国新华书店
开　　　本：186mm×240mm　　　**印　张：**25　　　　　　　　**字　　数：**562 千字
版　　　次：2022 年 8 月第 1 版　　　　　　　　　　　　　　**印　　次：**2022 年 11 月第 2 次印刷
印　　　数：2001～3000
定　　　价：100.00 元

产品编号：091440-01

序一
FOREWORD

常有同学问我,学习技术的原理、机制到底有什么用?现在已经有很多不同的操作系统和编程语言,我们个人不太可能再去实现操作系统或编程语言!的确如此,如果以学习为目的,我们可以实现操作系统或编程语言的简陋原型,但在工作中并没有这样的需求和机会,而学习原理、机制的目的是增进自己对技术问题的判断,同时获得对典型问题和最佳方案的积累,让自己具备分析复杂技术问题和求解正确的技术方案的能力。

对于编程语言,优秀的程序员既能熟练地使用语言的各种特性,快速满足业务领域开发,又可以掌握语言的设计原理和底层机制。既是别人眼中的快刀手,也是面对难题,一击必中的高手。工作中在面对不同技术方案时,可以快速做出最合理的选择。既可以解决当前的问题,又可以让系统长治久安地演进,将来不会推倒重来,而这些分析判断都取决于你对技术原理和机制的理解。

最近几年,Go 语言进展迅速,吸引广大的程序员学习和使用。Go 语言有很多优秀特性,如 goroutine 可以让大家轻易写出高并发的服务。语言掌握起来也简单,往往学习两三周,就可以实际投入工作开发,但真正遇到复杂的场景、资源竞争或 GC 敏感时,缺少对 Go 语言机制和进程结构的理解,你会很难完成上述挑战。很可能当你使用 Go 语言多年后,仍然不能写出健壮的核心业务服务。

在《深度探索 Go 语言——对象模型与 runtime 的原理、特性及应用》中,封幼林把 Go 语言主要的核心特性从原理到应用,从底层的汇编代码到 Go 语言代码,以庖丁解牛般的剖析让读者对 Go 语言豁然开朗,使语言的原理与机制变得清晰和简单。相信读者在认真学习后,将使自己对 Go 语言理解与掌握有一个质的飞跃。

左文建

奇安信集团副总裁

序二
FOREWORD

Go 语言诞生距今已有十余年,我最开始使用 Go 语言还是在 2012 年,当时 Go 语言的 1.0 版本刚刚发布,虽然继承了 Plan 9 的衣钵,却有很多让人诟病的地方。我们当时用 Go 语言实现了一些 HTTP Client 和网络爬虫业务,虽然编写过程十分顺畅,但是会遇到 goroutine 和 GC 的性能和其他稳定性的问题,于是就变成了一次浅尝辄止的尝试。

随着时间的推移,我再次在业务中使用的 Go 语言已经到了 1.4 版本,它的稳定性问题已得到了解决。很快,随着 Go 1.5 版本的发布,GC 性能问题也不复存在,Go 语言终于成长为一门优秀的开发语言。而随着最近几次版本的新特性——泛型的加入,Go 语言在表达能力上获得更进一步的提升,未来十分可期。

我大部分时间在用 Go 语言写服务器端程序,但也用 Go 语言写过客户端程序,写过 PoC,写过 DSL,写过 JIT,甚至写过嵌入式程序的通信界面,Go 语言现在对我来讲已经成为相当称手的工具。选择 Go 语言进行开发意味着快速、便捷、高性能,甚至它已经成为云原生的代名词。

在我最初接触 Go 语言的时候,当时唯一一本 Go 语言的书籍就是许式伟老师编写的《Go 语言编程》,可以说是大家用中文学习 Go 语言的唯一途径,而现在则不断有很棒的中文书籍问世。《深度探索 Go 语言——对象模型与 runtime 的原理、特性及应用》直接从底层开始,为大家介绍需要的汇编基础知识,紧接着从指针、函数、goroutine 逐步深入,不断剖析 Go 语言原理,让大家获得最贴近实现原理的知识。拨开运行时的迷雾,不必猜测编写的 Go 语言代码运行时的行为,真正地让大家掌握 Go 语言全部的精髓。可以毫不夸张地说,这是一本 Go 语言的 High-End 图书。

书中作者先用示例代码描述原理和概念,然后辅以图例说明,最后使用对应生成的汇编代码予以佐证,可以说是学习 Go 语言底层知识的最佳途径。我阅读 Go 语言源代码特别喜欢直接在 Go 语言源码中进行 Hack,得益于 Go 语言的编译速度,Hack 完毕后进行编译,然后测试修改结果也十分迅速,这无疑提升了学习速度。建议大家不要怕源代码,只有在源代码中才能洞悉设计者的真正意图,才能理解设计所面临的工程问题和解决方案的精妙之处。

相信大家看完本书后,一定会受益匪浅,水平得到质的提升!

张旭红

金山办公 Exline 技术副总监,掘金技术社区前技术总监

序三
FOREWORD

不知从什么时候起，Go 语言圈子里突然多了一个看上去很可爱的蛋壳形象，把 Go 语言的底层实现与枯燥的 runtime 知识变成了妙趣横生的动画，呈现在编程世界里，赢得了大家的喜爱，让人有一种"旧时王谢堂前燕，飞入寻常 Gopher 家"的感觉。

一件事情，一门技术，如果能让大多数人觉得有意思，那再去学习它就不是什么难事了。

作者输出的文章和动画让我对作者本身也产生了一些兴趣，因为我也是一个 Gopher 和技术写作者，深知把庞杂的底层知识给别人讲明白是一件多么有挑战的事情。这些透彻的文章，以及看了令人舒心的技术动画，到底是怎么制作出来的呢？

在微信上与作者做过简单的交流之后，得知了作者自身多年的开发经验，以及底层与 C++ 的研发背景，这些谜团便揭开了。在我的研发生涯中碰到的大多数 C/C++ 工程师，对于底层和高并发知识都能如数家珍，但能够将这些积累与他人说清道明并不是每个人都能做得到的。既能学会又能讲清之人少之又少，作者就是其中之一，会使用 VideoScribe 的工程师也不是那么多。

现代的软件工程师，无论是应用工程师，还是基础设施工程师，都会对底层、高并发知识有浓厚的兴趣，这不是没有理由的，因为这些知识能够帮助我们定位出大部分日常开发中碰到的性能问题，理解并解决所有线上遇到的高并发环境下才会触发的 Bug。这些知识也是每个有追求的互联网公司的工程师所必备的专业素质，多读书，多写代码，多积累，最终才能让我们一步一步成为一个合格的技术专家，这些与公司内的头衔无关，是真正的技术硬实力。

本书的内容主要是 Go 语言的底层知识，相比其他写底层的书而言可能没有覆盖到"所有"底层细节，但其覆盖到的内容都是细之又细，相信大家在阅读本书或阅览作者制作的 Go 语言系列动画时一定能够有所收获。

曹春晖

《Go 语言高级编程》作者

序四
FOREWORD

　　得知《深度探索 Go 语言——对象模型与 runtime 的原理、特性及应用》即将出版上市，我感到非常高兴，更开心的是作者邀请我为此书写推荐序。

　　我和封幼林的相识，是通过幼麟实验室。幼麟实验室从 2020 年 5 月开始，持续以图解的形式讲解计算机和 Go 语言的相关知识，至今已经发布了一系列与 Go 语言相关的视频。内容涉及 Go 语言的 slice、map、内存对齐、函数栈帧、闭包、defer 和 panic 等基础特性，还有反射、goroutine、调度系统、Mutex、channel，以及 GC 等复杂问题，都以简单易懂的形式呈现出来。对广大 Gopher 来讲，是非常不错的参考学习资料。

　　本书是作者在图解视频和知乎系列文章的基础上，更加系统地重新创作而成。我们从本书的副标题"对象模型与 runtime 的原理、特性及应用"，就能看出本书的侧重点，对于想要深入了解这部分内容的读者很有参考价值。

　　本书从反汇编开始，结合图示讲解和源码分析，非常系统地探索了 Go 语言的基础特性、对象模型、调度系统和内存管理模块。在讲解 Go 语言底层知识的同时，作者的探索方法也很值得学习借鉴，让我们知其然也知其所以然。特别是对想要亲自动手探索语言底层实现的读者来讲，简直就是福音。

杨文

Go 夜读发起人

前 言
PREFACE

近几年来，Go语言作为一门服务器端开发语言越来越受欢迎，简洁易学的语法加上天生的高并发支持，还有日益完善的社区，让很多互联网公司开始转向Go语言。随着Go语言生态日趋成熟，各种组件框架如雨后春笋般涌现，市面上相关的书籍也多了起来，但是其中大部分是以应用为主，对于语言特性本身探索一般不太深入。笔者希望能够有一本讲解语言特性及实现原理的书，这也是写作本书的动机。

笔者当年刚参加工作的时候，使用的第一门开发语言是C++。虽然之前在学校用过C语言和汇编语言，但在接触到C++的一些面向对象特性时还是困惑了很久。直到有一天发现了《深度探索C++对象模型》，作者Stanley Lippman当年在贝尔实验室工作，是世界上第1个C++编译器——cfront的实现者，他从一个语言实现者的高度，对一些关键特性的实现原理及其背后的思考进行了详细阐述，使笔者受益匪浅。后来因为工作的原因，笔者开始使用Go语言，因为有了C/C++相关的基础，所以学习起来更加高效。尤其是当年学习C++对象模型，让笔者认识到语言特性也是通过数据结构和代码实现的，所以就按照自己的方式一边学习一边探索。第一次萌生要写点东西的念头是在给从PHP转Go语言的妻子讲完接口动态派发的实现原理后，用她的话来讲就是有种豁然开朗的感觉，并鼓励笔者把这些东西整理一下。后来我们就在微信公众号上以幼麟实验室的名义发布了一系列视频和文章，主要分析语言特性的底层实现。在一年多的时间里，幼麟实验室受到了广大网友的好评与支持，清华大学出版社的赵佳霓编辑也是在此期间联系了笔者，希望笔者能够把自己的探索研究整理成书。因为写作本书的关系，让笔者能够更系统地思考，收获颇多。希望本书能够帮助各位读者，解决大家学习Go语言中遇到的一些困惑。

本书主要内容

第1章介绍x86汇编的一些基础知识，包括通用寄存器、几条常用的指令，以及内存分页的实现原理等。

第2章介绍指针的实现原理，包括指针构成、相关操作，以及Go语言的unsafe包等。

第3章围绕函数进行一系列探索，包括栈帧布局、调用约定、变量逃逸、Function Value、闭包、defer和panic等。

第4章介绍方法的实现原理，包括接收者类型、Method Value和组合式继承等。

第5章围绕接口对Go语言的动态特性展开探索，包括装箱、方法集、动态派发、类型断言、类型系统和反射等。

第 6 章介绍 goroutine 的实现,包括 GMP 模型、goroutine 的创建与退出、调度循环、抢占式调度、timer、netpoller 和监控线程等。

第 7 章介绍同步的原理及其相关的组件,包括内存乱序、原子指令、自旋锁、Go 语言 runtime 中的互斥锁和信号量,以及 sync.Mutex 和 channel 等。

第 8 章介绍堆内存管理,包括 heapArena、mspan 等几种主要的数据结构,mallocgc 函数的主要逻辑,以及 GC 的三色抽象、写屏障等。

第 9 章介绍栈内存管理,包括 goroutine 栈的分配、增长、收缩和释放等。

阅读建议

本书写作过程主要使用了 Go 1.16 及之前的几个版本,为了避免后续版本可能发生的不兼容问题,相关示例建议使用 Go 1.13～Go 1.16 编译运行。

阅读本书不需要精通汇编语言、操作系统,但是需要对进程、线程这类基本概念有所了解。毕竟 Go 语言可直接构建生成系统原生的可执行文件,如果想要深入理解一些语言特性的实现原理,还是建议学习并实践一下多线程编程、IO 多路复用这类关键技术。

第一部分主要包括指针和函数,笔者希望大家能够通过这部分内容,对运行时栈及函数栈帧的相对寻址方式有深入的理解,为后续探索打下坚实的基础。

第二部分想要表达对 Lippman 大师的崇高敬意,至今难忘初次阅读《深度探索 C++ 对象模型》时那种"初闻大道,喜不自胜"的心情。按照 Lippman 大师的解释,对象模型应该是编译器对自定义数据类型的建模,指导了对象内存布局及其他一些数据结构和代码的生成。只有理解了语言特性的实现原理,才真正是磨刀不误砍柴工。

第三部分从服务器端程序开发的角度,梳理了如何从最初的多进程、多线程,逐渐发展到现在的协程。runtime 的调度逻辑还是比较复杂的,但是最核心的思想就是 IO 多路复用与协程的结合,让每个任务有自己独立的栈,而同步的核心就是确立 Happens Before 条件。

第四部分从堆和栈两方面,梳理了内存管理的实现。内存分配方面应重点关注主要的数据结构。至于 GC 方面,应先理解宏观层面的整体思想和流程,然后去研究一些细节会更加容易。整个 runtime 实际上是个不可分割的整体,在这里会看到内存管理对类型系统的依赖。

本书源代码

扫描下方二维码,可获取本书源代码:

本书源代码

致谢

感谢那些喜爱 Go 语言的网友对笔者的支持；感谢清华大学出版社的赵佳霓编辑；感谢我的家人，尤其是和我一起讨论技术问题并帮忙整理书稿的妻子，给予我莫大的支持。

由于时间仓促，并且受限于笔者水平，书中难免有不妥之处，请读者见谅，并提宝贵意见。

封幼林

2022 年 5 月

目 录
CONTENTS

第 1 章

汇 编 基 础

20 世纪 90 年代，随着 Microsoft Windows 系统在世界范围流行，Intel 公司的 x86 架构 CPU 占据了个人计算机的主要市场。近十年来，开源的 Linux 系统日渐成熟完善，伴随着云计算的热潮，各大互联网巨头纷纷推出了基于 x86_64 架构的弹性计算服务，x86 架构又占据了服务器的主要市场。本章只简单讲解 x86 汇编语言的必要基础知识，其目的是为后续研究 Go 语言的底层特性做好准备。熟悉 x86 架构和 x86 汇编的读者，可以跳过本章直接阅读后续章节。

文中所使用的寄存器名称，以及示例汇编代码都符合 Intel 汇编风格，与 Go 语言自带的反汇编工具有一些差异，在本章的最后会进行简单的对比说明。

1.1 x86 通用寄存器

本节简单介绍一下 x86 架构的通用寄存器，包括 32 位的 x86 架构和 64 位的 x86_64 架构，后者是由 AMD 公司首先推出的，也称为 amd64 架构。因为 64 位架构是基于 32 位扩展而来的，保持了向前兼容，所以本节先介绍 32 位架构，再介绍 64 位进行了哪些扩展。

1.1.1 32 位架构

32 位 x86 架构的 CPU 有 8 个 32 位的通用寄存器，在汇编语言中可以通过名称直接引用这 8 个寄存器。按照 Intel 指令编码中的编号和名称如表 1-1 所示。

表 1-1　Intel 指令编码中 8 个通用寄存器的编号和名称

编号	名称	编号	名称
0	EAX	4	ESP
1	ECX	5	EBP
2	EDX	6	ESI
3	EBX	7	EDI

其中编号为 0～3 的 4 个寄存器还可以进一步拆分。如图 1-1 所示，EAX 的低 16 位可以单独使用，引用名称为 AX，而 AX 又可以进一步拆分成高字节的 AH 和低字节的 AL 两个

8 位寄存器。

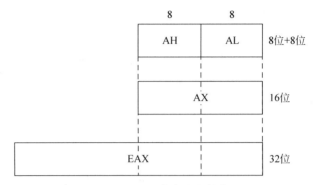

图 1-1　EAX 寄存器的结构

EAX、ECX、EDX 和 EBX 寄存器都是按照表 1-2 所示的方式设计的。这种设计让开发者能够非常方便地对不同大小的数据进行操作。

表 1-2　编号为 0～3 的寄存器的结构设计

32 位	16 位	高 8 位	低 8 位
EAX	AX	AH	AL
ECX	CX	CH	CL
EDX	DX	DH	DL
EBX	BX	BH	BL

编号为 4～7 的 4 个寄存器,低 16 位也有独立的名称,但是没有对应的 8 位寄存器,如表 1-3 所示。可以认为这 4 个 16 位寄存器是为了向前兼容 16 位的 8086,在 32 位的程序中很少使用。

表 1-3　编号为 4～7 的寄存器的结构设计

32 位	16 位	32 位	16 位
ESP	SP	ESI	SI
EBP	BP	EDI	DI

有些通用寄存器是有特殊用途的:

(1) EAX 寄存器会被乘法和除法指令自动使用,通常称为扩展累加寄存器。

(2) ECX 被 LOOP 系列指令用作循环计数器,但是多数上层语言不会使用 LOOP 指令,一般通过条件跳转系列指令实现。

(3) ESP 用来寻址栈上的数据,很少用于普通算数或数据传输,通常称为扩展栈指针寄存器。

(4) ESI 和 EDI 被高速内存传输指令分别用来指向源地址和目的地址,被称为扩展源索引寄存器和扩展目标索引寄存器。

（5）EBP 在高级语言中被用来引用栈上的函数参数和局部变量，一般不用于普通算数或数据传输，称为扩展帧指针寄存器。

除了这些通用寄存器之外，还有一个标志寄存器 EFLAGS 比较重要。汇编语言中用于比较的 CMP 和 TEST 会修改标志寄存器里的相关标志，再结合条件跳转系列指令，就能实现上层语言中的大部分流程控制语句，此处不进一步展开。

最后还有一个很重要而且很特殊的寄存器，即指令指针寄存器 EIP。指令指针寄存器中存储的是下一条将要被执行的指令的地址，而且汇编语言中不能通过名称直接引用 EIP，只能通过跳转、CALL 和 RET 等指令间接地修改 EIP 的值。

1.1.2　64 位架构

64 位架构把通用寄存器的个数扩展到 16 个，之前的 8 个通用寄存器也被扩展成了 64 位，每个寄存器的低 8 位、16 位、32 位都可以单独使用。寄存器结构设计如表 1-4 所示。

表 1-4　64 位架构下 16 个通用寄存器的结构设计

64 位	32 位	16 位	8 位
RAX	EAX	AX	AL
RCX	ECX	CX	CL
RDX	EDX	DX	DL
RBX	EBX	BX	BL
RSP	ESP	SP	SPL
RBP	EBP	BP	BPL
RSI	ESI	SI	SIL
RDI	EDI	DI	DIL
R8 ~ R15	R8D ~ R15D	R8W ~ R15W	R8B ~ R15B

指令指针 EIP 被扩展为 64 位的 RIP，但依然不能在代码中直接引用。标志寄存器 EFLAGS 被扩展为 64 位的 RFLAGS，里面的标志位保持向前兼容。

内存地址也扩展到了 64 位，实际上目前的硬件只使用了低 48 位，在 1.3 节介绍内存分页机制时会进行相关说明。

1.2　常用汇编指令

x86 的汇编指令一般由一个 opcode（操作码）和 0 到多个 operand（操作数）组成，大多数指令包含两个操作数，一个目的操作数和一个源操作数。为了便于理解上层语言中一些特性的实现，下面简单介绍几条常用的指令。

1.2.1　整数加减指令

x86 汇编使用 ADD 指令进行整数的加法运算，该指令有两个操作数，第 1 个操作数也叫作目的操作数,第 2 个操作数也叫作源操作数。ADD 指令把两个操作数的值相加,然后把结果存放到目的操作数中。源操作数可以是寄存器、内存或立即数,而目的操作数需要满足可写的条件,所以只能是寄存器或内存,而且两个操作数不能同时为内存。

如下指令将 EAX 寄存器的值加上 16,并把结果存回 EAX 中,指令如下:

```
ADD EAX, 16
```

整数减法运算通过 SUB 指令来完成,对操作数的要求和 ADD 指令一致,不过是从目的操作数中减去源操作数,并把结果存回目的操作数中。

如下指令将 ESP 寄存器的值减去 32,并把结果存回 ESP 中,就像高级语言中分配函数栈帧时所做的那样,指令如下:

```
SUB ESP, 32
```

包括 ADD 和 SUB 在内的很多汇编指令能够接受不同大小的参数,例如通过两个 8 位寄存器进行 int8 加法,指令如下:

```
ADD AL, CL
```

通过两个 16 位寄存器进行 int16 加法,指令如下:

```
ADD AX, CX
```

x86 是一个复杂指令集架构,很多指令像这样支持多种操作数组合,虽然代码中使用同一个 opcode 名称,但是实际编译后对应的是不同的 opcode。上层语言中的数据类型会指导编译器,在编译阶段选择合适的 opcode 和对应的 operand。

1.2.2 数据传输指令

x86 有多种数据传输指令,这里只简单介绍最常用的 MOV 指令。MOV 指令主要用来在寄存器之间及寄存器和内存之间传输数据,也可以用来把一个立即数写到寄存器或内存中。第 1 个操作数称为目的操作数,第 2 个操作数是源操作数,MOV 指令用于把源操作数的值复制到目的操作数中。

把 ECX 寄存器的值复制到 EAX 寄存器中,指令如下:

```
MOV EAX, ECX
```

把数值 1234 复制到 EDX 寄存器中,指令如下:

```
MOV EDX, 1234
```

因为涉及从内存中读写数据,所以接下来有必要了解一下 x86 常用的几种内存寻址方式,实际上很多指令会涉及内存寻址,不过跟数据传输放在一起讲解更容易理解。

指令中可以直接给出内存地址的偏移量,又称为位移,也可以通过一项或多项数据计算得到一个地址。

(1) Displacement:位移,是一个 8 位、16 位或 32 位的值。

(2) Base:基址,存放在某个通用寄存器中。

(3) Index:索引,存放在某个通用寄存器中,ESP 不可用作索引。

(4) Scale:比例因子,用来与索引相乘,可以取值 1、2、4、8。

经过计算得到的地址称为有效地址,计算公式如式(1-1)所示。

$$\text{Effective Address} = \text{Base} + (\text{Index} \times \text{Scale}) + \text{Displacement} \qquad (1\text{-}1)$$

Base、Index 和 Displacement 可以随意组合,任何一个都可以不存在,如果不使用 Index 也就没有 Scale。Index 和 Scale 主要用来寻址数组和多维数组,这里不继续展开。下面简单介绍基于 Base 和 Displacement 的寻址。

(1) 位移(Displacement):一个单独的位移表示距离操作数的直接偏移量。因为位移被编码在指令中,所以一般用于编译阶段静态分配的全局变量之类。

(2) 基址(Base):将内存地址存储在某个通用寄存器中,寄存器的值可以变化,所以一般用于运行时动态分配的变量、数据结构等。

(3) 基址+位移(Base + Displacement):基址加位移,尤其适合寻址运行时动态分配的数据结构的字段,以及函数栈帧上的变量。

如下 3 条汇编指令分别使用位移、基址和基址+位移这 3 种寻址方式,指令如下:

```
MOV EAX, [16]
MOV EAX, [ESP]
MOV EAX, [ESP + 16]
```

1.2.3 入栈和出栈指令

1.1 节在介绍通用寄存器的时候,提到过 ESP 寄存器有特殊用途,被 CPU 用作栈指针。x86 的一些指令虽然不直接以 ESP 为操作数,但是会隐式地修改 ESP 的值,例如入栈和出栈指令。

入栈指令 PUSH 只有一个操作数,即要入栈的源操作数。PUSH 指令会先将 ESP 向下移动一个位置,然后把源操作数复制到 ESP 指向的内存处,代码如下:

```
PUSH EAX
```

等价于:

```
SUB ESP, 4
MOV [ESP], EAX
```

最后这个 MOV 指令把 ESP 用作基址进行寻址。

出栈指令 POP 也只有一个操作数,是用来接收数据的目的操作数。POP 指令会先把 ESP 指向的内存处的值复制到目的操作数中,然后把 ESP 向上移动一个位置,代码如下:

```
POP EAX
```

等价于:

```
MOV EAX, [ESP]
ADD ESP, 4
```

1.2.4 分支跳转指令

x86 的指令指针寄存器 EIP 始终指向下一条将要被执行的指令,但是汇编代码中并不能通过名称直接引用 EIP,所以无法通过 MOV 之类的指令修改 EIP 的值。有一系列用于进行分支跳转的指令会隐式地修改 EIP 的值,例如无条件跳转指令 JMP。

JMP 指令只有一个操作数,可以是一个立即数、通用寄存器或内存位置,通过这个操作数给出了将要跳转到的目的地址,代码如下:

```
//跳转到地址 32 处
JMP 32
//跳转目的地址经由 EAX 给出
JMP EAX
//跳转目的地址经由内存位置给出
JMP [EAX + 32]
```

跳转操作与过程调用不同,不记录返回地址。除了无条件跳转指令,x86 还提供了一组条件跳转指令,根据标志寄存器 EFLAGS 中的不同标志位来决定是否跳转,此处不一一介绍。

1.2.5 过程调用指令

绝大多数的上层语言提供了函数这一语言特性,在汇编语言中被称为过程。x86 的过程调用通过 CALL 指令实现,该指令和跳转指令一样只有一个操作数,也就是过程的起始地址。可以认为 CALL 在 JMP 的基础上多了一步记录返回地址的操作,返回地址就是紧随 CALL 之后的下一条指令的地址。CALL 指令先把返回地址入栈,然后跳转到目的地址执行。

目的地址也可以经由一个立即数、通用寄存器或内存位置来给出。假如下一条指令的地址为 32,代码如下:

```
CALL EAX
```

等价于:

```
PUSH 32
JMP EAX
```

子过程执行完成后通过 RET 指令返回,RET 指令会从栈上弹出返回地址,并跳转到该地址处继续执行。

RET 指令有两种格式,一种没有操作数,只用来完成返回地址弹出和跳转,另一种有一个立即数参数,在上层语言实现某些调用约定时用来调整栈指针,代码如下:

```
RET 8
```

等价于:

```
RET
ADD ESP, 8
```

远调用(Call far)和远返回在上层语言中基本不会用到,这里不予介绍。

1.3 内存分页机制

1.3.1 线性地址

在 DOS 时代,应用程序直接访问物理内存,代码中的地址都是实际的物理内存地址。任何程序都有权读写所有的物理内存,稍有不慎就会覆盖掉其他程序的代码或数据,连操作系统内核也无法自保。随着 80386 芯片的到来,PC 进入了保护模式,并且开启了内存分页模式,通过特权级和进程地址空间隔离机制,解决了上述问题。如今,主流的操作系统采用分页的方式管理内存。

在分页模式下,应用程序中使用的地址被称为线性地址,需要由 MMU(Memory Management Unit)基于页表映射转换为物理地址,整个转换过程对于应用程序是完全透明的。

1.3.2 80386 两级页表

80386 架构的线性地址的宽度为 32 位,所以可以寻址 4GB 大小的空间,与进程的地址空间大小相对应。地址总线为 32 位,硬件可以寻址 4GB 的物理内存。分页机制将每个物理内存页面的大小设定为 4096 字节,并按照 4096 对齐。

因为每个页面的大小为 4096 字节,并且地址总线的宽度为 32 位,所以每个页面中正好可存储 1024 个物理页面的地址。完整的页表结构的第一层是 1 个页目录页面,其物理地址存储在 CR3 寄存器中,通过页目录页面进一步找到第二层的 1024 个页表页面。

32 位的线性地址被 MMU 按照 10 位＋10 位＋12 位划分，整个地址转换过程如图 1-2 所示。前两个 10 位的取值范围都是 0～1023，分别用作页目录和页表的索引。最后的 12 位，取值范围为 0～4095，用作最终的页面内偏移。

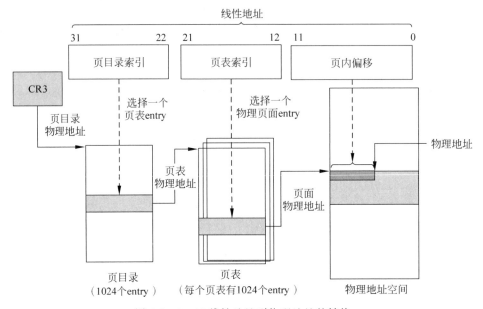

图 1-2　80386 线性地址到物理地址的转换

1.3.3　PAE 三级页表

80386 架构的线性地址的宽度为 32 位，每个进程拥有 4GB 的线性地址空间。主流操作系统一般按照 2∶2 或 3∶1 的方式进一步将进程的 4GB 地址空间划分为用户空间和内核空间。因为内核只有一份，所以内核占用的这组物理页面由所有进程共享，而每个进程独享自己 2GB 或 3GB 的用户空间，即所谓的进程地址空间隔离就是通过进程独立的页表实现的，然而硬件 32 位的地址总线只能寻址 4GB 的物理内存，在多进程的操作系统上，每个进程实际能够映射到的物理页面远远不足 2GB。在这种情况下，Intel 推出了物理地址扩展技术（Physical Address Extension，PAE）。

PAE 将地址总线拓展到 36 位，从而使硬件能够寻址多达 64GB 的物理内存。线性地址的宽度仍然是 32 位，MMU 的页表映射机制需要进行相应调整，以支持从 32 位线性地址到 36 位物理地址的映射。

为了支持 36 位的物理地址，页目录和页表中的地址项被调整为 64 位，一个页面只能存储 512 个地址。MMU 将 32 位的线性地址按照 2 位＋9 位＋9 位＋12 位划分，整个地址转换过程如图 1-3 所示，在页目录之前又加了一层页目录指针，总共三级页表映射。高两位用来选择一个页目录，接下来的 9 位用来选择一个页表，再用 9 位来选择一个物理页面，加上最后 12 位的偏移值,最终确定一个物理地址。

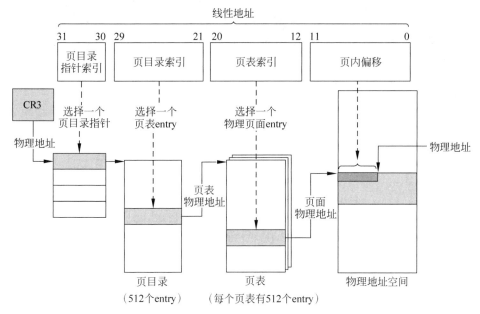

图 1-3　PAE 线性地址到物理地址的转换

1.3.4　x64 四级页表

通过 PAE 技术,虽然硬件支持的物理内存变大了,但进程的地址空间大小并没有变化。对于某些类型的程序,例如数据库程序,进程 2～3GB 的用户地址空间成为明显的瓶颈,而且 32 位的数据宽度也无法满足时下的计算需求,所以 64 位架构应运而生了。

Intel 推出的 IA64 架构因为与原来的 x86 架构不兼容,所以没能普及,而 AMD 公司通过扩展 x86 推出的 x64 架构,因为良好的向下兼容性而被广泛采用。常见的 x64、x86_64 都是指 amd64 架构,如今的个人计算机基本是基于 amd64 架构的。

在 amd64 上,寄存器的宽度变成了 64 位,而线性地址实际只用到 48 位,也就是最大可寻址 256TB 的内存。很少有单台计算机会安装如此大量的内存,所以没有必要实现 48 位的地址总线,常见的个人计算机的 CPU 的地址总线实际还不到 40 位,例如笔者的计算机的 Core i7 实际只有 36 位。服务器的 CPU 的地址总线的宽度会更大,例如 Xeon E5 系列能达到 46 位。

amd64 在 PAE 的基础上进一步把页表扩展为四级,每个页面的大小仍然是 4096 字节,MMU 将 48 位的线性地址按照 9 位＋9 位＋9 位＋9 位＋12 位划分,整个地址转换过程如图 1-4 所示。高 9 位选择一个页目录指针表,再用 9 位选择一个页目录,接下来的两个 9 位分别用于选择页表和物理页面,最后的 12 位依然用作页内偏移值。

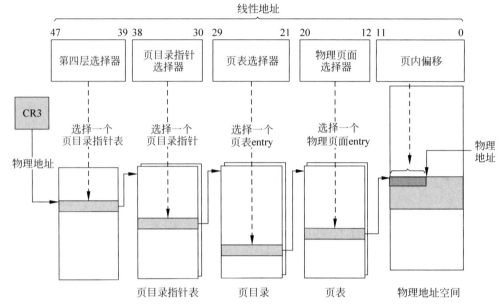

图 1-4 amd64 线性地址到物理地址的转换

1.3.5 虚拟内存

乍看起来,完整的页表结构会占用大量的内存,例如在 80386 上就会占用 1+1024=1025 个物理页面。因为页目录本身也被用作页表,所以实际上是 1024 个页面,总共占用 4096× 1024=4MB 的空间。因为系统空间是所有进程共享的,所以对应的页表也是共享的,而大多数进程并不会申请大量的用户空间内存,用不到的页表也不会被分配,所以进程的页表是稀疏的,并不会占用太多的内存。

进程是以页面为单位向操作系统申请内存的,操作系统一般只是对进程已申请的区间进行记账,并不会立刻映射所有页面。等到进程真正去访问某个未映射的页面时,才会触发 Page Fault 异常,操作系统注册的 Page Fault Handler 会检查内存记账:如果目标地址已申请,就是合法访问,系统会分配一个物理页面并完成映射,然后恢复被中断的程序,程序对这一切都是无感的;如果目标地址未申请,就是非法访问,系统一般会通过信号、异常等机制结束目标进程。

当物理内存不够用的时候,操作系统可以把一些不常使用的物理页面写到磁盘交换分区或交换文件,从而能够将空出的页面给有需要的进程使用。当被交换到磁盘的页面再次被访问时,也会触发 Page Fault,由 Page Fault Handler 负责从交换分区把数据加载回内存。程序对这一切都是无感的,并不知道某个内存页面到底是在磁盘上,还是在物理内存中,所以称为进程的虚拟内存。

6min

1.4 汇编代码风格

Go 语言使用的汇编代码风格跟最常见的 Intel 风格和 AT&T 风格都不太相同,根据官方文档的说法,是基于 Plan 9 汇编器的风格做了一些调整。本节简单对比 Go 汇编和 Intel 汇编的风格差异。

1. 操作数的宽度

在 Go 汇编中通过指令的后缀来判断操作数的宽度,后缀 W 代表 16 位,后缀 L 代表 32 位,后缀 Q 代表 64 位,不像 Intel 汇编中有 AX、EAX、RAX 不同的寄存器名称。例如对于整数自增指令,Intel 汇编风格的代码如下:

```
INC EAX
INC RCX
```

对应的 Go 汇编风格的代码如下:

```
INCL AX
INCQ CX
```

2. 操作数的顺序

对于常见的有两个操作数的指令,Go 汇编中操作数的顺序与 Intel 汇编中操作数的顺序是相反的,源操作数在前而目的操作数在后。

例如 Intel 汇编的代码如下:

```
MOV EAX, ECX
```

转换成 Go 汇编的代码如下:

```
MOVL CX, AX
```

3. 地址的表示

有效地址的计算公式如式(1-1)所示,如果要用 ESP 作为基址寄存器,EBX 作为索引寄存器,比例系数取 2,位移为 16,则可以分别给出两种风格的代码。

Intel 汇编的代码如下:

```
[ESP + EBX * 2 + 16]
```

Go 汇编的代码如下:

```
16(SP)(BX * 2)
```

4. 立即数格式

Go 汇编中的立即数类似于 AT&T 风格的立即数,需要加上 $ 前缀。

Intel 汇编的代码如下:

```
MOV EAX, 1234
```

Go 汇编的代码如下:

```
MOVL $1234, AX
```

1.5　本章小结

　　本章简单介绍了 x86 架构的通用寄存器、内存寻址方式和比较关键的几组指令。了解了操作系统以页面为单位的内存管理机制,以及分页模式下线性地址到物理地址的映射过程。还简要地对比了 Go 汇编风格与 Intel 汇编风格的几点不同。鉴于后续章节中将会经常用到反汇编技术来探索 Go 语言的特性,所以本章内容旨在让读者掌握必要的汇编基础知识。

第2章

指　　针

指针凭借其灵活强大的内存操作能力,在 C 和 C++中扮演着非常重要的角色,但也因一些常见的安全问题给人们带来很多困扰。指针在 Go 语言中被保留了下来,但是影响力似乎大大降低了,出于安全方面的考虑,指针运算等一些重要特性被移除,使指针显得不再那么重要。在学习过程中,有很多人对值类型、指针或引用类型,以及值和地址这些概念感到困惑。本章从指针的构成出发,首先理解指针的本质,然后逐一分析指针的常见操作的实现原理,以及常见的问题和解决方法,最后介绍关于 Go 语言 unsafe 包的一些思考和实践。

2.1　指针构成

在 Go 语言中,声明一个指针变量的示例代码如下:

```
var p * int
```

变量名为 p,其中的 * int 为变量的类型。对 * int 进一步拆解, * 表明了 p 是一个指针变量,用来存储一个地址,而 int 是指针的元素类型,也就是当 p 中存了一个有效地址的时候,该地址处的内存会被解释为 int 类型。

无论指针的元素类型是什么,指针变量本身的格式都是一致的,即一个无符号整型,变量大小能够容纳当前平台的地址。例如在 386 架构上是一个 32 位无符号整型,在 amd64 架构上是一个 64 位无符号整型。

有着不同元素类型的指针被视为不同类型,这是语言设计层面强加的一层安全限制,因为不同的元素类型会使编译器对同一个内存地址进行不同的解释。

2.1.1　地址

在 Go 语言中,一个有效的地址就是一个无符号整型数值,运行阶段用来在进程的内存地址空间中确定一个位置。

在第 1 章中简单地介绍了 x86 的几种常用寻址方式,指针一般会用到基址＋位移的寻址方式。例如当指针元素的类型为 int 时,通过指针访问 int 元素的代码被编译成汇编指令,就是将某个通用寄存器用作基址进行寻址。

在 amd64 架构下通过 go build 命令编译一个示例,代码如下:

```go
//第 2 章/code_2_1.go
package main

func main() {
    n : = 10
    println(read(&n))
}

//go:noinline
func read(p * int) (v int) {
    v = * p
    return
}
```

使用 Go 自带的 objdump 工具反编译 main.read()函数,得到的汇编代码如下:

```
$ go tool objdump - S - s 'main.read' gom.exe
TEXT main.read(SB) C:/gopath/src/fengyoulin.com/gom/code_2_1.go
        v = * p
  0x488ee0          488b442408          MOVQ 0x8(SP), AX
  0x488ee5          488b00              MOVQ 0(AX), AX
        return
  0x488ee8          4889442410          MOVQ AX, 0x10(SP)
  0x488eed          c3                  RET
```

在第一条 MOVQ 指令中,第 1 个操作数 0x8(SP)表示参数 p 在栈上的地址,关于函数栈帧布局,将会在第 3 章中详细介绍,目前只要理解这条指令的作用是把参数 p 中存储的地址值复制到 AX 寄存器中即可。

在第二条 MOVQ 指令中,第 1 个操作数使用 AX 作为基址加上位移 0,也就是用基址＋位移的方式寻址指针 p 指向的数据,所以这条指令的作用就是把目标地址处的值复制到 AX 中。

在第三条 MOVQ 指令中,第 2 个操作数 0x10(SP)表示栈上返回值的地址,所以这条指令的作用就是把 AX 中存储的值复制到返回值 v 中。

经过上面三条指令,便可成功地把指针 p 指向的数据复制到函数返回值空间。

2.1.2 元素类型

指针本身就是个无符号整型,这一点不会因不同的元素类型而有所不同,而元素类型会影响编译器如何对指针中存储的地址进行解释,这一点也可以通过汇编代码进行验证。

把第 2 章/code_2_1.go 中 read()函数修改为 read32()函数,其主要目的是改变参数和返回值的类型,代码如下:

```
//第 2 章/code_2_2.go
//go:noinline
func read32(p * int32) (v int32) {
    v = *p
    return
}
```

修改后的代码重新进行编译和反编译,得到的汇编代码如下:

```
$ go tool objdump - S - s 'main.read32' gom.exe
TEXT main.read32(SB) C:/gopath/src/fengyoulin.com/gom/code_2_2.go
        v = *p
    0x488f30              488b442408            MOVQ 0x8(SP), AX
    0x488f35              8b00                  MOVL 0(AX), AX
        return
    0x488f37              89442410              MOVL AX, 0x10(SP)
    0x488f3b              c3                    RET
```

可以看到第一条用于复制指针存储的地址的指令没有发生变化。第二条指令中的内存寻址单元 0(AX)也没有变,而原本后两条 MOVQ 指令现在变成了 MOVL,表明复制的数据长度发生了变化,从 8 字节变成了 4 字节。造成这一变化的原因正是指针元素类型从 int 变成了 int32。

2.2　相关操作

本节分析指针常见操作及其底层实现原理,也会介绍指针所引发的那些广受诟病的问题,以及在 Go 语言中如何解决这些问题。此外,一些指针特性受限于安全问题,在 Go 语言中不能直接使用,在本节也会探讨一些替代方案及背后的思考。

2.2.1　取地址

指针中存储的是地址,而地址一般通过取地址运算符获得,或者在动态分配内存时由 new 之类的函数返回。在 Go 语言中取地址运算符与 C 语言相比似乎没什么变化,编译器会确保应用取地址运算符的变量类型与指针的元素类型是一致的。下面仍然通过反编译一个简单的函数,来看一下取地址运算符到底做了什么。

在 amd64 架构下通过 go build 命令编译一个示例,代码如下:

```
//第 2 章/code_2_3.go
package main

var n int

func main() {
    println(addr())
}

//go:noinline
func addr() (p * int) {
    return &n
}
```

反编译 main.addr() 函数得到的代码如下：

```
$ go tool objdump − S − s 'main.addr' gom.exe
TEXT main.addr(SB) C:/gopath/src/fengyoulin.com/gom/code_2_3.go
        return &n
  0x488f90              488d05691f0f00              LEAQ main.n(SB), AX
  0x488f97              4889442408                  MOVQ AX, 0x8(SP)
  0x488f9c              c3                          RET
```

其中 LEAQ 指令的作用就是取得 main. n 的地址并装入 AX 寄存器中。后面的
MOVQ 指令则把 AX 的值复制到返回值 p。

这里获取的是一个包级别变量 n 的地址，等价于 C 语言的全局变量，变量 n 的地
址是在编译阶段静态分配的，所以 LEAQ 指令通过位移寻址的方式得到了 main. n 的地
址。LEAQ 同样也支持基于基址和索引获取地址，具体可参考第 1 章所介绍的 x86 寻址
方式。

在 C 语言中，不应该将函数内某个局部变量的地址作为返回值返回，虽然编译器允许
这样的代码通过编译，但在代码逻辑上却属于明显的 Bug。因为函数一旦返回，栈帧随即销
毁，这部分内存会被后续的函数栈帧覆盖，所以通过返回的指针读写栈上的数据就可能会造
成程序异常崩溃，虽然也有可能不会崩溃，但是基于错误的数据继续运行下去，会变得更加
难以调试和排查。

在 Go 语言中，通过逃逸分析机制避免了此类问题。来看一个示例，代码如下：

```
//第 2 章/code_2_4.go
//go:noinline
func newInt() (p * int) {
    var n int
    return &n
}
```

其中变量 n 实际上是在堆上分配的,因为 n 逃逸到堆上,所以即使 newInt() 函数返回,函数栈帧销毁,也不会影响后续正常使用 n 的指针。待到第 3 章介绍函数时再进一步介绍逃逸。

2.2.2　解引用

通过指针中的地址去访问原来的变量,就是所谓的指针解引用。在 2.1.1 节已经通过反编译验证了指针的解引用过程,就是把地址存入某个通用寄存器,然后用作基址进行寻址。接下来就介绍一下 C 语言中与指针解引用相关的几个常见问题,以及这些问题在 Go 语言中是如何解决的。

1. 空指针异常

所谓空指针,就是地址值为 0 的指针。按照操作系统的内存管理设计,进程地址空间中地址为 0 的内存页面不会被分配和映射,保留地址 0 在程序代码中用作无效指针判断,所以对空指针进行解引用操作就会造成程序异常崩溃,程序代码在对指针进行解引用前,始终要确保指针非空,因而需要添加必要的判断逻辑。

所以遭遇空指针异常并非语言设计方面的缺陷,而是程序逻辑上的 Bug。Go 语言中对空指针进行解引用会造成程序 panic(宕机)。

2. 野指针问题

野指针问题一般是由于指针变量未初始化造成的。众所周知,C 语言中声明的变量需要显式地初始化,否则就是内存中上次遗留的随机值。对于未初始化的指针变量而言,如果内存中的随机值非零,就会使指针指向一个随机的内存地址,而且会绕过代码中的空指针判断逻辑,从而造成内存访问错误。

为了解决 C 语言变量默认不初始化带来的各种问题,Go 语言中声明的变量默认都会初始化为对应类型的零值,指针类型变量都会初始化为 nil,而代码中的空指针判断逻辑能够避免空指针异常,从而使问题得到解决。

3. 悬挂指针问题

在 C 语言中,程序员需要手动分配和释放内存,而所谓悬挂指针问题,就是指程序过早地释放了内存,而后续代码又对已经释放的内存进行访问,从而造成程序出现错误或异常。

Go 语言实现了自动内存管理,由 GC 负责释放堆内存对象。GC 基于标记清除算法进行对象的存活分析,只有明确不可达的对象才会被释放,因此悬挂指针问题不复存在。

2.2.3　强制类型转换

基于指针的强制类型转换非常高效,因为不会生成任何多余的指令,也不会额外分配内存,只是让编译器换了一种方式来解释内存中的数据。出于安全方面的考虑,Go 语言不建议频繁地进行指针强制类型转换。两种不同类型指针间的转换需要用 unsafe.Pointer 作为中间类型,unsafe.Pointer 可以和任意一种指针类型互相转换。

在 amd64 架构下反编译一个函数,代码如下:

```
//第 2 章/code_2_5.go
//go:noinline
func convert(p * int) {
    q := ( * int32)(unsafe.Pointer(p))
    * q = 0
}
```

得到汇编代码如下：

```
$ go tool objdump − S − s 'main.convert' gom.exe
TEXT main.convert(SB) C:/gopath/src/fengyoulin.com/gom/code_2_5.go
        * q = 0
  0x488fa0            488b442408          MOVQ 0x8(SP), AX
  0x488fa5            c70000000000        MOVL $ 0x0, 0(AX)
}
  0x488fab            c3                  RET
```

把指针的类型强转换为 int32 后，原本的 MOVQ 指令变成了 MOVL，没有产生任何额外指令，所以转换效率是非常高的。

2.2.4　指针运算

在 C 语言中，指针和不指定长度的数组，在元素类型相同的情况下是可以等价使用的，指针加上一个整数 n 等价于取数组中下标为 n 的元素的地址。指针可以进行加减运算，给操作多维数组带来了很大方便，但也经常会造成内存访问越界问题。

Go 语言中的数组必须指定长度，并且是值类型，与指针不再等价，指针运算也不再支持，这些都是出于安全考虑的。数组的长度在编译时期能够确定，编译器可以生成代码检测下标越界问题，而指针则不然，编译器无法确定指针运算的安全边界，所以无法保证其安全性。

Go 语言的 slice 集成了数组和指针的优点，既能像指针那样关联一个可以动态增长的 Buffer，又能像数组那样让编译器生成下标越界检测代码，在某些场合可以考虑用 slice 代替指针运算。

如果还想像 C 语言中那样直接进行指针运算，就需要借助 unsafe.Pointer 进行转换。2.2.3 节中已经提到 unsafe.Pointer 可以与任何一种指针类型互相转换，除此之外 unsafe.Pointer 还可以与 uintptr 互相转换，而后者可以进行整数运算。

假如有一个元素类型为 int 的指针 p，要把 p 移动到下一个 int 的位置，在 C 语言中可以通过指针的自增运算实现，代码如下：

```
++p;
```

在 Go 语言中等价的代码如下：

```
p = ( * int)(unsafe. Pointer(uintptr(unsafe. Pointer(p)) + unsafe. Sizeof( * p)))
```

在 Go 语言中实现此功能就显得有些烦琐了,先把 p 转换为 unsafe. Pointer 类型,再进一步转换为 uintptr 类型,然后加上一个 int 的大小,再转换回 unsafe. Pointer 类型,最终转换为 * int 类型。

2.3　unsafe 包

本节简单地介绍 Go 语言的 unsafe 包,在 2.2 节中已经用到了 unsafe. Pointer 进行指针的强制类型转换和指针运算,实际上就是人为地干预编译器对内存地址的解释方式,这些能力对于研究语言的底层实现来讲是不可或缺的。

代码中用好 unsafe,能够优化程序的性能,想必很多人都见过经典的类型转换,代码如下:

```
func convert(s [ ]byte) string {
    return * ( * string)(unsafe. Pointer(&s))
}
```

Slice Header 结构只是比 String Header 结构多了一个容量字段,相当于内嵌了一个 String Header,如图 2-1 所示。

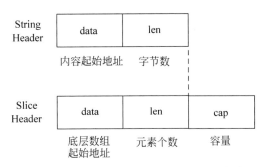

图 2-1　String Header 和 Slice Header 的结构

用这种强制类型转换的方式可以避免额外的内存分配,从而减少程序的开销,但是也会带来一些风险。因为按照 Go 语言的设计思想,string 的内容是不可修改的,但是 slice 元素是可以修改的,基于上述方法得到的 string 与原来的 slice 共享底层 Buffer,如果不经意修改了 slice 就可能会造成程序逻辑错误。

根据官方文档的说法,unsafe 包包含的操作绕过了 Go 语言的类型安全机制,使用 unsafe 包会造成程序不可移植,并且不受 Go 1 兼容性准则的保护。那么 unsafe 到底该不该用呢? 本节就围绕这个问题进行一些分析研究。

2.3.1　标准库与 keyword

本节主要分析 unsafe 包的本质,到底是标准库还是一组 keyword。这个思考源于 2.2.4 节进行指针运算时用到的 unsafe.Sizeof,而 sizeof 在 C 语言中是个关键字。先从源码入手,梳理 unsafe 包都提供了些什么,代码如下:

```
//一个"任意类型"定义
type ArbitraryType int
//指针类型定义
type Pointer * ArbitraryType
//3个工具函数原型(只有原型,没有实现)
func Sizeof(x ArbitraryType) uintptr
func Offsetof(x ArbitraryType) uintptr
func Alignof(x ArbitraryType) uintptr
```

根据源码中的注释,ArbitraryType 在这里只是用于文档目的,实际上并不属于 unsafe 包,它可以表示任意的 Go 表达式类型。Sizeof()函数用来返回任意类型的大小,Offsetof() 函数用来返回任意结构体类型的某个字段在结构体内的偏移,而 Alignof()函数用来返回任意类型的对齐边界,最重要的是这 3 个函数的返回值都是常量。

基于上述信息,已经可以断定 unsafe 并不是一个真实的包,unsafe 提供的这些能力不是标准库层面能够实现的。指针强制类型转换本来就是在编译阶段实现的,而 Sizeof()函数、Offsetof()函数和 Alignof()函数返回的是常量值,也就要求返回值必须在编译阶段确定,所以必须由编译器直接支持。可以通过实验进行验证,代码如下:

```
//第2章/code_2_6.go
//go:noinline
func size() (o uintptr) {
    o = unsafe.Sizeof(o)
    return
}
```

在 amd64 平台,反编译 size()函数得到汇编代码如下:

```
$ go tool objdump -S -s 'main.size' gom.exe
TEXT main.size(SB) C:/gopath/src/fengyoulin.com/gom/code_2_6.go
        return
    0x488fb0        48c744240808000000        MOVQ $ 0x8, 0x8(SP)
    0x488fb9        c3                        RET
```

这条 MOVQ 指令直接向返回值 o 中写入了立即数 8,也就说明 Sizeof()函数在编译阶段就被转换成了立即数,与 C 语言中的 sizeof 并无区别。上述测试方法同样适用于 Offsetof()函数和 Alignof()函数。

既然这些都是由编译器直接支持的,本质上跟 keyword 一样,为什么 Go 语言要放到 unsafe 包中呢? 根本原因还是出于安全考虑。直接的任意操作内存的能力可以让程序员写出更高效的代码,但是也因为过于灵活而让编译器无法落实安全检查,从而使程序变得不安全。unsafe 这个名字就旨在提醒程序员,内存操作有风险,要谨慎!

2.3.2　关于 uintptr

很多人都认为 uintptr 是个指针,其实不然。不要对这个名字感到疑惑,它只不过是个 uint,大小与当前平台的指针宽度一致。因为 unsafe.Pointer 可以跟 uintptr 互相转换,所以 Go 语言中可以把指针转换为 uintptr 进行数值运算,然后转换回原类型,以此来模拟 C 语言中的指针运算。

需要注意的是,不要用 uintptr 来存储堆上对象的地址。具体原因和 GC 有关,GC 在标记对象的时候会跟踪指针类型,而 uintptr 不属于指针,所以会被 GC 忽略,造成堆上的对象被认为不可达,进而被释放。用 unsafe.Pointer 就不会存在这个问题了,unsafe.Pointer 类似于 C 语言中的 void *,虽然未指定元素类型,但是本身类型就是个指针。

2.3.3　内存对齐

硬件的实现一般会将内存的读写对齐到数据总线的宽度,这样既可以降低硬件实现的复杂度,又可以提升传输的效率。有些硬件平台允许访问未对齐的地址,但是会带来额外的开销,而有的硬件平台不支持访问未对齐的地址,当遇到未对齐的地址时会直接抛出异常。鉴于这些原因,编译器在定义数据类型时,还有 runtime 在分配内存时,都要进行对齐操作。

Go 语言的内存对齐规则参考了两方面因素:一是数据类型自身的大小,复合类型会参考最大成员大小;二是硬件平台机器字长。

机器字长是指计算机进行一次整数运算所能处理的二进制数据的位数,在 x86 平台可以理解成数据总线的宽度。当数据类型自身大小小于机器字长时,会被对齐到自身大小的整数倍;当自身大小大于机器字长时,会被对齐到机器字长的整数倍。

通过 unsafe.Sizeof() 函数和 unsafe.Alignof() 函数可以得到目标数据类型的大小和对齐边界,表 2-1 给出了常见内置类型的大小和对齐边界。

表 2-1　常见内置类型的大小和对齐边界

类　　型	32 位平台		64 位平台	
	大小	对齐边界	大小	对齐边界
bool	1	1	1	1
int8、uint8	1	1	1	1
int16、uint16	2	2	2	2
int32、uint32、float32	4	4	4	4
int64、uint64、float64	8	4	8	8

续表

类　型	32 位平台		64 位平台	
	大小	对齐边界	大小	对齐边界
int、uint、uintptr	4	4	8	8
complex64	8	4	8	4
complex128	16	4	16	8
string	8	4	16	8
slice	12	4	24	8
map	4	4	8	8

complex 类型由实部和虚部两个 float 组成，complex64 相当于[2]float32，complex128 相当于[2]float64，所以对齐边界分别与 float32、float64 一致。

map 多数情况下会被分配在堆上，本地只有一个指针指向堆上的数据结构，而指针的对齐边界自然与 uintptr 相同。

string 和 slice 的结构定义可参考 reflect. StringHeader 与 reflect. SliceHeader，代码如下：

```
type StringHeader struct {
    Data uintptr
    Len int
}
type SliceHeader struct {
    Data uintptr
    Len int
    Cap int
}
```

它们的对齐边界与其最大的成员，即类型 uintptr 的对齐边界相同。值得强调的是对于 struct 而言，每个成员都会以结构体的起始地址为基地址，按自身类型的对齐边界对齐。除此之外，整个 struct 还要按照成员中最大的对齐边界进行对齐，所以编译器会按需要在结构体相邻成员之间及最后一个成员之后添加 padding，因此需要合理地排列数据成员的顺序，从而使整个 struct 的空间占用最小化。

来看一个示例，代码如下：

```
//第 2 章/code_2_7.go
type s1 struct {
    a int8
    b int64
    c int8
    d int32
    e int16
}
```

数据类型 s1 在 amd64 架构上占用了 32 字节空间,如图 2-2 所示,在 a 和 b 之间有 7 字节的 padding,目的是让成员 b 对齐到 8。c 和 d 之间有 3 字节的 padding,为的是让成员 d 对齐到 4。又因为整个 struct 的成员中最大的对齐边界为 int64 对应的 8,所以 e 之后还有 6 字节的 padding,使整个结构体对齐到 8,但是这样总共浪费了 16 字节空间,空间利用率只有 50%。

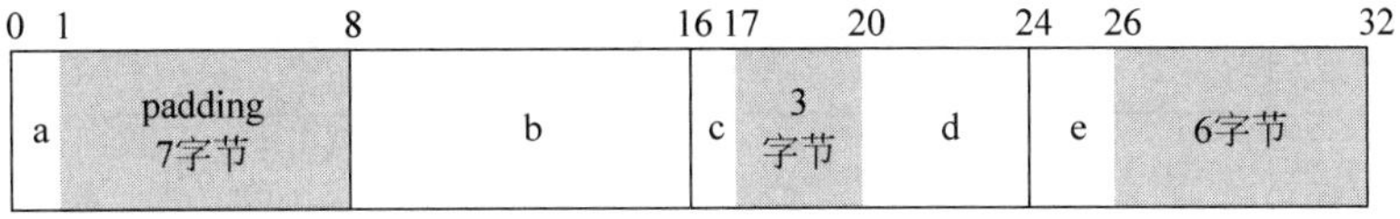

0 1	8	16 17	20	24 26	32
a	padding 7字节	b	c	3字节 d	e 6字节

图 2-2　s1 内存布局

接下来通过调整结构体成员的位置,尽量避免编译器添加 padding,调整后的代码如下:

```go
//第 2 章/code_2_8.go
type s2 struct {
    a int8
    c int8
    e int16
    d int32
    b int64
}
```

如图 2-3 所示,数据类型 s2 和之前的 s1 有着相同类型的 5 个数据成员,但是经过人为优化成员的顺序后,编译器没有添加任何 padding,整个 struct 占用了 16 字节空间,利用率达到 100%。

图 2-3　s2 内存布局

2.4　本章小结

本章首先从指针的构成开始讲解,通过反汇编的方式,展示了编译器如何使用指针存储的地址进行内存寻址,以及元素类型对指令生成的影响。后续又介绍了与指针相关的操作、常见问题和解决方法。最后结合指针强制类型转换的实例介绍了 unsafe 包,并通过 unsafe 的实际应用,了解了内存对齐的原理。在接下来对 Go 语言特性的探索中,unsafe 也会起到非常重要的作用。

第 3 章

函　　数

函数在主流的编程语言中是一个基础且重要的特性。通过函数对逻辑单元进行封装，使代码结构更加清晰，便于实现代码复用，基于函数的编译链接技术让构建大型应用程序更为方便。也正因为函数太过于基础，所以很多人对于其底层细节并不甚关心，在实际应用中便会遇到一些问题。本章从函数的底层实现开始研究，逐步梳理 Go 语言中与函数相关的特性，旨在理解其背后的设计思想。

从代码结构来看，层层函数调用就是一个后进先出的过程，与数据结构中的入栈出栈操作完全一致，所以非常适合用栈来管理函数的局部变量等数据。x86 架构提供了对栈的支持，本书第 1 章汇编基础部分介绍了栈指针寄存器 SP，以及入栈出栈对应的指令。x86 还通过 CALL 指令和 RET 指令实现了对过程的支持（汇编语言中的过程等价于 Go 语言中的函数）。下面就先从 CPU 的视角，看一下函数调用的过程。

CPU 在执行程序时，IP 寄存器会指向下一条即将被执行的指令，而 SP 寄存器会指向栈顶。图 3-1 为下一条指令即将调用函数 f1() 函数的场景。

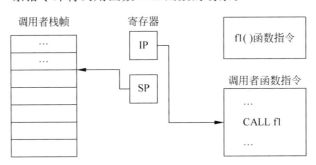

图 3-1　函数调用发生前

f1() 函数的调用由 CALL 指令实现。CALL 指令会先把下一条指令的地址压入栈中，这就是所谓的返回地址，然后会跳转到 f1() 函数的地址处执行。当 f1() 函数执行完成后会返回 CALL 指令压栈的返回地址处继续执行。由于 CALL 指令引发了入栈操作和指令跳转，所以 SP 和 IP 寄存器的值都发生了改变，如图 3-2 所示。

当 f1() 函数执行到最后时会有一条 RET 指令。RET 指令会从栈上弹出返回地址，然后跳转到该地址处继续执行，如图 3-3 所示，注意 SP 和 IP 寄存器的改变。

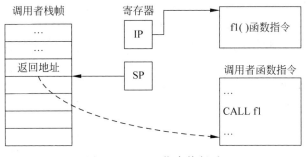

图 3-2　CALL 指令执行后

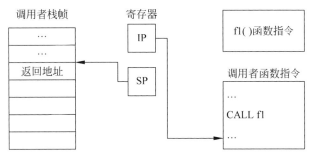

图 3-3　RET 指令执行后

这里只是简单地演示了一次函数调用中指令流的跳转与返回,更多细节将在本章后续内容中展开。

3.1　栈帧

在一个函数的调用过程中,栈不只被用来存放返回地址,还被用来传递参数和返回值,以及分配函数局部变量等。随着每一次函数调用,都会在栈上分配一段内存,用来存放这些信息,这段内存就是所谓的函数栈帧。

3.1.1　栈帧布局

6min

实际管理栈帧的是函数自身的代码,也就是说由编译器生成的指令负责栈帧的分配与释放。栈帧的布局也是由编译器在编译阶段确定的,其依据就是函数代码,所以也可以说函数栈帧是由编译器管理的。一个典型的 Go 语言函数栈帧如图 3-4 所示。

参照上面的函数栈帧布局示意图,从空间分配的角度来看,函数的栈帧包含以下几部分。

(1) return address:函数返回地址,占用一个指针大小的空间。实际上是在函数被调用时由 CALL 指令自动压栈的,并非由被调用函数分配。

(2) caller's BP:调用者的栈帧基址,占用一个指针大小的空间。用来将调用路径上所有的栈帧连成一个链表,方便栈回溯之类的操作,只在部分平台架构上存在。函数通过将栈指针 SP 直接向下移动指定大小，一次性分配 caller's BP、locals 和 args to callee 所占用的空间，在 x86 架构上就是使用 SUB 指令将 SP 减去指定大小的。

（3）locals：局部变量区间，占用若干机器字。用来存放函数的局部变量，根据函数的局部变量占用空间大小来分配，没有局部变量的函数不分配。

（4）args to callee：调用传参区域，占用若干机器字。这一区域所占空间大小，会按照当前函数调用的所有函数中返回值加上参数所占用的最大空间来分配。当没有调用任何函数时，不需要分配该区间。callee 视角的 args from caller 区间包含在 caller 视角的 args to callee 区间内，占用空间大小是小于或等于的关系。

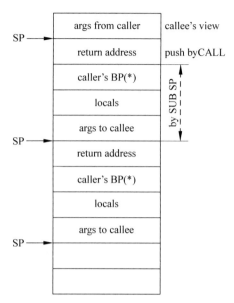

图 3-4　Go 语言函数栈帧布局示意图

综上所述，只有 return address 是一定会存在的，其他 3 个区间都要根据实际情况进行分析。

按照一般代码的逻辑，函数的栈帧应该包含返回值、参数、返回地址和局部变量这 4 部分。从空间分配的角度来看，返回值和参数是由 caller 负责分配的，CALL 指令将返回地址入栈，然后 callee 通过 SUB 指令在栈上分配空间。从空间分配的角度更容易解释内存布局，所以不必纠结于函数栈帧的定义。

下面实际验证一下函数的栈帧布局，看一下各个区间的分布与上文所讲是否一致，代码如下：

```go
//第 3 章/code_3_1.go
package main

func main() {
    var v1, v2 int
    v3, v4 : = f1(v1, v2)
    println(&v1, &v2, &v3, &v4)
    f2(v3)
}

//go:noinline
func f1(a1, a2 int) (r1, r2 int) {
    var l1, l2 int
    println(&r2, &r1, &a2, &a1, &l1, &l2)
    return
}
```

```
//go:noinline
func f2(a1 int) {
    println(&a1)
}
```

注意：在后续的示例代码中都会用 println()函数来打印调试信息,之所以不使用 fmt.Printf()之类的函数,是因为前者更底层,也更"简单",在 runtime 中专门用作打印调试信息,不会造成变量逃逸等问题,所以不会带来不必要的干扰。通过调试代码来验证语言特性比较直观,问题是调试代码容易造成干扰,就像物理学中的"测不准原理",所以要足够谨慎。最稳妥的办法还是直接阅读反编译后的汇编代码,本书中给出的调试代码都经过反编译确认,确保没有造成实质性干扰而得出错误结论。

实际上,代码中的 println()函数会被编译器转换为多次调用 runtime 包中的 printlock()、printunlock()、printpointer()、printsp()、printnl()等函数。前两个函数用来进行并发同步,后 3 个函数用来打印指针、空格和换行。这 5 个函数均无返回值,只有 printpointer()函数有一个参数,会在调用者的 args to callee 区间占用一个机器字。

来看一个示例,代码如下：

```
//第3章/code_3_2.go
var a, b int
println(&a, &b)
```

这里的 println()函数经编译器转换后的代码如下：

```
runtime.printlock()        //获得锁
runtime.printpointer(&a)    //打印指针
runtime.printsp()          //打印空格
runtime.printpointer(&b)    //打印指针
runtime.printnl()          //打印换行
runtime.printunlock()      //释放锁
```

所以这一组函数调用只需一个机器字的空间,用来向 printpointer()函数传参。在 64 位 Windows 10 环境下,编译执行第 3 章/code_3_1.go 得到的输出结果如下：

```
$ ./code_3_1.exe
0xc000107f50 0xc000107f48 0xc000107f40 0xc000107f38 0xc000107f20 0xc000107f18
0xc000107f70 0xc000107f68 0xc000107f60 0xc000107f58
0xc000107f38
```

这 3 行输出依次是由 f1()函数、main()函数、f2()函数中的 println()函数打印的,所以可以以此为参照,画出栈帧布局图。先对 3 个函数栈帧上各区间的大小进行整理,如表 3-1 所示。

表 3-1　3 个函数栈帧上各区间的大小

函数	caller's BP	locals	args to callee	大小
main()	1 个指针	4 个 int：v1~v4	4 个 int：调用 f1	0x48
f1()	1 个指针	2 个 int：l1、l2	1 个 int：调用 println	0x20
f2()	1 个指针	无	1 个 int：调用 println	0x10

结合调试输出的变量地址和以上表格,绘制栈帧布局如图 3-5 所示。图 3-5(a)是调用 f1()函数时的栈,图 3-5(b)是调用 f2()函数时的栈。通过 f1()函数的调用栈,可以发现函数的返回值和参数是按照先返回值后参数,并且是按照由右至左的顺序在栈上分配的,与 C 语言时期的参数入栈顺序一致。f1()函数的参数和返回值占满了整个 args to callee 区间。

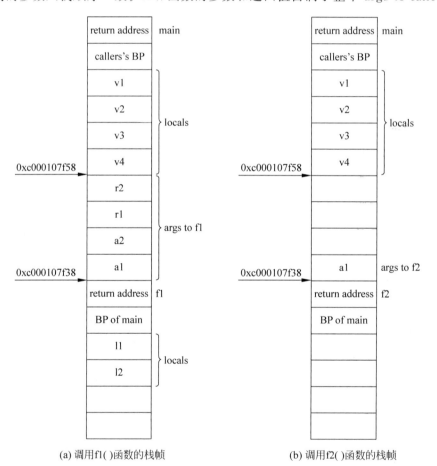

(a) 调用f1()函数的栈帧　　　　(b) 调用f2()函数的栈帧

图 3-5　main 调用 f1()函数和 f2()函数的栈帧布局图

值得注意的是,调用 f2() 函数时的栈,在 a1 和 v4 之间空了 3 个机器字。这是因为 Go 语言的函数是固定栈帧大小的,args to callee 是按照所需的最大空间来分配的。调用函数时,参数和返回值看起来更像是按照先参数后返回值,从左到右的顺序分配在 args to callee 区间中,并且从低地址开始使用的。这点与我们对传统栈的理解有些不同,更符合传统栈原理的一些编译器,如 32 位的 VC++ 编译器,它使用 PUSH 指令动态入栈,args to callee 区间的大小不是固定的。Go 这种固定栈帧大小的分配方式使调试、运行时栈扫描等更易于实现。

3.1.2　寻址方式

从栈空间分配的角度来分析 Go 语言函数栈帧的结构还有另一个好处,即与实际的栈帧寻址一致。函数的 prolog 通过 SUB 指令向下移动栈指针寄存器 SP 来分配整个栈帧,此时 SP 指向 args to callee 区间的起始地址,如图 3-6 所示。

如果把图 3-6 中整个函数栈帧视为一个 struct,SP 存储着这个 struct 的起始地址,然后就可以通过基址 + 位移的方式来寻址

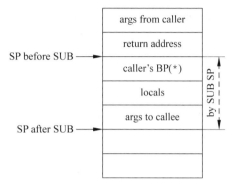

图 3-6　SUB 指令分配整个栈帧

struct 的各个字段,也就是栈帧上的局部变量、参数和返回值。

下面实际反编译一个函数,看一下汇编代码中实际的寻址方式。为了尽可能包含函数栈帧的各部分,而又避免汇编代码太过复杂,准备了一个示例,代码如下:

```go
//第 3 章/code_3_3.go
package main

func main() {
    fa(0)
}

//go:noinline
func fa(n int) (r int) {
    r = fb(n)
    return
}

//go:noinline
func fb(n int) int {
    return n
}
```

在 64 位 Windows 10 下编译上述代码,然后反编译 fa() 函数得到的汇编代码如下:

```
$ go tool objdump - S - s 'main.fa' gom.exe                                    //1
TEXT main.fa(SB) C:/gopath/src/fengyoulin.com/gom/code_3_3.go                  //2
func fa(n int) (r int) {                                                       //3
    0x488e60              65488b0c2528000000      MOVQ GS:0x28, CX             //4
    0x488e69              488b8900000000          MOVQ 0(CX), CX               //5
    0x488e70              483b6110                CMPQ 0x10(CX), SP            //6
    0x488e74              7630                    JBE 0x488ea6                 //7
    0x488e76              4883ec18                SUBQ $ 0x18, SP              //8
    0x488e7a              48896c2410              MOVQ BP, 0x10(SP)            //9
    0x488e7f              488d6c2410              LEAQ 0x10(SP), BP            //10
        r = fb(n)                                                             //11
    0x488e84              488b442420              MOVQ 0x20(SP), AX            //12
    0x488e89              48890424                MOVQ AX, 0(SP)               //13
    0x488e8d              e81e000000              CALL main.fb(SB)             //14
    0x488e92              488b442408              MOVQ 0x8(SP), AX             //15
        return                                                               //16
    0x488e97              4889442428              MOVQ AX, 0x28(SP)            //17
    0x488e9c              488b6c2410              MOVQ 0x10(SP), BP            //18
    0x488ea1              4883c418                ADDQ $ 0x18, SP              //19
    0x488ea5              c3                      RET                          //20
func fa(n int) (r int) {                                                       //21
    0x488ea6              e89520fdff              CALL runtime.morestack_noctxt(SB)  //22
    0x488eab              ebb3                    JMP main.fa(SB)              //23
```

不熟悉 x86 汇编语言的读者先不要被这段代码吓到,只要阅读过本书第 1 章的汇编基础,看懂这段代码是不成问题的。结合图 3-7 所示 fa()函数的栈帧布局,这段汇编代码的结构还是很清晰的。

(1)4～7 行和最后两行汇编代码主要用来检测和执行动态栈增长,与函数栈帧结构相关性不大,留到第 9 章栈内存管理部分再讲解。

(2)倒数第 4 行的 RET 指令用于在函数执行完成后跳转回返回地址。

(3)第 8 行的 SUBQ 指令向下移动栈指针 SP,完成当前函数栈帧的分配。倒数第 5 行的 ADDQ 指令在函数返回前向上移动栈指针 SP,释放当前函数的栈帧。释放与分配时的大小一致,均为 0x18,即 24 字节,其中 BP of main 占用了 8 字节,args to fb 占用了 16 字节。

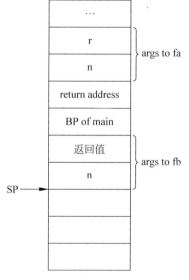

图 3-7 函数 fa 的栈帧布局

(4)第 9 行代码把 BP 寄存器的值存到栈帧上的 BP of main 中,第 10 行把当前栈帧上 BP of main 的地址存入 BP 寄存器中。倒数第 6 行指令在当前栈帧释放前用 BP of main 的值还原 BP 寄存器。

（5）第 12 行和第 13 行代码，通过 AX 寄存器中转，把参数 n 的值从 args to fa 区间复制到 args to fb 区间，也就是在 fa 中把 main()函数传递过来的参数 n，复制到调用 fb()函数的参数区间。

（6）第 14 行代码通过 CALL 指令调用 fb()函数。

（7）第 15～17 行代码，还是通过 AX 寄存器中转，把 fb()函数的返回值从 args to fb 区间复制到返回值 r 中。

Go 语言中函数的返回值可以是匿名的，也可以是命名的。对于匿名返回值而言，只能通过 return 语句为返回值赋值。对于命名返回值，可以在代码中通过其名称直接操作，与参数和局部变量类似。无论返回值命名与否，都不会影响函数的栈帧布局。

3.1.3 又见内存对齐

在 C 语言函数调用中，通过栈传递的参数需要对齐到平台的位宽。假如通过栈传递 4 个 char 类型的参数，GCC 生成的 32 位程序需要 16 字节栈空间，64 位程序需要 32 字节栈空间。如果传递大量参数，则这种对齐方式会存在很大的栈空间浪费。

Go 语言函数栈帧中返回值和参数的对齐方式与 struct 类似，对于有返回值和参数的函数，可以把所有返回值和所有参数等价成两个 struct，一个返回值 struct 和一个参数 struct。因为内存对齐方式更加紧凑，所以在支持大量参数和返回值时能够做到较高的栈空间利用率。

通过如下示例可以验证函数参数和返回值的对齐方式与 struct 成员的对齐方式是一致的，代码如下：

```
//第 3 章/code_3_4.go
package main

type args struct {
    a int8
    b int64
    c int32
    d int16
}

//go:noinline
func f1(a args) (r args) {
    println(&r.d, &r.c, &r.b, &r.a, &a.d, &a.c, &a.b, &a.a)
    return
}


//go:noinline
```

```
func f2(aa int8, ab int64, ac int32, ad int16) (ra int8, rb int64, rc int32, rd int16) {
    println(&rd, &rc, &rb, &ra, &ad, &ac, &ab, &aa)
    return
}

func main() {
    f1(args{})
    f2(0, 0, 0, 0)
}
```

在 64 位 Windows 10 上运行上述程序,得到的输出结果如下:

```
$ ./code_3_4.exe
0xc000039f74 0xc000039f70 0xc000039f68 0xc000039f60 0xc000039f5c 0xc000039f58 0xc000039f50
0xc000039f48
0xc000039f74 0xc000039f70 0xc000039f68 0xc000039f60 0xc000039f5c 0xc000039f58 0xc000039f50
0xc000039f48
```

第一行是用 struct 作为参数和返回值时的输出,第二行是按照和 struct 成员一致的顺序直接声明参数和返回值时的输出,可以看到两者的布局完全一致。

现在又有了一个问题:栈帧上的参数和返回值到底是分开后作为两个 struct,还是按照一个 struct 来对齐的? 可以通过如下示例进一步验证,代码如下:

```
//第 3 章/code_3_5.go
package main

//go:noinline
func f1(a int8) (b int8) {
    println(&b, &a)
    return
}

func main() {
    f1(0)
}
```

f1() 函数有一个返回值和一个参数,而且都是 int8 类型,如果返回值和参数作为同一个 struct 进行内存对齐,则 a 和 b 应该是紧邻的,中间不会插入 padding。在 64 位 Windows 10 上的实际运行结果如下:

```
$ ./code_3_5.exe
0xc000039f70 0xc000039f68
```

可以看到参数 a 和返回值 b 并没有紧邻,而是分别按照 8 字节的边界进行对齐的,也就说明返回值和参数是分别对齐的,不是合并在一起作为单个 struct。

上面探索过了参数和返回值的对齐方式,接下来再看一下局部变量是如何对齐的,是不是跟参数和返回值一样,按照声明的顺序等价于一个 struct 呢? 这个问题也可以通过一个示例直接验证,代码如下:

```go
//第3章/code_3_6.go
//go:noinline
func fn() {
    var a int8
    var b int64
    var c int32
    var d int16
    var e int8
    println(&a, &b, &c, &d, &e)
}
```

在 64 位 Windows 10 上运行后得到的输出结果如下:

```
$ ./code_3_6.exe
0xc0000c9f59 0xc0000c9f60 0xc0000c9f5c 0xc0000c9f5a 0xc0000c9f58
```

可以看到编译器对这 5 个局部变量在栈帧上的布局进行了调整,与声明顺序并不一致,可以将局部变量区间等价成一个 struct,代码如下:

```go
struct {
    e int8
    a int8
    d int16
    c int32
    b int64
}
```

经过这样调整后,变量布局更加紧凑,编译器没有插入任何 padding,空间利用率更高。

这里可以再问一个问题:为什么编译器会对栈帧上局部变量的顺序进行调整以优化内存利用率,但是并不会调整参数和返回值呢? 这其实很好解释,因为函数本身就是对代码单元的封装,参数和返回值属于对外暴露的接口,编译器必须按照函数原型来呈现,而局部变量属于封装在内部的数据,不会对外暴露,所以编译器按需调整局部变量布局不会对函数以外造成影响。

6min

3.1.4 调用约定

在进行函数调用的时候,调用者需要把参数传递给被调用者,而被调用者也要把返回值回传给调用者。调用约定就是用来规范参数和返回值的传递问题的。如果基于栈传递,还会规定栈空间由谁负责分配、释放。有了调用约定的规范,在构建应用程序的时候,只要知道目标函数的原型就能生成正确的调用代码,而不需要关心函数的具体实现,这也是编译链接技术的一项必要基础。

截至目前的探索研究,可以对 Go 语言普通函数的调用约定进行如下总结:

(1) 返回值和参数都通过栈传递,对应的栈空间由调用者负责分配和释放。

(2) 返回值和参数在栈上的布局等价于两个 struct,struct 的起始地址按照平台机器字长对齐。

要想真正理解调用约定的意义,还是要了解编译、链接这两个阶段。在 C 语言中,编译器一般是以源码文件为单位,通过编译生成一个个对应的目标文件,目标文件中就已经是机器指令了。对于不是在当前源码文件中定义的函数,CALL 指令处会把函数地址留空,到了链接阶段再由链接器负责在这些预留的位置填上实际的函数地址。给函数传参和读取返回值的指令需要由编译器在编译阶段生成,那如何保证调用者和真正的函数实现能够达成一致呢?那就是调用约定的作用,体现在 C 语言的函数原型上。函数原型可以通过声明给出,不必同时定义函数体的实现,编译器就是参照函数原型来生成传参相关指令的。

在 Go 语言中不常见到单独给出的函数声明,基本上连同函数体一起给出,编译器在函数内联优化方面也比 C 语言更激进。函数的声明和实现总在一起,如何验证编译器能够参照函数声明来生成传参相关指令呢?可以不使用 go build 命令,而是直接使用 go tool compile 命令,即只编译不链接。

创建一个 add.go 文件并写入示例内容,代码如下:

```go
//第3章/code_3_7.go
package main

import _ "unsafe"

func main() {
    Add(1, 2)
}

func Add(a, b int) int
```

需要注意,Add()函数只有声明而没有实现。下面对其进行编译,命令如下:

```
go tool compile - trimpath = "`pwd`=>" - p main - o add.o code_3_7.go
```

然后反编译 add.o 文件中的 main()函数,命令如下:

```
go tool objdump - S - s main.main add.o
```

与 Add() 函数调用相关的几行汇编代码如下：

```
        Add(1, 2)
0x2c8   48c7042401000000          MOVQ $ 0x1, 0(SP)
0x2d0   48c744240802000000        MOVQ $ 0x2, 0x8(SP)
0x2d9   e800000000                CALL 0x2de       [1:5]R_CALL:main.Add
```

可以看到两条 MOVQ 指令分别复制了参数 1 和 2，证明编译阶段参照函数声明生成了正确的传参指令，也就是调用约定在发挥作用。CALL 指令处，十六进制编码 e800000000 预留了 32 位的偏移量空间，在链接阶段会被链接器填写为实际的偏移值。

3.1.5　Go 1.17 的变化

在本书临近截稿时，Go 1.17 版本正式发布了，其中对函数的传参进行了优化。在 1.16 版及以前的版本中都是通过栈来传递参数的，这样实现简单且能支持海量的参数传递，缺点就是与寄存器传参相比性能方面会差一些。在 1.17 版本中就实现了基于寄存器的参数传递，当然只是在部分硬件架构上实现了。某些寄存器比较匮乏的平台，如 32 位的 x86，可用的寄存器太少，实际传参时总是有一部分参数要通过栈传递，所以改进的意义不大。即使有 16 个通用寄存器的 amd64 架构，可用于传参的寄存器也是有上限的，参数太多时还是要有一部分通过栈传递。

下面我们就用专门设计的代码，结合 Go 自带的反编译工具，在汇编代码层面看一下 1.17 版本的函数调用是如何通过寄存器传递参数的。

1. 函数入参的传递方式

首先看一下入参是如何传递的，准备一个示例，代码如下：

```
//第 3 章/code_3_8.go
package main

func main() {
    in12(1, 2, 3, 4, 5, 6, 7, 8, 9, 10, 11, 12)
}

//go:noinline
func in12(a, b, c, d, e, f, g, h, i, j, k, l int8) int8 {
    return a + b + c + d + e + f + g + h + i + j + k + l
}
```

这个 in12() 函数有 12 个输入参数，我们禁止编译器把它内联优化，这样才能通过反编译看到函数调用传参的汇编代码。反编译命令及得到的汇编代码如下：

```
$ go tool objdump － S － s '^main.main$' gom.exe
TEXT main.main(SB) C:/gopath/src/fengyoulin.com/gom/code_3_8.go
```

```
func main() {
    0x45aae0            493b6610                  CMPQ 0x10(R14), SP
    0x45aae4            7659                      JBE 0x45ab3f
    0x45aae6            4883ec20                  SUBQ $ 0x20, SP
    0x45aaea            48896c2418                MOVQ BP, 0x18(SP)
    0x45aaef            488d6c2418                LEAQ 0x18(SP), BP
        in12(1, 2, 3, 4, 5, 6, 7, 8, 9, 10, 11, 12)
    0x45aaf4            66c704240a0b              MOVW $ 0xb0a, 0(SP)
    0x45aafa            c64424020c                MOVB $ 0xc, 0x2(SP)
    0x45aaff            b801000000                MOVL $ 0x1, AX
    0x45ab04            bb02000000                MOVL $ 0x2, BX
    0x45ab09            b903000000                MOVL $ 0x3, CX
    0x45ab0e            bf04000000                MOVL $ 0x4, DI
    0x45ab13            be05000000                MOVL $ 0x5, SI
    0x45ab18            41b806000000              MOVL $ 0x6, R8
    0x45ab1e            41b907000000              MOVL $ 0x7, R9
    0x45ab24            41ba08000000              MOVL $ 0x8, R10
    0x45ab2a            41bb09000000              MOVL $ 0x9, R11
    0x45ab30            e82b000000                CALL main.in12(SB)
}
    0x45ab35            488b6c2418                MOVQ 0x18(SP), BP
    0x45ab3a            4883c420                  ADDQ $ 0x20, SP
    0x45ab3e            c3                        RET
func main() {
    0x45ab3f            90                        NOPL
    0x45ab40            e8bb86ffff                CALL runtime.morestack_noctxt.abi0(SB)
    0x45ab45            eb99                      JMP main.main(SB)
```

上述命令反编译了 main()函数,我们关注的是它调用 in12()函数时是如何传参的。通过这一系列 MOVL 命令我们可以知道,第 1~9 个参数是依次用 AX、BX、CX、DI、SI、R8、R9、R10 和 R11 这 9 个通用寄存器来传递的,从第 10 个参数开始使用栈来传递,如图 3-8 所示。通过函数头部的栈增长代码,我们还可以发现 R14 寄存器被用来存放当前协程的 g 指针了,不过这就是题外话了。

2. 函数返回值的传递方式

探索了函数入参是如何传递的,接下来再用另一个例子来探索一下函数的返回值的传递方式,代码如下:

```go
//第 3 章/code_3_9.go
package main

func main() {
    out12()
}
```

```
//go:noinline
func out12() (a, b, c, d, e, f, g, h, i, j, k, l int8) {
    return 1, 2, 3, 4, 5, 6, 7, 8, 9, 10, 11, 12
}
```

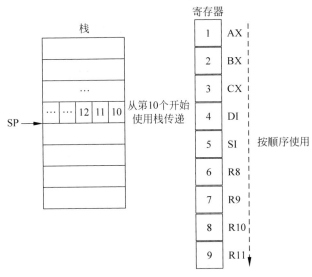

图 3-8 Go 1.17 中 in12() 函数入参的传递方式

out12() 函数会返回 12 个返回值，我们还是得禁止编译器将其内联优化。这次我们要反编译 out12() 函数，代码如下：

```
$ go tool objdump - S - s '^main.out12$' gom.exe
TEXT main.out12(SB) C:/gopath/src/fengyoulin.com/gom/code_3_9.go
        return 1, 2, 3, 4, 5, 6, 7, 8, 9, 10, 11, 12
    0x45ab20        c64424080a          MOVB $ 0xa, 0x8(SP)
    0x45ab25        c64424090b          MOVB $ 0xb, 0x9(SP)
    0x45ab2a        c644240a0c          MOVB $ 0xc, 0xa(SP)
    0x45ab2f        b801000000          MOVL $ 0x1, AX
    0x45ab34        bb02000000          MOVL $ 0x2, BX
    0x45ab39        b903000000          MOVL $ 0x3, CX
    0x45ab3e        bf04000000          MOVL $ 0x4, DI
    0x45ab43        be05000000          MOVL $ 0x5, SI
    0x45ab48        41b806000000        MOVL $ 0x6, R8
    0x45ab4e        41b907000000        MOVL $ 0x7, R9
    0x45ab54        41ba08000000        MOVL $ 0x8, R10
    0x45ab5a        41bb09000000        MOVL $ 0x9, R11
    0x45ab60        c3                  RET
```

如图 3-9 所示,可以看到与入参相同,前 9 个返回值使用了同一组寄存器传递,并且是按照相同的顺序来使用的。从第 10 个返回值开始,要通过栈来传递,而栈上传参的方式与1.16 版本及以前一样。

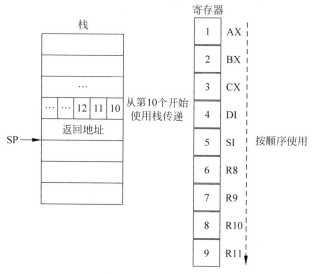

图 3-9　Go 1.17 中 out12() 函数返回值的传递方式

总体来讲,使用 9 个通用寄存器对传参进行优化,最多只能传递 9 个机器字大小,而不是 9 个参数。像 string 会占用 2 个机器字,而切片会占用 3 个。即便如此,对于大部分函数来讲都已经够用了,所以整体优化还是很可观的。笔者在这里就不进行性能测试了,有兴趣的读者可以自行设计用例,使用自带的 Benchmark 来测评一下。

3.2　逃逸分析

3.2.1　什么是逃逸分析

在解释逃逸分析之前,先来思考一个场景,如果一个函数把自己栈帧上某个局部变量的地址作为返回值返回,会有什么问题? 示例代码如下:

```go
//第 3 章/code_3_10.go
package main

func main() {
    println( * newInt())
}

//go:noinline
func newInt() * int {
```

```
        var a int
        return &a
}
```

按照 3.1 节对函数栈帧布局的讲解,newInt()函数的局部变量 a 应该分配在函数栈帧的 locals 区间。在 newInt()函数返回后,它的栈帧随即销毁,返回的变量 a 的地址就会变成一个悬挂指针,caller 中对该地址进行的所有读写都是不合法的,会造成程序逻辑错误甚至崩溃。

事实是这样的吗?上述分析有个前提条件,即变量 a 被分配在栈上。假如编译器能够检测到这种模式,而自动把变量 a 改为堆分配,就不存在上述问题了。反编译 newInt()函数,看一下结果,代码如下:

```
$ go tool objdump -S -s 'main.newInt$' gom
TEXT main.newInt(SB) /home/fengyoulin/go/src/fengyoulin.com/gom/code_3_10.go
func newInt() * int {
  0x458710        64488b0c25f8ffffff        MOVQ FS:0xfffffff8, CX
  0x458719        483b6110                  CMPQ 0x10(CX), SP
  0x45871d        7632                      JBE 0x458751
  0x45871f        4883ec18                  SUBQ $ 0x18, SP
  0x458723        48896c2410                MOVQ BP, 0x10(SP)
  0x458728        488d6c2410                LEAQ 0x10(SP), BP
        var a int
  0x45872d        488d054c980000            LEAQ 0x984c(IP), AX
  0x458734        48890424                  MOVQ AX, 0(SP)
  0x458738        e8831efbff                CALL runtime.newobject(SB)
  0x45873d        488b442408                MOVQ 0x8(SP), AX
        return &a
  0x458742        4889442420                MOVQ AX, 0x20(SP)
  0x458747        488b6c2410                MOVQ 0x10(SP), BP
  0x45874c        4883c418                  ADDQ $ 0x18, SP
  0x458750        c3                        RET
func newInt() * int {
  0x458751        e85a97ffff                CALL runtime.morestack_noctxt(SB)
  0x458756        ebb8                      JMP main.newInt(SB)
```

重点关注上述汇编代码中 runtime.newobject()函数调用,该函数是 Go 语言内置函数 new()的具体实现,用来在运行阶段分配单个对象。CALL 指令之后的两条 MOVQ 指令通过 AX 寄存器中转,把 runtime.newobject()函数的返回值复制给了 newInt()函数的返回值,这个返回值就是动态分配的 int 型变量的地址。

如果把第 3 章/code_3_10.go 中 newInt()函数中的取地址运算改成使用内置函数 new(),则效果也是一样的,代码如下:

```
//go:noinline
func newInt()  * int {
    return new(int)
}
```

根据上述研究,现阶段可以把逃逸分析描述为当函数局部变量的生命周期超过函数栈帧的生命周期时,编译器把该局部变量由栈分配改为堆分配,即变量从栈上逃逸到堆上。

3.2.2 不逃逸分析

3.2.1 节演示了逃逸分析,代码示例中将函数的某个局部变量的地址作为返回值返回,或者通过内置函数 new()动态分配变量并返回其地址。其中内置函数 new()有着非常明显的堆分配的含义,是不是只要使用了 new()函数就会造成堆分配呢?进一步猜想,如果对局部变量进行取地址操作会被转换为 new()函数调用,那就不用进行所谓的逃逸分析了。

先验证 new()函数与堆分配是否有必然关系,代码如下:

```
//第 3 章/code_3_11.go
//go:noinline
func New() int {
    p : = new(int)
    return * p
}
```

反编译 New()函数,得到的汇编代码如下:

```
$ go tool objdump − S − s '^main. New $ 'gom
TEXT main.New(SB) /home/fengyoulin/go/src/fengyoulin.com/gom/code_3_11.go
        return * p
  0x458710            48c744240800000000        MOVQ $ 0x0, 0x8(SP)
  0x458719            c3                        RET
```

MOVQ 指令直接把返回值赋值为 0,其他的逻辑全都被优化掉了,所以即便是代码中使用了 new()函数,只要变量的生命周期没有超过当前函数栈帧的生命周期,编译器就不会进行堆分配。事实上,只要代码逻辑允许,编译器总是倾向于把变量分配在栈上,因为比分配在堆上更高效。这也就是本节所谓的不逃逸分析,或者说未逃逸分析,这种说法并不严谨,主要是为了突出编译器倾向于让变量不逃逸。

3.2.3 不逃逸判断

本节主要探索编译器进行逃逸分析时追踪的范围,以及在什么情况下就认为变量逃逸了或者确定变量没有逃逸。3.2.1 节研究变量逃逸所用的方法,主要通过让函数返回局部变量的地址,使局部变量的生命周期超过对应函数栈帧的生命周期。按照这个规则来猜想,

如果把局部变量的地址赋值给包级别的指针变量,应该也会造成变量逃逸。准备一个示例,代码如下:

```
//第3章/code_3_12.go
var pt * int

//go:noinline
func setNew() {
    var a int
    pt = &a
}
```

反编译 setNew()函数,在得到的汇编代码中节选关键的几行,代码如下:

```
    var a int
0x488eb4            488d0525db0000              LEAQ runtime.types + 51680(SB), AX
0x488ebb            48890424                    MOVQ AX, 0(SP)
0x488ebf            e8cc34f8ff                  CALL runtime.newobject(SB)
0x488ec4            488b442408                  MOVQ 0x8(SP), AX
```

通过 runtime.newobject()函数调用就能确定,变量 a 逃逸到了堆上,验证了上述猜想。进一步还可以验证逃逸分析的依赖传递性,准备示例代码如下:

```
//第3章/code_3_13.go
var pp ** int

//go:noinline
func dep() {
    var a int
    var p * int
    p = &a
    pp = &p
}
```

反编译 dep()函数,节选部分汇编:从节选的部分代码可以发现,变量 p 和 a 都逃逸了。p 的地址被赋值给包级别的指针变量 pp,而 a 的地址又被赋值给了 p,因为 p 逃逸造成 a 也逃逸了,代码如下:

```
$ go tool objdump − S − s '^main.dep$' gom.exe
TEXT main.dep(SB) C:/gopath/src/fengyoulin.com/gom/code_3_13.go
func dep() {
    //省略部分代码
        var a int
```

```
0x493ec4        488d0575a70000          LEAQ tuntime.rodata + 42560(SB), AX
0x493ecb        48890424                MOVQ AX, 0(SP)
0x493ecf        e84c97f7ff              CALL runtime.newobject(SB)
0x493ed4        488b442408              MOVQ 0x8(SP), AX
0x493ed9        4889442410              MOVQ AX, 0x10(SP)
    var p * int
0x493ede        488d0d7b670000          LEAQ runtime.rodata + 26208(SB), CX
0x493ee5        48890c24                MOVQ CX, 0(SP)
0x493ee9        e83297f7ff              CALL runtime.newobject(SB)
0x493eee        488b7c2408              MOVQ 0x8(SP), DI
```

假如某个函数有一个参数和一个返回值,类型都是整型指针,函数只是简单地把参数作为返回值返回,就像下面的 inner.RetArg() 函数,代码如下:

```go
//第 3 章/code_3_14.go
package inner

//go:noinline
func RetArg(p * int) * int {
    return p
}
```

在另一个包中 arg() 函数调用了 inner.RetArg() 函数,将局部变量 a 的地址作为参数,并返回了一个 int 类型的返回值,代码如下:

```go
//第 3 章/code_3_15.go
package main

//go:noinline
func arg() int {
    var a int
    return * inner.RetArg(&a)
}
```

在 arg() 函数中并没有把变量 a 的地址作为返回值,也不存在到某个包级别指针变量的依赖链路,所以变量 a 是否会逃逸的关键就在于 inner.RetArg() 函数。inner.RetArg() 函数只是把传过去的指针又传了回来,而且作为被调用者来讲,它的生命周期是完全包含在 arg() 函数的生命周期以内的,所以不应该造成变量 a 逃逸。

事实到底如何呢? 还要通过反编译验证,节选部分关键汇编代码如下:

```
    var a int
0x489034             48c744241000000000          MOVQ $ 0x0, 0x10(SP)
    return * inner.RetArg(&a)
```

```
0x48903d        488d442410             LEAQ 0x10(SP), AX
0x489042        48890424               MOVQ AX, 0(SP)
0x489046        e845b1fdff             CALL funny/inner.RetArg(SB)
0x48904b        488b442408             MOVQ 0x8(SP), AX
0x489050        488b00                 MOVQ 0(AX), AX
0x489053        4889442428             MOVQ AX, 0x28(SP)
```

没错,变量 a 确实是在栈上分配的,也就说明编译器参考了 inner.RetArg() 函数的具体实现,基于代码逻辑判定变量 a 没有逃逸。虽然代码中通过 noinline 阻止了内联优化,但是没能阻止编译器参考函数实现。假如通过某种方式能够阻止编译器参考函数实现,又会有什么样的结果呢?

可以使用 linkname 机制,连同修改后的 arg() 函数的代码如下:

```go
//第 3 章/code_3_16.go
//go:linkname retArg funny/inner.RetArg
func retArg(p * int) * int

//go:noinline
func arg() int {
    var a int
    var b int
    return * inner.RetArg(&a) + * retArg(&b)
}
```

再次反编译 arg() 函数,节选变量 a 和 b 分配相关的汇编代码如下:

```
        var a int
0x489034        48c744241000000000     MOVQ $ 0x0, 0x10(SP)
        var b int
0x48903d        488d059cd90000         LEAQ runtime.types + 51680(SB), AX
0x489044        48890424               MOVQ AX, 0(SP)
0x489048        e84333f8ff             CALL runtime.newobject(SB)
0x48904d        488b442408             MOVQ 0x8(SP), AX
0x489052        4889442420             MOVQ AX, 0x20(SP)
```

变量 a 依旧是栈分配,变量 b 已经逃逸了。在上述代码中的 retArg() 函数只是个函数声明,没有给出具体实现,通过 linkname 机制让链接器在链接阶段链接到 inner.RetArg() 函数。retArg() 函数只有声明没有实现,而且编译器不会跟踪 linkname,所以无法根据代码逻辑判定变量 b 到底有没有逃逸。

把逻辑上没有逃逸的变量分配到堆上不会造成错误,只是效率低一些,但是把逻辑上逃逸了的变量分配到栈上就会造成悬挂指针等问题,因此编译器只有在能够确定变量没有逃逸的情况下,才会将其分配到栈上,在能够确定变量已经逃逸或无法确定到底有没有逃逸的情况下,都要按照已经逃逸来处理。这也就解释了为什么在上述代码中的变量 b 逻辑上没有逃逸，却被分配在了堆上。

9min

8min

3.3 Function Value

函数在 Go 语言中属于一类值（First Class Value），该类型的值可以作为函数的参数和返回值，也可以赋给变量。当把一个函数赋值给某个变量后，这个变量就被称为 Function Value。声明一个 Function Value 变量的示例代码如下：

```
var fn func(a, b int) int
```

其中 fn 就是个 Function Value 变量，它的类型是 func(int，int) int。Function Value 可以像一般函数那样被调用，在使用体验上非常类似于 C 语言中的函数指针。那么 Function Value 本质上是不是函数指针呢？

本节会分析 Function Value 和函数指针的实现原理，还有闭包的实现原理，以及 Function Value 是如何支持闭包的。

3.3.1 函数指针

熟悉 C 语言的读者应该有过使用函数指针的经验，函数指针跟本书第 2 章中所讲的指针类似，存储的都是地址，只不过不是指向某种类型的数据，而是指向代码段中某个函数的第一条指令，如图 3-10 所示。

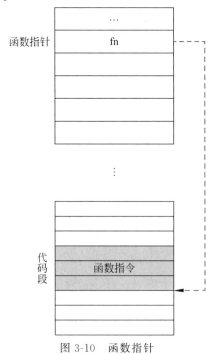

图 3-10　函数指针

准备一个简单的 C 语言函数指针应用示例,代码如下:

```
//第 3 章/code_3_17.c
int helper(int ( * fn)(int, int), int a, int b) {
    return fn(a, b);
}

int main() {
    return helper(0, 0, 0);
}
```

上述 helper() 函数有 3 个参数, fn 是个函数指针。在 Linux + amd64 环境下, 用 GCC 编译上述代码,命令如下:

```
$ gcc − O1 − o main code_3_17.c
```

编译优化级别 O1 刚好合适,既不会内联优化掉 helper() 函数,又能生成简洁易读的汇编代码。用 GDB 调试反编译 helper() 函数,代码如下:

```
(gdb) disass
Dump of assembler code for function helper:
= > 0x00005555555545fa < + 0 >:    sub     $ 0x8, % rsp
   0x00005555555545fe < + 4 >:    mov     % rdi, % rax
   0x0000555555554601 < + 7 >:    mov     % esi, % edi
   0x0000555555554603 < + 9 >:    mov     % edx, % esi
   0x0000555555554605 < + 11 >:   callq   * % rax
   0x0000555555554607 < + 13 >:   add     $ 0x8, % rsp
   0x000055555555460b < + 17 >:   retq
End of assembler dump.
```

通过上述代码可见, GCC 使用 DI、SI 和 DX 寄存器按顺序传递了 helper() 函数的 3 个参数。通过函数指针 fn 进行调用的具体逻辑如下:

(1) mov %rdi,%rax 把函数指针 fn 中存储的地址从 rdi 复制到 rax 寄存器。

(2) mov %esi,%edi 把 esi 复制到 edi,也就是把 helper() 函数的第 2 个参数作为 fn 的第 1 个参数。

(3) mov %edx,%esi 把 edx 复制到 esi,也就是把 helper() 函数的第 3 个参数作为 fn 的第 2 个参数。

(4) callq * %rax 调用 rax 寄存器中存储的地址处的函数。

通过查阅反编译后的汇编代码,可以确定 C 语言中的函数指针就是个函数地址。函数指针的类型类似于函数声明,编译器参考这种类型信息并依据调用约定来生成传参等汇编指令。

3.3.2　Function Value 分析

有了对 C 函数指针的了解,再看到 Go 语言中的 Function Value 时,第一感觉就是函数指针,不过换了个名字。实际是不是这样呢? 还得通过实践来验证。

准备一个 go 文件并写入,示例代码如下:

```
//第 3 章/code_3_18.go
package main

func main() {
    println(helper(nil, 0, 0))
}

//go:noinline
func helper(fn func(int, int) int, a, b int) int {
    return fn(a, b)
}
```

依然把 Function Value 的调用隔离在一个函数中,以便于分析。反编译代码如下:

```
$ go tool objdump -S -s '^main.helper$' gom.exe
TEXT main.helper(SB) C:/gopath/src/fengyoulin.com/gom/code_3_18.go
func helper(fn func(int, int) int, a, b int) int {
  0x488e90        65488b0c2528000000      MOVQ GS:0x28, CX
  0x488e99        488b8900000000          MOVQ 0(CX), CX
  0x488ea0        483b6110                CMPQ 0x10(CX), SP
  0x488ea4        763f                    JBE 0x488ee5
  0x488ea6        4883ec20                SUBQ $ 0x20, SP
  0x488eaa        48896c2418              MOVQ BP, 0x18(SP)
  0x488eaf        488d6c2418              LEAQ 0x18(SP), BP
        return fn(a, b)
  0x488eb4        488b442430              MOVQ 0x30(SP), AX
  0x488eb9        48890424                MOVQ AX, 0(SP)
  0x488ebd        488b442438              MOVQ 0x38(SP), AX
  0x488ec2        4889442408              MOVQ AX, 0x8(SP)
  0x488ec7        488b542428              MOVQ 0x28(SP), DX
  0x488ecc        488b02                  MOVQ 0(DX), AX
  0x488ecf        ffd0                    CALL AX
  0x488ed1        488b442410              MOVQ 0x10(SP), AX
  0x488ed6        4889442440              MOVQ AX, 0x40(SP)
  0x488edb        488b6c2418              MOVQ 0x18(SP), BP
  0x488ee0        4883c420                ADDQ $ 0x20, SP
  0x488ee4        c3                      RET
func helper(fn func(int, int) int, a, b int) int {
  0x488ee5        e85620fdff              CALL runtime.morestack_noctxt(SB)
  0x488eea        eba4                    JMP main.helper(SB)
```

下面整体梳理一下这段代码：

（1）4～7行和最后两行用于栈增长，暂不需要关心。

（2）第8～10行分配栈帧并赋值caller's BP，RET之前的两行还原BP寄存器并释放栈帧。

（3）CALL后面的两行用来复制返回值。

（4）CALL连同之前的6条MOVQ指令，实现了Function Value的传参和过程调用。

只有第4步才是需要关心的地方，进一步拆解：

（1）MOVQ 0x30(SP)，AX 和 MOVQ AX，0(SP)用于把 helper()函数的第2个参数 a 的值复制给 fn()函数的第1个参数。

（2）MOVQ 0x38(SP)，AX 和 MOVQ AX，0x8(SP)同理，把 helper()函数第3个参数 b 的值复制给 fn()函数的第2个参数。

（3）MOVQ 0x28(SP)，DX 把 helper()函数第1个参数 fn 的值复制到 DX 寄存器，MOVQ 0(DX)，AX 把 DX 用作基址，加上位移0，也就是从 DX 存储的地址处读取出一个64位的值，存入了 AX 寄存器中。

（4）CALL AX 说明，上一步中 AX 寄存器最终存储的是实际函数的地址。

通过上述逻辑，可以确定 Function Value 确实是个指针，而且是个两级指针。如图3-11所示，Function Value 不直接指向目标函数，而是一个目标函数的指针。为什么要通过一个两级指针实现呢？目前还真不好解释，先继续向后研究，等到3.3.3节再回过头来解释这个问题。

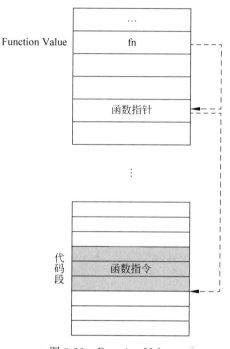

图 3-11　Function Value

3.3.3　闭包

说到 Go 语言的闭包，比较直观的感受就是个有状态的 Function Value。在 Go 语言中比较典型的闭包场景就是在某个函数内定义了另一个函数，内层函数使用了外层函数的局部变量，并且内层函数最终被外层函数作为返回值返回，代码如下：

```
//第3章/code_3_19.go
func mc(n int) func() int {
    return func() int {
        return n
    }
}
```

　　每次调用 mc( )函数都会返回一个新的闭包,闭包记住了参数 n 的值,所以是有状态的。基于目前对函数栈帧的了解,函数栈帧随着函数返回而销毁,不能用来保存状态,研究函数指针和 Function Value 的时候也没有发现哪里用来保存状态,所以这里就有个问题:闭包的状态保存在哪里呢?

1. 闭包对象

　　为了搞清楚这个问题,先来尝试一下反编译,从汇编代码中找答案,反编译代码如下:

```
$ go tool objdump - S - s '^main.mc$' gom.exe
TEXT main.mc(SB) C:/gopath/src/fengyoulin.com/gom/code_3_19.go
func mc(n int) func() int {
    0x488ec0        65488b0c2528000000      MOVQ GS:0x28, CX
    0x488ec9        488b8900000000          MOVQ 0(CX), CX
    0x488ed0        483b6110                CMPQ 0x10(CX), SP
    0x488ed4        7645                    JBE 0x488f1b
    0x488ed6        4883ec18                SUBQ $ 0x18, SP
    0x488eda        48896c2410              MOVQ BP, 0x10(SP)
    0x488edf        488d6c2410              LEAQ 0x10(SP), BP
        return func() int {
    0x488ee4        488d0595640100          LEAQ runtime.types + 91008(SB), AX   //1
    0x488eeb        48890424                MOVQ AX, 0(SP)                        //2
    0x488eef        e89c34f8ff              CALL runtime.newobject(SB)           //3
    0x488ef4        488b442408              MOVQ 0x8(SP), AX                      //4
    0x488ef9        488d0d30000000          LEAQ main.mc.func1(SB), CX           //5
    0x488f00        488908                  MOVQ CX, 0(AX)                       //6
    0x488f03        488b4c2420              MOVQ 0x20(SP), CX                     //7
    0x488f08        48894808                MOVQ CX, 0x8(AX)                     //8
    0x488f0c        4889442428              MOVQ AX, 0x28(SP)                    //9
    0x488f11        488b6c2410              MOVQ 0x10(SP), BP
    0x488f16        4883c418                ADDQ $ 0x18, SP
    0x488f1a        c3                      RET
func mc(n int) func() int {
    0x488f1b        e82020fdff              CALL runtime.morestack_noctxt(SB)
    0x488f20        eb9e                    JMP main.mc(SB)
```

　　代码中负责栈增长、栈帧分配和操作 BP 的部分在 3.3.2 节已经介绍过,此处不再赘述。重点关注 return 下面注释编号的 9 行汇编代码就可以了,逐行梳理一下这部分逻辑:

　　(1) 第 1～4 行代码使用 runtime.types＋91008 作为参数调用了 runtime.newobject( )函数,并把返回值存储在 AX 寄存器中,这个值是个地址,指向分配在堆上的一个对象。

　　(2) 第 5 行和第 6 行把 main.mc.func1( )函数的地址复制到了 AX 所指向对象的头部,0(AX)表示用 AX 作为基址且位移为 0。

　　(3) 第 7 行和第 8 行把 mc( )函数的参数 n 的值复制到了 AX 所指向对象的第 2 个字段,0x8(AX)表示用 AX 作为基址且位移为 8。

（4）第 9 行把 AX 的值复制到 mc（）函数栈帧上的返回值处，也就是最终返回的
Function Value。

根据第 2 步和第 3 步的代码逻辑，可以推断出第 1 步动态分配的对象的类型。应该是
个 struct 类型，第 1 个字段是个函数地址，第 2 个字段是 int 类型，代码如下：

```
struct {
    F uintptr
    n int
}
```

说明编译器识别出了闭包这种代码模式，并且自动定义了这个 struct 类型进行支持，出
于面向对象编程中把数据称为对象的习惯，后文中就把这种 struct 称为闭包对象。

闭包对象的成员可以进一步划分，第 1 个字段 F 用来存储目标函数的地址，这在所有
的闭包对象中都是一致的，后文中将这个目标函数称为闭包函数。从第 2 个字段开始，后续
的字段称为闭包的捕获列表，也就是内层函数中用到的所有定义在外层函数中的变量。编
译器认为这些变量被闭包捕获了，会把它们追加到闭包对象的 struct 定义中。上例中只捕
获了一个变量 n，如果捕获的变量增多，struct 的捕获列表也会加长。一个捕获两个变量的
闭包示例代码如下：

```
//第 3 章/code_3_20.go
func mc2(a, b int) func() (int, int) {
    return func() (int, int) {
        return a, b
    }
}
```

上述代码对应的闭包对象定义代码如下：

```
struct {
    F uintptr
    a int
    b int
}
```

2. 看到闭包

通过反编译来逆向推断闭包对象的结构还是比较烦琐的，如果能有一种方法，能够直观
地看到闭包对象的结构定义，那真是再好不过了。下面介绍一种方法，将闭包逮个正着。

根据之前的探索，已经知道 Go 程序在运行阶段会通过 runtime.newobject（）函数动态
分配闭包对象。Go 源码中 newobject（）函数的原型如下：

```
func newobject(typ * _type) unsafe.Pointer
```

函数的返回值是个指针，也就是新分配的对象的地址，参数是个_type类型的指针。通过源码可以得知这个_type是个struct，在Go语言的runtime中被用来描述一个数据类型，通过它可以找到目标数据类型的大小、对齐边界、类型名称等。笔者习惯将这些用来描述数据类型的数据称为类型元数据，它们是由编译器生成的，Go语言的反射机制依赖的就是这些类型元数据。

假如能够获得传递给runtime.newobject()函数的类型元数据指针typ，再通过反射进行解析，就能打印出闭包对象的结构定义了。那如何才能获得这个typ参数呢？

在C语言中有种常用的函数Hook技术，就是在运行阶段将目标函数头部的代码替换为一条跳转指令，跳转到一个新的函数。在x86平台上就是在进程地址空间中找到要Hook的函数，将其头部替换为一条JMP指令，同时指定JMP指令要跳转到的新函数的地址。这项技术在Go程序中依然适用，可以用一个自己实现的函数替换掉runtime.newobject()函数，在这个函数中就能获得typ参数并进行解析了。

还有一个问题是runtime.newobject()函数属于未导出的函数，在runtime包外无法访问。这一点可以通过linkname机制来绕过，在当前包中声明一个类似的函数，让链接器将其链接到runtime.newobject()函数即可。

本书使用开源模块github.com/fengyoulin/hookingo实现运行阶段函数替换，打印闭包对象结构的完整代码如下：

```go
//第3章/code_3_21.go
package main

import (
    "github.com/fengyoulin/hookingo"
    "reflect"
    "unsafe"
)

var hno hookingo.Hook

//go:linkname newobject runtime.newobject
func newobject(typ unsafe.Pointer) unsafe.Pointer

func fno(typ unsafe.Pointer) unsafe.Pointer {
    t := reflect.TypeOf(0)
    (*(*[2]unsafe.Pointer)(unsafe.Pointer(&t)))[1] = typ //相当于反射了闭包对象类型
    println(t.String())
    if fn, ok := hno.Origin().(func(typ unsafe.Pointer) unsafe.Pointer); ok {
        return fn(typ) //调用原 runtime.newobject
    }
    return nil
}
```

```
//创建一个闭包,make closure
func mc(start int) func () int {
    return func() int {
        start++
        return start
    }
}

func main() {
    var err error
    hno, err = hookingo.Apply(newobject, fno) //应用钩子,替换函数
    if err != nil {
        panic(err)
    }
    f := mc(10)
    println(f())
}
```

在 64 位 Windows 10 下执行命令及运行结果如下:

```
$ ./code_3_21.exe
int
struct { F uintptr; start * int }
11
```

运行结果第 2 行的 int 和第 3 行的 struct 定义都是被 fno() 函数中的 println() 函数打印出来的,最后一行的 11 是被 main() 函数中的 println() 函数打印出来的。第 3 行的 struct 就是闭包对象的结构定义,闭包捕获列表中的 start 是个 int 指针,那是因为 start 变量逃逸了,第 2 行打印的 int 就是通过 runtime.newobject() 函数动态分配造成的。如果把闭包函数中的 start++ 一行删除,闭包捕获的 start 就是个值而不是指针,本节的最后将解释闭包捕获与变量逃逸的关系。某些读者可能会对 fno() 函数中的反射代码感到困惑,读完本书第 5 章与接口相关的内容就能够理解了。

此时再回过头去看 Function Value 的两级指针结构,结合闭包对象的结构定义就很好理解了。如果忽略掉闭包对象中的捕获列表部分,剩下的就是一个两级指针结构了,如图 3-12 所示。

Go 语言在设计上用这种两级指针结构将函数指针和闭包统一为 Function Value,运行阶段调用者不需要关心调用的函数是个普通的函数还是个闭包函数,一致对待就可以了。

如果每次把一个普通函数赋值给一个 Function Value 的时候都要在堆上分配一个指针,那就有些浪费了。因为普通函数不构成闭包也没有捕获列表,没必要动态分配。事实上编译器早就考虑到了这一点,对于不构成闭包的 Function Value,第二层的这个指针是编译

阶段静态分配的,只分配一个就够了。

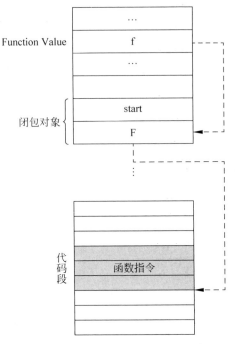

图 3-12　Function Value 和闭包对象

3. 调用闭包

细心的读者可能还会有个疑问:闭包函数在被调用的时候,必须得到当前闭包对象的地址才能访问其中的捕获列表,这个地址是如何传递的呢?

这个问题确实值得深入研究。调用者在调用 Function Value 的时候,只是像调用一个普通函数那样传递了声明的参数,如果 Function Value 背后是个闭包函数,则无法通过栈上的参数得到闭包对象地址。除非编译器传递了一个隐含的参数,这个参数如果通过栈传递,那就改变了函数的原型,这样就会造成不一致,是行不通的。

还是通过反汇编来看一下闭包函数是从哪里得到的这个地址,先来构造闭包,代码如下:

```go
//第 3 章/code_3_22.go
func mc(n int) func() int {
    return func() int {
        return n
    }
}
```

根据本节第 2 部分的探索,可以确定闭包对象的结构定义代码如下:

```
struct {
    F uintptr
    n int
}
```

反编译闭包函数得到的汇编代码如下：

```
$ go tool objdump -S -s '^main.mc.func1$' gom.exe
TEXT main.mc.func1(SB) C:/gopath/src/fengyoulin.com/gom/code_3_22.go
        return func() int {
  0x4b6970              488b4208                MOVQ 0x8(DX), AX
                return n
  0x4b6974              4889442408              MOVQ AX, 0x8(SP)
  0x4b6979              c3                      RET
```

只有 3 行汇编代码，逻辑如下：

（1）将 DX 寄存器用作基址，再加上位移 8，把该地址处的值复制到 AX 寄存器中。

（2）把 AX 寄存器的值复制给闭包函数的返回值。

（3）闭包函数返回。

显然，DX 寄存器存储的就是闭包对象的地址，调用者负责在调用之前把闭包对象的地址存储到 DX 寄存器中，跟 C++ 中的 thiscall 非常类似。之前有很多读者在反编译 Function Value 调用代码时，总会看到为 DX 寄存器赋值，并为此感到疑惑，这就是原因。调用者不必区分是不是闭包、有没有捕获列表，实际上也区分不了，只能统一作为闭包来处理，所以总要通过 DX 传递地址。如果 Function Value 背后不是闭包，这个地址就不会被用到，也不会造成什么影响。

4. 闭包与变量逃逸

本节第 3 部分打印闭包对象结构定义的时候发现跟变量逃逸还有些关系。事实上变量逃逸跟闭包之间的关系很密切，因为 Function Value 本身就是个指针，编译器也可以按照同样的方式来分析 Function Value 有没有逃逸。如果 Function Value 没有逃逸，那就可以不用在堆上分配闭包对象了，分配在栈上即可。使用一个示例进行验证，代码如下：

```
//第3章/code_3_23.go
func sc(n int) int {
    f := func() int {
        return n
    }
    return f()
}
```

代码逻辑过于简单，为了避免闭包函数被编译器优化掉，编译时需要禁用内联优化，命令如下：

```
$ go build - gcflags = ' - l'
```

再来反编译 sc()函数,反编译命令及输出结果如下:

```
$ go tool objdump - S - s '^main.sc$' gom.exe
TEXT main.sc(SB) C:/gopath/src/fengyoulin.com/gom/code_3_23.go
func sc(n int) int {
    0x4b68f0          65488b0c2528000000          MOVQ GS:0x28, CX
    0x4b68f9          488b8900000000              MOVQ 0(CX), CX
    0x4b6900          483b6110                    CMPQ 0x10(CX), SP
    0x4b6904          764b                        JBE 0x4b6951
    0x4b6906          4883ec20                    SUBQ $ 0x20, SP
    0x4b690a          48896c2418                  MOVQ BP, 0x18(SP)
    0x4b690f          488d6c2418                  LEAQ 0x18(SP), BP
        f : = func() int {
    0x4b6914          0f57c0                      XORPS X0, X0
    0x4b6917          0f11442408                  MOVUPS X0, 0x8(SP)
    0x4b691c          488d053d000000              LEAQ main.sc.func1(SB), AX
    0x4b6923          4889442408                  MOVQ AX, 0x8(SP)
    0x4b6928          488b442428                  MOVQ 0x28(SP), AX
    0x4b692d          4889442410                  MOVQ AX, 0x10(SP)
        return f()                                                        //这一行
    0x4b6932          488b442408                  MOVQ 0x8(SP), AX
    0x4b6937          488d542408                  LEAQ 0x8(SP), DX
    0x4b693c          ffd0                        CALL AX
    0x4b693e          488b0424                    MOVQ 0(SP), AX
    0x4b6942          4889442430                  MOVQ AX, 0x30(SP)
    0x4b6947          488b6c2418                  MOVQ 0x18(SP), BP
    0x4b694c          4883c420                    ADDQ $ 0x20, SP
    0x4b6950          c3                          RET
func sc(n int) int {
    0x4b6951          e88a56faff                  CALL runtime.morestack_noctxt(SB)
    0x4b6956          eb98                        JMP main.sc(SB)
```

首先梳理一下 return f()之前的 6 行汇编代码:

(1) XORPS 和 MOVUPS 这两行利用 128 位的寄存器 X0,把栈帧上从位移 8 字节开始的 16 字节清零,这段区间就是 sc()函数的局部变量区,正好符合捕获了一个 int 变量的闭包对象大小。

(2) LEAQ 和 MOVQ 把闭包函数的地址复制到栈帧上位移 8 字节处,正是闭包对象中的函数指针。

(3) 接下来的两个 MOVQ 把 sc()函数的参数 n 的值复制到栈帧上位移 16 字节处,也就是闭包捕获列表中的 int 变量。

这段代码在栈上构造出所需的闭包对象,如图 3-13 所示。

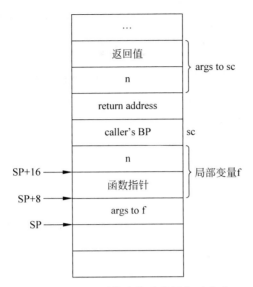

图 3-13 sc() 函数中构造的闭包对象 f

再梳理一下 return 之后的 5 行汇编代码:

(1) MOVQ 把闭包函数的地址复制到 AX 寄存器中,LEAQ 把闭包对象的地址存储到 DX 寄存器中。

(2) CALL 指令调用闭包函数,接下来的两条 MOVQ 把闭包函数的返回值复制到 sc() 函数的返回值。

所以,这段代码实际调用了闭包函数,如图 3-14 所示,闭包函数执行时直接把闭包对象捕获的 n 复制到 f() 函数的返回值空间,然后 f 的返回值会复制到 sc() 函数的返回值空间。

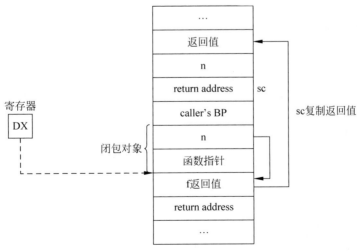

图 3-14 调用闭包函数 f()

整体来看,上述代码逻辑除了闭包对象分配在栈上之外,并没有其他的不同,不过还是能够说明逃逸分析在起作用。

还有一个需要探索的问题,就是关于闭包对象的捕获列表,捕获的是变量的值还是地址?这实际上也跟逃逸分析有着密切关系。下面先从语义的角度来看一下,什么时候捕获值和什么时候捕获地址。

根据之前的经验,只要在闭包函数中改动一下捕获的变量,就会变成捕获地址。在第3章/code_3_23示例代码的基础上加一行自增语句,代码如下:

```
//第3章/code_3_24.go
func sc(n int) int {
    f : = func() int {
        n++
        return n
    }
    return f()
}
```

构建时还是要禁用内联优化,再通过反编译检查闭包捕获的类型,发现确实捕获了变量n的地址。在上一示例代码中,没有修改n的时候,捕获的是值,所以可以这样推断:编译器总是倾向于捕获变量的值,除非有必要捕获地址。

从语义角度来讲,闭包捕获变量并不是要复制一个副本,变量无论被捕获与否都应该是唯一的,所谓捕获只是编译器为闭包函数访问外部环境中的变量搭建了一个桥梁。这个桥梁可以复制变量的值,也可以存储变量的地址。只有在变量的值不会再改变的前提下,才可以复制变量的值,否则就会出现不一致错误。

准备一个示例,代码如下:

```
//第3章/code_3_25.go
func sc(n int) int {
    n++
    f : = func() int {
        return n
    }
    return f()
}
```

经过反编译验证,其中的闭包会捕获值,因为变量自增发生在闭包捕获之前,在闭包捕获之后变量的值不会再改变。

准备另一个示例,代码如下:

```
//第3章/code_3_26.go
func sc(n int) int {
```

```
    f : = func() int {
        return n
    }
    n++
    return f()
}
```

这里的闭包会捕获地址,因为自增语句使变量的值发生了改变,而这个改变又在闭包捕获变量之后。

事实上,对于上述这种闭包对象未逃逸的场景,如果没有禁用内联优化,编译器大概率会把闭包函数优化掉。上述探索的意义主要在于明确编译器在捕获值上的倾向,也就是只要逻辑允许捕获值,就不会捕获地址。如果都捕获地址,更符合语义层面的变量唯一性约束,那么编译器为什么要尽最大可能性捕获值呢?

结合变量逃逸的依赖传递性来思考就比较容易理解了。如果闭包对象逃逸了,则所有被捕获地址的变量都要跟随着一起逃逸,而捕获值就没有逃逸的问题了,可以减少不必要的堆分配,进而优化程序性能。

3.4 defer

5min

Go 语言的 defer 是个很有意思的特性,可通俗地翻译为延迟调用。简单描述就是,跟在 defer 后面的函数调用不会立刻执行,而像是被注册到了当前函数中,等到当前函数返回之前,会按照 FILO (First In Last Out) 的顺序调用所有注册的函数。

需要注意的是,假如跟在 defer 后面的语句中包含多次函数调用,那么只有最后的那个会被延迟调用,而其他的都会立刻执行。准备示例代码如下:

```
//第 3 章/code_3_27.go
func fn() func() {
    return func() {
        println("defer")
    }
}
```

fn()函数会返回一个 Function Value,那么 defer fn()()会立刻调用 fn()函数,实际被延迟调用的是 fn()函数返回的 Function Value。

被延迟调用的函数的参数也会立刻求值,如果依赖某个函数的返回值,则相应函数也会立刻被调用,示例代码如下:

```
defer close(getChan())
```

在上述代码中的 close()函数被延迟调用,而 getChan()函数则立刻被调用。那么延迟执行到底是如何实现的呢？这个就是本节将要探索的内容,接下来的 3.4.1～3.4.3 节分别就 Go 语言 1.12、1.13 和 1.14 版本进行研究,因为 defer 的实现在这几个版本之间发生了较大的变化。

为了统一称谓,后文中将通过 defer 调用的函数称为 defer 函数,将使用 defer 关键字调用某函数的函数称为当前函数,将当前函数通过 defer 关键字来延迟调用某 defer 函数这一动作称为注册。

9min

3.4.1 最初的链表

使用 1.12 版本的 SDK 构建一个示例,代码如下:

```go
//第 3 章/code_3_28.go
package main

func main() {
    println(df(10))
}

func df(n int) int {
    defer func(i * int) {
        * i * = 2
    }(&n)
    return n
}
```

反编译得到可执行文件中的 df()函数,节选比较关键的汇编代码如下:

```
0x452fc6        4883ec20                SUBQ $ 0x20, SP
0x452fca        48896c2418              MOVQ BP, 0x18(SP)
0x452fcf        488d6c2418              LEAQ 0x18(SP), BP
0x452fd4        48c744243000000000      MOVQ $ 0x0, 0x30(SP)
  defer func() {
0x452fdd        c7042408000000          MOVL $ 0x8, 0(SP)
0x452fe4        488d05453d0200          LEAQ go.func. * +58(SB), AX
0x452feb        4889442408              MOVQ AX, 0x8(SP)
0x452ff0        488d442428              LEAQ 0x28(SP), AX
0x452ff5        4889442410              MOVQ AX, 0x10(SP)
0x452ffa        e8c124fdff              CALL runtime.deferproc(SB)
0x452fff        85c0                    TESTL AX, AX
0x453001        751a                    JNE 0x45301d
  return n
0x453003        488b442428              MOVQ 0x28(SP), AX
0x453008        4889442430              MOVQ AX, 0x30(SP)
0x45300d        90                      NOPL
```

```
0x45300e          e88d2dfdff              CALL runtime.deferreturn(SB)
0x453013          488b6c2418              MOVQ 0x18(SP), BP
0x453018          4883c420                ADDQ $ 0x20, SP
0x45301c          c3                      RET
    defer func() {
0x45301d          90                      NOPL
0x45301e          e87d2dfdff              CALL runtime.deferreturn(SB)
0x453023          488b6c2418              MOVQ 0x18(SP), BP
0x453028          4883c420                ADDQ $ 0x20, SP
0x45302c          c3                      RET
```

汇编代码中调用了两个新的 runtime 函数,分别是 runtime.deferproc()函数和 runtime.deferreturn()函数。一直到 Go 1.12 版本,defer 的实现都没有太大变化,代码中的 defer 都会被编译器转化为对 runtime.deferproc()函数的调用。

1. deferproc

Go 语言中,每个 goroutine 都有自己的一个 defer 链表,而 runtime.deferproc()函数做的事情就是把 defer 函数及其参数添加到链表中,即本节所谓的注册。编译器还会在当前函数结尾处插入调用 runtime.deferreturn()函数的代码,该函数会按照 FILO 的顺序调用当前函数注册的所有 defer 函数。如果当前 goroutine 发生了 panic(宕机),或者调用了 runtime.Goexit()函数,runtime 的 panic 处理逻辑会按照 FILO 的顺序遍历当前 goroutine 的整个 defer 链表,并逐一调用 defer 函数,直到某个 defer 函数执行了 recover,或者所有 defer 函数执行完毕后程序结束运行。

runtime.deferproc()函数的原型如下:

```
func deferproc(siz int32, fn * funcval)
```

参数 fn 指向一个 runtime.funcval 结构,该结构被 runtime 用来支持 Function Value,其中只定义了一个 uintptr 类型的成员,存储的是目标函数的地址。通过 3.3 节对 Function Value 的探索,已知 Go 语言用两级指针结构统一了函数指针和闭包,这个 funcval 结构就是用来支持两级指针的。如图 3-15 所示,deferproc()函数的参数 fn 是第一级指针,funcval 中的 uintptr 成员是第二级指针。

参数 siz 表示 defer 函数的参数占用空间的大小,这部分参数也是通过栈传递的,虽然没有出现在 deferproc()函数的参数列表里,但实际上会被编译器追加到 fn 的后面,示例代码中 df()函数调用 deferproc()函数时的函数栈帧如图 3-16 所示。注意 defer 函数的参数在栈上的 fn 后面,而不是在 funcval 结构的后面。这点不符合正常的 Go 语言函数调用约定,属于编译器的特殊处理。

基于第 3 章/code_3_28.go 反编译得到的汇编代码,整理出等价的伪代码如下:

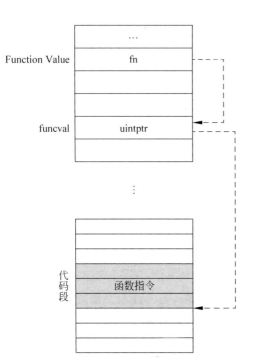

图 3-15　funcval 对 Function Value 两级指针的支持　　图 3-16　df()函数调用 deferproc 时的栈帧

```
func df(n int) (v int) {
    r : = runtime.deferproc(8, df.func1, &n)
    if r > 0 {
        goto ret
    }
    v = n
    runtime.deferreturn()
    return
ret:
    runtime.deferreturn()
    return
}

func df.func1(i * int) {
    * i * = 2
}
```

　　deferproc()函数的返回值为 0 或非 0 时代表不同的含义,0 代表正常流程,也就是已经把需要延迟执行的函数注册到了链表中,这种情况下程序可正常执行后续逻辑。返回值为 1 则表示发生了 panic,并且当前 defer 函数执行了 recover,这种情况会跳过当前函数后续的代码,直接执行返回逻辑。

还有一点需要特别注意一下,从函数原型来看,deferproc()函数没有返回值,但实际上 deferproc()函数的返回值是通过 AX 寄存器返回的,这一点与一般的 Go 语言函数不同,却跟 C 语言的函数比较类似,等到 3.5 节讲解 panic 的时候再具体分析这么做的原因。

接下来看一下 deferproc()函数的具体实现,摘抄自 runtime 包的 panic.go,代码如下:

```go
//go:nosplit
func deferproc(siz int32, fn * funcval) { //arguments of fn follow fn
    if getg().m.curg != getg() {
        throw("defer on system stack")
    }

    sp := getcallersp()
    argp := uintptr(unsafe.Pointer(&fn)) + unsafe.Sizeof(fn)
    callerpc := getcallerpc()

    d := newdefer(siz)
    if d._panic != nil {
        throw("deferproc: d.panic != nil after newdefer")
    }
    d.fn = fn
    d.pc = callerpc
    d.sp = sp
    switch siz {
    case 0:
        //Do nothing.
    case sys.PtrSize:
        * ( * uintptr)(deferArgs(d)) = * ( * uintptr)(unsafe.Pointer(argp))
    default:
        memmove(deferArgs(d), unsafe.Pointer(argp), uintptr(siz))
    }

    return0()
}
```

通过 getcallersp()函数获取调用者的 SP,也就是调用 deferproc()函数之前 SP 寄存器的值。这个值有两个用途,一是在 deferreturn()函数执行 defer 函数时用来判断该 defer 是不是被当前函数注册的,二是在执行 recover 的时候用来还原栈指针。

基于 unsafe 指针运算得到编译器追加在 fn 之后的参数列表的起始地址,存储在 argp 中。

通过 getcallerpc()函数获取调用者指令指针的位置,在 amd64 上实际就是 deferproc()函数的返回地址,从调用者 df()函数的视角来看就是 CALL runtime.deferproc 后面的那条指令的地址。这个地址主要用来在执行 recover 的时候还原指令指针。

调用 newdefer() 函数分配一个 runtime._defer 结构, newdefer() 函数内部使用了两级缓冲池来避免频繁的堆分配, 并且会自动把新分配的_defer 结构添加到链表的头部。

创建好_defer 结构, 接下来就是赋值操作了, 不过在那之前, 我们先来看一下 runtime._defer 的定义, 代码如下:

```
type _defer struct {
    siz      int32
    started bool
    sp       uintptr //sp at time of defer
    pc       uintptr
    fn       * funcval
    _panic   * _panic //panic that is running defer
    link     * _defer
}
```

(1) siz 表示 defer 参数占用的空间大小, 与 deferproc() 函数的第 1 个参数一样。

(2) started 表示有个 panic 或者 runtime.Goexit() 函数已经开始执行该 defer 函数。

(3) sp、pc 和 fn 已经解释过, 此处不再赘述。

(4) _panic 的值是在当前 goroutine 发生 panic 后, runtime 在执行 defer 函数时, 将该指针指向当前的_panic 结构。

(5) link 指针用来指向下一个_defer 结构, 从而形成链表。

现在的问题是_defer 中没有发现用来存储 defer 函数参数的空间, 参数应该被存储到哪里?

实际上 runtime.newdefer() 函数用了和编译器一样的手段, 在分配_defer 结构的时候, 后面额外追加了 siz 大小的空间, 如图 3-17 所示, 所以 deferproc() 函数接下来会将 fn、callerpc、sp 都复制到_defer 结构中相应的字段, 然后根据 siz 大小来复制参数, 最后通过 return0() 函数来把返回值 0 写入 AX 寄存器中。

deferproc() 函数的大致逻辑就是这样, 它把 defer 函数的相关数据存储在 runtime._defer 这个结构中并添加到了当前 goroutine 的 defer 链表头部。

通过 deferproc() 函数注册完一个 defer 函数后, deferproc() 函数的返回值是 0。后面如果发生了 panic, 又通过该 defer 函数成功 recover, 那么指令指针和栈指针就会恢复到这里设置的 pc、sp 处, 看起来就像刚从 runtime.deferproc() 函数返回, 只不过返回值为 1, 编译器插入的 if 语句继而会跳过函数体, 仅执行末尾的 deferreturn() 函数。

2. deferreturn

在正常情况下, 注册过的 defer 函数是由 runtime.deferreturn() 函数负责执行的, 正常情况指的就是没有 panic 或 runtime.Goexit() 函数, 即当前函数完成执行并正常返回时。deferreturn() 函数的代码如下:

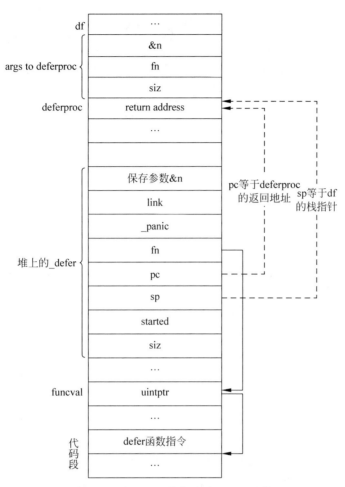

图 3-17　deferproc 执行中为_defer 赋值

```
//go:nosplit
func deferreturn(arg0 uintptr) {
    gp : = getg()
    d : = gp._defer
    if d == nil {
        return
    }
    sp : = getcallersp()
    if d.sp != sp {
        return
    }

    switch d.siz {
```

```
case 0:
    //Do nothing.
case sys.PtrSize:
    *(*uintptr)(unsafe.Pointer(&arg0)) = *(*uintptr)(deferArgs(d))
default:
    memmove(unsafe.Pointer(&arg0), deferArgs(d), uintptr(d.siz))
}
fn := d.fn
d.fn = nil
gp._defer = d.link
freedefer(d)
jmpdefer(fn, uintptr(unsafe.Pointer(&arg0)))
}
```

值得注意的是参数 arg0 的值没有任何含义,实际上编译器并不会传递这个参数,deferreturn()函数内部通过它获取调用者栈帧上 args to callee 区间的起始地址,从而可以将 defer 函数所需参数复制到该区间。defer 函数的参数个数要比编译器传给 deferproc() 函数的参数还少两个,所以调用者的 args to callee 区间大小肯定足够,不必担心复制参数会覆盖掉栈帧上的其他数据。

deferreturn()函数的主要逻辑如下:

(1) 若 defer 链表为空,则直接返回,否则获得第 1 个_defer 的指针 d,但并不从链表中移除。

(2) 判断 d.sp 是否等于调用者的 SP,即判断 d 是否由当前函数注册,如果不是,则直接返回。

(3) 如果 defer 函数有参数,d.siz 会大于 0,就将参数复制到栈上 &arg0 处。

(4) 将 d 从 defer 链表移除,链表头指向 d.link,通过 runtime.freedefer()函数释放 d。和 runtime.newdefer()函数对应,runtime.freedefer()函数会把 d 放回缓冲池中,缓冲池内部按照 defer 函数参数占用空间的多少分成了 5 个列表,对于参数太多且占用空间太大的 d,超出了缓冲池的处理范围则不会被缓存,后续会被 GC 回收。

(5) 通过 runtime.jmpdefer()函数跳转到 defer 函数去执行。

runtime.jmpdefer()函数是用汇编语言实现的,amd64 平台下的实现代码如下:

```
TEXT runtime·jmpdefer(SB), NOSPLIT, $0-16
    MOVQ    fv+0(FP), DX        //fn
    MOVQ    argp+8(FP), BX      //caller sp
    LEAQ    -8(BX), SP          //caller sp after CALL
    MOVQ    -8(SP), BP          //restore BP as if deferreturn returned
    SUBQ    $5, (SP)            //return to CALL again
    MOVQ    0(DX), BX
    JMP     BX                  //but first run the deferred function
```

第 2 行把 fn 赋值给 DX 寄存器,3.3 节中已经讲过 Function Value 调用时用 DX 寄存器传递闭包对象地址。接下来的 3 行代码通过设置 SP 和 BP 来还原 deferreturn() 函数的栈帧,结合最后一条指令是跳转到 defer 函数而不是通过 CALL 指令来调用,这样从调用栈来看就像是 deferreturn() 函数的调用者直接调用了 defer 函数。

还有一点需要特别注意,jmpdefer() 函数会调整返回地址,在 amd64 平台下会将返回地址减 5,即一条 CALL 指令的大小,然后才会跳转到 defer 函数去执行。这样一来,等到 defer 函数执行完毕返回的时候,刚好会返回编译器插入的 runtime.deferreturn() 函数调用之前,从而实现无循环、无递归地重复调用 deferreturn() 函数。直到当前函数的所有 defer 都执行完毕,deferreturn() 函数会在第 1、第 2 步判断时返回,不经过 jmpdefer() 函数调整栈帧和返回地址,从而结束重复调用。

使用 deferproc() 函数实现 defer 的好处是通用性比较强,能够适应各种不同的代码逻辑。例如 if 语句块中的 defer 和循环中的 defer,示例代码如下:

```go
//第 3 章/code_3_29.go
func fn(n int) (r int) {
    if n & 1 != 0 {
        defer func() {
            r <<= 1
        }()
    }
    for i := 0; i < n; i++{
        defer func() {
            r <<= 1
        }()
    }
    return n
}
```

因为 defer 函数的注册是运行阶段才进行的,可以跟代码逻辑很好地整合在一起,所以像 if 这种条件分支不用完成额外工作就能支持。由于每个 runtime._defer 结构都是基于缓冲池和堆动态分配的,所以即使不定次数的循环也不用额外处理,多次注册互不干扰。

但是链表与堆分配组合的最大缺点就是慢,即使用了两级缓冲池来优化 runtime._defer 结构的分配,性能方面依然不太乐观,所以在后续的版本中就开始了对 defer 的优化之旅。

3.4.2 栈上分配

在 1.13 版本中对 defer 做了一点小的优化,即把 runtime._defer 结构分配到当前函数的栈帧上。很明显这不适用于循环中的 defer,循环中的 defer 仍然需要通过 deferproc() 函数实现,这种优化只适用于只会执行一次的 defer。

编译器通过 runtime.deferprocStack() 函数来执行这类 defer 的注册,相比于 runtime.

deferproc()函数,少了通过缓冲池或堆分配_defer结构的步骤,性能方面还是稍有提升的。deferprocStack()函数的代码如下:

```
//go:nosplit
func deferprocStack(d * _defer) {
    gp := getg()
    if gp.m.curg != gp {
        //go code on the system stack can't defer
        throw("defer on system stack")
    }
    //siz and fn are already set.
    d.started = false
    d.heap = false
    d.sp = getcallersp()
    d.pc = getcallerpc()

    *(*uintptr)(unsafe.Pointer(&d._panic)) = 0
    *(*uintptr)(unsafe.Pointer(&d.link)) = uintptr(unsafe.Pointer(gp._defer))
    *(*uintptr)(unsafe.Pointer(&gp._defer)) = uintptr(unsafe.Pointer(d))

    return0()
}
```

runtime._defer结构中新增了一个bool型的字段heap来表示是否为堆上分配,对于这种栈上分配的_defer结构,deferreturn()函数就不会用freedefer()函数进行释放了。因为编译器在栈帧上已经把_defer结构的某些字段包括后面追加的fn的参数都准备好了,所以deferprocStack()函数这里只需为剩余的几个字段赋值,与deferproc()函数的逻辑基本一致。最后几行中通过unsafe.Pointer做类型转换再赋值,源码注释中解释为避免写屏障,暂时理解成为提升性能就行了,这个写屏障到第8章再详细介绍。

同样使用第3章/code_3_28.go,经过Go 1.13编译器转换后的伪代码如下:

```
func df(n int) (v int) {
    var d struct {
        runtime._defer
        n * int
    }
    d.siz = 8
    d.fn = df.func1
    d.n = &n
    r := runtime.deferprocStack(&d)
    if r > 0 {
        goto ret
    }
```

```
    v = n
    runtime.deferreturn()
    return
ret:
    runtime.deferreturn()
    return
}

func df.func1(i * int) {
    * i * = 2
}
```

值得注意的是,如图 3-18 所示,编译器需要根据 defer 函数的参数和返回值占用的空间,来为 df()函数栈帧的 args to callee 区间分配足够的大小,以使 deferreturn()函数向栈帧上复制 defer 函数参数时不会覆盖其他区间的数据。

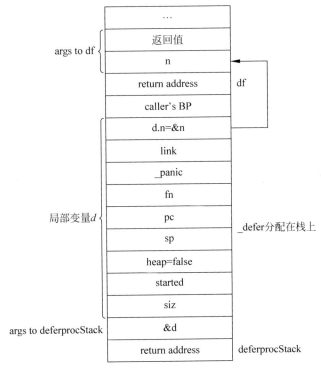

图 3-18　df()函数调用 deferprocStack()时的栈帧

栈上分配_defer 这种优化只是节省了_defer 结构的分配、释放时间,仍然需要将 defer 函数添加到链表中,在调用的时候也还要复制栈上的参数,整体提升比较有限。经过笔者的 Benchmark 测试,1.13 版本比 1.12 版本大约有 25%的性能提升。

3.4.3 高效的 open coded defer

经过 Go 1.13 版本对 defer 的优化,虽然性能上得到了提升,但是远没有达到开发者的预期。因为在并发场景下,defer 经常被用来释放资源,例如函数返回时解锁 Mutex 等,相比之下 defer 自身的开销就有些大了。

因此在 Go 1.14 版本中又进行了一次优化,这次优化也是针对那些只会执行一次的 defer。编译器不再基于链表实现这类 defer,而是将这类 defer 直接展开为代码中的函数调用,按照倒序放在函数返回前去执行,这就是所谓的 open coded defer。

依然使用第 3 章/code_3_28.go,在 1.14 版本中经编译器转换后的伪代码如下:

```
func df(n int) (v int) {
    v = n
    func(i * int) {
        * i * = 2
    }(&n)
    return
}
```

这里会有两个问题:

(1) 如何支持嵌套在 if 语句块中的 defer?

(2) 当发生 panic 时,如何保证这些 defer 得以执行呢?

第 1 个问题其实并不难解决,可以在栈帧上分配一个变量,用每个二进制位来记录一个对应的 defer 函数是否需要被调用。Go 语言实际上用了一字节作为标志,可以最多支持 8 个 defer,为什么不支持更多呢? 笔者是这样理解的,open coded defer 本来就是为了提高性能而设计的,一个函数中写太多 defer,应该是不太在意这种层面上的性能了。

还需要考虑的一个问题是,deferproc() 函数在注册的时候会存储 defer 函数的参数副本,defer 函数的参数经常是当前函数的局部变量,即使它们后来被修改了,deferproc() 函数存储的副本也是不会变的,副本是注册那一时刻的状态,所以在 open coded defer 中编译器需要在当前函数栈帧上分配额外的空间来存储 defer 函数的参数。

综上所述,一个示例代码如下:

```
//第 3 章/code_3_30.go
func fn(n int) (r int) {
    if n > 0 {
        defer func(i int) {
            r <<= i
        }(n)
    }
    n++
    return n
}
```

经编译器转换后的等价代码如下：

```
func fn(n int) (r int) {
    var f byte
    var i int
    if n > 0 {
        f | = 1
        i = n
    }
    n++
    r = n
    if f&1 > 0 {
        func(i int) {
            r << = i
        }(i)
    }
    return
}
```

其中局部变量 f 就是专门用来支持 if 这类条件逻辑的标志位，局部变量 i 用作 n 在 defer 注册那一刻的副本，函数返回前根据标志位判断是否调用 defer 函数。示例中 fn( )函数调用 defer( )函数时栈帧如图 3-19 所示。

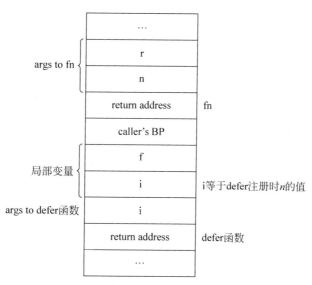

图 3-19　fn( )函数通过 open coded defer 的方式调用 defer 函数

根据笔者的测试，open coded defer 的性能比 Go 1.12 版本几乎提升了一个数量级，当然这是在代码没有发生 panic 的情况下。关于 open coded defer 如何保证在发生 panic 时能够被调用，也就是上面的第 2 个问题，将在 3.5 节中进行探索和介绍。

3.5 panic

panic()和 recover()这对内置函数,实现了 Go 特有的异常处理流程。如果把 panic()函数视为其他语言中的 throw 语句,则带有 recover()函数的 defer 函数就起到了 catch 语句的作用。只有在 defer 函数中调用 recover()函数才有效,因为发生 panic 之后只有 defer 函数能够得到执行。Go 语言在设计上保证所有的 defer 函数都能够得到调用,所以适合用 defer 来释放资源,即使发生 panic 也不会造成资源泄露。

本节结合 Go 语言 runtime 的部分源码,探索 panic 和 recover 的实现原理。

3.5.1 gopanic()函数

内置 panic()函数是通过 runtime 中的 gopanic()函数实现的,代码中调用 panic()函数会被编译器转换为对 gopanic()函数的调用。在版本 1.13 和 1.14 中随着 deferprocStack()函数和 open coded defer 的引入,gopanic()函数的实现也变得愈加复杂,但是核心逻辑并没有发生太大变化,所以本节还是从 1.12 版本的 gopanic()函数的源码开始进行讲解。

鉴于源码篇幅较长,本着先整体后局部的原则,把 gopanic()函数的源码按照逻辑划分成几部分,首先从宏观上看一下整个函数,代码如下:

```
func gopanic(e interface{}) {
    gp := getg()

    //一些校验

    var p _panic
    p.arg = e
    p.link = gp._panic
    gp._panic = (*_panic)(noescape(unsafe.Pointer(&p)))

    atomic.Xadd(&runningPanicDefers, 1)

    //for 循环

    preprintpanics(gp._panic)

    fatalpanic(gp._panic)
    *(*int)(nil) = 0
}
```

从函数原型来看,与内置函数 panic()完全一致,有一个 interface{}类型的参数,这使gopanic()函数可以接受任意类型的参数。函数首先通过 getg()函数得到当前 goroutine 的

g 对象指针 gp,然后会进行一些校验工作,主要目的是确保处在系统栈、内存分配过程中、禁止抢占或持有锁的情况下不允许发生 panic。接下来 gopanic() 函数在栈上分配了一个 _panic 类型的对象 p,把参数 e 赋值给 p 的 arg 字段,并把 p 安放到当前 goroutine 的 _panic 链表的头部,特意使用 noescape() 函数来避免 p 逃逸,因为 panic 本身就是与栈的状态强相关的。

runtime._panic 结构的定义代码如下:

```
//go:notinheap
type _panic struct {
    argp        unsafe.Pointer
    arg         interface{}
    link        * _panic
    recovered   bool
    aborted     bool
}
```

(1) argp 字段用来在 defer 函数执行阶段指向其 args from caller 区间的起始地址,到 3.5.2 节中再进一步分析 argp 字段更深层的意义。

(2) arg 字段保存的就是传递给 gopanic() 函数的参数。

(3) link 字段用来指向链表中的下一个 _panic 结构。

(4) recovered 字段表示当前 panic 已经被某个 defer 函数通过 recover 恢复。

(5) aborted 字段表示发生了嵌套的 panic,旧的 panic 被新的 panic 流程标记为 aborted。

gopanic() 函数的源码中最关键的就是接下来的 for 循环了,在这个循环中逐个调用链表中的 defer 函数,并检测 recover 的状态。如果所有的 defer 函数都执行完后还是没有 recover,则循环就会结束,最后的 fatalpanic() 函数就会结束当前进程。for 循环的主要代码如下:

```
for {
    d := gp._defer
    if d == nil {
        break
    }

    if d.started {
        if d._panic != nil {
            d._panic.aborted = true
        }
        d._panic = nil
        d.fn = nil
        gp._defer = d.link
```

```
            freedefer(d)
            continue
        }


        //1)调用 defer 函数
        //2)释放_defer 结构
        //3)检测 recover
    }
```

每次循环开始都会从 gp 的 _defer 链表头部取一项赋值给 d,直到链表为空时结束循环。接下来判断若 d. started 为真则表明当前是一个嵌套的 panic,也就是在原有 panic 或 Goexit()函数执行 defer 函数的时候又触发了 panic,因为触发 panic 的 defer 函数还没有执行完,所以还没有从链表中移除。这里会把 d 关联的旧的 _panic 设置为 aborted,然后把 d 从链表中移除,并通过 freedefer()函数释放。

后续的 3 大块逻辑就是:调用 defer 函数、释放_defer 结构和检测 recover。

1. 调用 defer 函数

调用 defer 函数的代码如下:

```
d. started = true
d. _panic = ( * _panic)(noescape(unsafe. Pointer(&p)))
p. argp = unsafe. Pointer(getargp(0))
reflectcall(nil, unsafe. Pointer(d. fn), deferArgs(d), uint32(d. siz), uint32(d. siz))
p. argp = nil
```

首先将 d. started 设置为 true,这样如果 defer 函数又触发了 panic,新的 panic 遍历 defer 链表时,就能通过 started 的值确定该 defer 函数已经被调用过了,避免重复调用。

然后为 d. _panic 赋值,将 d 关联到当前 panic 对象 p,并使用 noescape()函数避免 p 逃逸,这一步是为了后续嵌套的 panic 能够通过 d. _panic 找到上一个 panic。

接下来,p. argp 被设置为当前 gopanic()函数栈帧上 args to callee 区间的起始地址,recover()函数通过这个值来判断自身是否直接被 defer 函数调用,这个在 3.5.2 节中再详细讲解。

最关键的就是接下来的 reflectcall()函数调用了,它的函数声明代码如下:

```
func reflectcall(argtype * _type, fn, arg unsafe. Pointer, argsize uint32, retoffset uint32)
```

reflectcall()函数的主要逻辑是根据 argsize 的大小在栈上分配足够的空间,然后把 arg 处的参数复制到栈上,复制的大小为 argsize 字节,然后调用 fn()函数,再把返回值复制回 arg+retoffset 处,复制的大小为 argsize-retoffset 字节,如果 argtype 不为 nil,则根据 argtype 来应用写屏障。

在编译阶段,编译器无法知道 gopanic()函数在运行阶段会调用哪些 defer 函数,所以也无法预分配足够大的 args to callee 区间，只能通过 reflectcall() 函数在运行阶段进行栈增长。defer 函数的返回值虽然也会被复制回调用者的栈帧上，但是 Go 语言会将其忽略，所以这里不必应用写屏障。

2. 释放_defer 结构

释放_defer 结构的代码如下：

```
if gp._defer != d {
    throw("bad defer entry in panic")
}
d._panic = nil
d.fn = nil
gp._defer = d.link

pc := d.pc
sp := unsafe.Pointer(d.sp)
freedefer(d)
```

调用完 d.fn() 函数后，不应该出现 gp._defer 不等于 d 这种情况。假如在 d.fn() 函数执行的过程中没有造成新的 panic，那么所有新注册的 defer 都应该在 d.fn() 函数返回的时候被 deferreturn() 函数移出链表。假如 d.fn() 函数执行过程中造成了新的 panic，若没有 recover，则不会再回到这里，若经 recover 之后再回到这里，则所有在 d.fn() 函数执行过程中注册的 defer 也都应该在 d.fn() 函数返回之前被移出链表。

其他几行代码就是把 d 的_panic 和 fn 字段置为 nil，然后从 gp._defer 链表中移除，把 d 的 pc 和 sp 字段保存在局部变量中，供接下来检测执行 recover 时使用，然后通过 freedefer() 函数把 d 释放。此处的 sp 类型必须是指针，因为后续如果栈被移动，只有指针类型会得到更新。

3. 检测 recover

检测 recover 的代码如下：

```
if p.recovered {
    atomic.Xadd(&runningPanicDefers, -1)

    gp._panic = p.link
    for gp._panic != nil && gp._panic.aborted {
        gp._panic = gp._panic.link
    }
    if gp._panic == nil {
        gp.sig = 0
    }
    gp.sigcode0 = uintptr(sp)
    gp.sigcode1 = pc
```

```
    mcall(recovery)
    throw("recovery failed")
}
```

如果 d.fn() 函数成功地执行了 recover，则当前_panic 对象 p 的 recovered 字段就会被设置为 true，此处通过检测后就会执行 recover 逻辑。

首先把 p 从 gp 的_panic 链表中移除，然后循环移除链表头部所有已经标为 aborted 的_panic 对象。如果没有发生嵌套的 panic，则此时 gp._panic 应该是 nil，不为 nil 就表明发生了嵌套的 panic，而且只是内层的 panic 被 recover。代码的最后把局部变量 sp 和 pc 赋值给 gp 的 sigcode0 和 sigcode1 字段，然后通过 mcall() 函数执行 recovery() 函数。mcall() 函数会切换到系统栈，然后把 gp 作为参数来调用 recovery() 函数。

recovery() 函数负责用存储在 sigcode0 和 sigcode1 中的 sp 和 pc 恢复 gp 的执行状态。recovery() 函数的主要逻辑代码如下：

```
func recovery(gp *g) {
    sp := gp.sigcode0
    pc := gp.sigcode1

    if sp != 0 && (sp < gp.stack.lo || gp.stack.hi < sp) {
        //省略打印错误信息的代码
        throw("bad recovery")
    }

    gp.sched.sp = sp
    gp.sched.pc = pc
    gp.sched.lr = 0
    gp.sched.ret = 1
    gogo(&gp.sched)
}
```

首先确保栈指针 sp 的值不能为 0，并且还要在 gp 栈空间的上界与下界之间，然后把 sp 和 pc 赋值给 gp.sched 中对应的字段，并且把返回值设置为 1。

调用 gogo() 函数之后，gp 的栈指针和指令指针就会被恢复到 sp 和 pc 的位置，而这个位置是 deferproc() 函数通过 getcallersp() 函数和 getcallerpc() 函数获得的，即 deferproc() 函数正常返回后的位置，所以经过某个 defer 函数执行 recover() 函数后，当前 goroutine 的栈指针和指令指针会被恢复到 deferproc() 函数刚刚注册完该 defer 函数后返回的位置，只不过返回值是 1 而不是 0。编译器插入的代码会检测 deferproc() 函数的返回值，这些在 3.4.1 节中已经介绍过了。

这里需要分析一下"为什么 deferproc() 函数的返回值是通过 AX 寄存器而不是通过栈传递的"这个问题了。现在已经知道 deferproc() 函数有两种可能的返回：第一种是正常执

行,注册完 defer 函数后返回,这种情况下编译器是可以基于栈传递返回值的;第二种是
panic 后再经过 recover 返回,在 gogo() 函数执行前,SP 还没有恢复到调用 deferproc() 函数
时的位置,由于编译器会把 defer 函数的参数追加在 deferproc() 函数的参数后面,所以返回
值在栈上的位置还需要动态计算,实现起来有些复杂,所以还是通过寄存器传递返回值更加
简单高效。

3.5.2 gorecover() 函数

3.5.1 节中梳理了 gopanic() 函数的主要逻辑,其中 for 循环每调用完一个 defer 函数都会
检测 p. recovered 字段,如果值为 true 就执行 recover 逻辑。也就是说真正的 recover 逻辑是在
gopanic() 函数中实现的,defer 函数中调用了内置函数 recover(),实际上只会设置_panic 的一
种状态。内置函数 recover() 对应 runtime 中的 gorecover() 函数,代码如下:

```go
//go:nosplit
func gorecover(argp uintptr) interface{} {
    gp := getg()
    p := gp._panic
    if p != nil && !p.recovered && argp == uintptr(p.argp) {
        p.recovered = true
        return p.arg
    }
    return nil
}
```

内置函数 recover() 是没有参数的,但是 gorecover() 函数却有一个参数 argp,这也是编
译器做的手脚。编译器会把调用者的 args from caller 区间的起始地址作为参数传递给
gorecover() 函数。示例代码如下:

```go
//第 3 章/code_3_31.go
func fn() {
    defer func(a int) {
        recover()
        println(a)
    }(0)
}
```

经编译器转换后的等价代码如下:

```go
func fn() {
    defer func(a int) {
        gorecover(uintptr(unsafe.Pointer(&a)))
        println(a)
    }(0)
}
```

为什么要传递这个 argp 参数呢？从代码逻辑来看，gorecover() 函数会把它跟当前 _panic 对象 p 的 argp 字段比较，只有相等时才会把 p. recovered 设置为 true。如图 3-20 所示，p. argp 的值是在 gopanic() 函数的 for 循环中设置的，通过 getargp() 函数获得的 gopanic() 函数栈帧 args to callee 区间的起始地址。接下来才会通过 reflectcall() 函数调用 defer 函数，所以在发生 recover 时，传递给 gorecover() 函数的参数 argp 是 defer 函数栈帧上 args from caller 区间的起始地址，也就是 reflectcall() 函数的 args to callee 区间的起始地址。

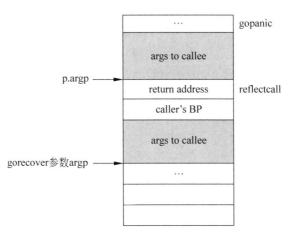

图 3-20　p. argp 和 gorecover() 函数参数 argp 的关系

reflectcall() 函数是由 gopanic() 函数调用的，那两者的 args to callee 区间的起始地址怎么可能相等呢？这个问题着实让笔者困惑不已。反复查看 gopanic() 函数、gorecover() 函数的代码，以及 reflectcall() 函数的汇编代码，加上反编译 defer 函数，都没有找到答案。最终还是忍不住反编译了 reflectcall() 函数和它所依赖的一系列 callXXX() 函数，这里 XXX 代表的就是函数栈帧上 args to callee 区间的大小。

reflectcall() 函数在源码中的代码如下：

```
TEXT ·reflectcall(SB), NOSPLIT, $ 0 − 32
    MOVLQZX argsize + 24(FP), CX
    DISPATCH(runtime·call32, 32)
    DISPATCH(runtime·call64, 64)
    DISPATCH(runtime·call128, 128)
    //省略部分代码以节省篇幅
    DISPATCH(runtime·call268435456, 268435456)
    DISPATCH(runtime·call536870912, 536870912)
    DISPATCH(runtime·call1073741824, 1073741824)
    MOVQ    $ runtime·badreflectcall(SB), AX
    JMP  AX
```

reflectcall()函数会根据 argsize 的大小跳转到合适的 callXXX()函数去执行,看起来与 p. argp 的问题无关,通过反汇编来检验也没有发现什么特殊逻辑。再从源码中查看这组 callXXX()函数的实现,发现是通过宏定义实现的,宏定义的代码如下:

```
#define CALLFN(NAME,MAXSIZE) \
TEXT NAME(SB), WRAPPER, $ MAXSIZE - 32; \
    NO_LOCAL_POINTERS; \
    /* copy arguments to stack */ \
    MOVQ    argptr + 16(FP), SI; \
    MOVLQZX argsize + 24(FP), CX; \
    MOVQ    SP, DI; \
    REP;MOVSB; \
    /* call function */ \
    MOVQ    f + 8(FP), DX; \
    PCDATA  $ PCDATA_StackMapIndex, $ 0; \
    CALL    (DX); \
    /* copy return values back */ \
    MOVQ    argtype + 0(FP), DX; \
    MOVQ    argptr + 16(FP), DI; \
    MOVLQZX argsize + 24(FP), CX; \
    MOVLQZX retoffset + 28(FP), BX; \
    MOVQ    SP, SI; \
    ADDQ    BX, DI; \
    ADDQ    BX, SI; \
    SUBQ    BX, CX; \
    CALL    callRet <>(SB); \
    RET
```

从代码逻辑来看,这一系列 callXXX()函数才是实际完成 reflectcall()函数功能的地方。callXXX()函数中完成了参数的复制、目标函数的调用及返回值的复制,但是看起来与 p. argp 也没有什么关系。为了避免编译器有什么背后的隐含逻辑,还是反编译一个 call32() 函数看一下,代码如下:

```
$ go tool objdump - S - s '^runtime.call32 $ 'gom.exe
TEXT runtime.call32(SB) C:/go/1.12.17/go/src/runtime/asm_amd64.s
0x4489a0    65488b0c2528000000    MOVQ GS:0x28, CX
0x4489a9    488b8900000000        MOVQ 0(CX), CX
0x4489b0    483b6110              CMPQ 0x10(CX), SP
0x4489b4    7659                  JBE 0x448a0f
0x4489b6    4883ec28              SUBQ $ 0x28, SP
0x4489ba    48896c2420            MOVQ BP, 0x20(SP)
0x4489bf    488d6c2420            LEAQ 0x20(SP), BP
0x4489c4    488b5920              MOVQ 0x20(CX), BX                //10
```

0x4489c8	4885db	TESTQ BX, BX	//11
0x4489cb	7549	JNE 0x448a16	//12
0x4489cd	488b742440	MOVQ 0x40(SP), SI	
0x4489d2	8b4c2448	MOVL 0x48(SP), CX	
0x4489d6	4889e7	MOVQ SP, DI	
0x4489d9	f3a4	REP; MOVSB DS:0(SI), ES:0(DI)	
0x4489db	488b542438	MOVQ 0x38(SP), DX	
0x4489e0	ff12	CALL 0(DX)	
0x4489e2	488b542430	MOVQ 0x30(SP), DX	
0x4489e7	488b7c2440	MOVQ 0x40(SP), DI	
0x4489ec	8b4c2448	MOVL 0x48(SP), CX	
0x4489f0	8b5c244c	MOVL 0x4c(SP), BX	
0x4489f4	4889e6	MOVQ SP, SI	
0x4489f7	4801df	ADDQ BX, DI	
0x4489fa	4801de	ADDQ BX, SI	
0x4489fd	4829d9	SUBQ BX, CX	
0x448a00	e86bffffff	CALL callRet(SB)	
0x448a05	488b6c2420	MOVQ 0x20(SP), BP	
0x448a0a	4883c428	ADDQ $ 0x28, SP	
0x448a0e	c3	RET	
0x448a0f	e86cfdffff	CALL runtime.morestack_noctxt(SB)	
0x448a14	eb8a	JMP runtime.call32(SB)	
0x448a16	488d7c2430	LEAQ 0x30(SP), DI	//33
0x448a1b	48393b	CMPQ DI, 0(BX)	//34
0x448a1e	75ad	JNE 0x4489cd	//35
0x448a20	488923	MOVQ SP, 0(BX)	//36
0x448a23	eba8	JMP 0x4489cd	//37

除去 prolog、epilog 和与上述宏定义对应的代码,可以看到第 10～12 行和第 33～37 行是被编译器额外插入的。这几行代码的逻辑就是:如果 gp._panic 不为 nil 且 gp._panic.argp 的值等于当前函数栈帧 args from caller 区间的起始地址,就把它的值改成当前函数栈帧 args to callee 区间的起始地址。因为 reflectcall() 函数没有移动栈指针,而且是通过 JMP 指令跳转到 call32() 函数的,所以当前函数栈帧的 args from caller 区间就是 reflectcall() 函数的 args from caller 区间。也就是说,通过在 callXXX 系列函数中对 gp._panic.argp 进行修正,使 gorecover() 函数中的相等比较得以成立。与编译器插入的这些指令等价的 Go 代码如下:

```go
gp := getg()
if gp._panic != nil {
    if gp._panic.argp == uintptr(unsafe.Pointer(&argtype)) {
        gp._panic.argp = getargp(0)
    }
}
```

费这么大的劲,gorecover()函数中这个相等比较的意义是什么呢？其实,是为了实现Go 语言对 recover 强加的一条限制：必须在 defer 函数中直接调用 recover()函数才有用,不可嵌套在其他函数中。recover()函数调用有效的示例代码如下：

```go
//第 3 章/code_3_32.go
func fn() {
    defer func() {
        recover()
    }()
}
```

recover()函数调用无效的示例代码如下：

```go
//第 3 章/code_3_33.go
func fn() {
    defer func() {
        r()
    }()
}

func r() {
    recover()
}
```

笔者认为这种限制是必要的,Go 语言的 recover 与其他语言的 try 和 catch 有明显的不同,即不像 catch 语句那样能够限定异常的类型。如果没有对 recover 的这种限制,就会使代码行为变得不可控,panic 可能经常会被某个深度嵌套的 recover 恢复,这并不是开发者想要的。

3.5.3 嵌套的 panic

Go 语言的 panic 是支持嵌套的,第 1 个 panic 在执行 defer 函数的时候可能会注册新的defer 函数,也可能会触发新的 panic。如果新的 panic 被新注册的 defer 函数中的 recover 恢复,则旧的 panic 就继续执行,否则新的 panic 就会把旧的 panic 置为 aborted。理解嵌套 panic 的关键就是关注 defer 链表和 panic 链表的变化,本节用两个简单的例子来加深一下理解。

先看一个简单的 panic 嵌套的例子,代码如下：

```go
//第 3 章/code_3_34.go
func fn() {
    defer func() {
        panic("2")
    }()
    panic("1")
}
```

fn()函数首先将一个 defer 函数注册到当前 goroutine 的 defer 链表头部,记为 defer1,然后当 panic("1")执行时,会在当前 goroutine 的 _panic 链表中新增一个_panic 结构,记为 panic1,panic1 触发 defer 执行,defer1 中 started 字段会被标记为 true,_panic 字段会指向 panic1,如图 3-21 所示。

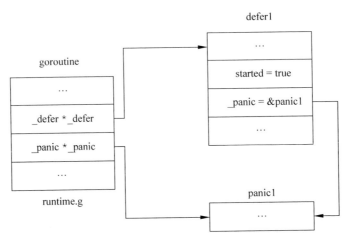

图 3-21 panic2 执行前的_defer 链表和_panic 链表

然后执行到 panic("2")这里,也会在当前 goroutine 的 _panic 链表中新增一项,记为 panic2。如图 3-22 所示,panic2 同样会去执行 defer 链表,通过 defer1 记录的_panic 字段找到 panic1,并将其标记为 aborted,然后移除 defer1,处理 defer 链表中的后续节点。

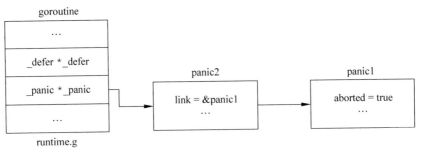

图 3-22 panic2 执行后的_defer 链表和_panic 链表

接下来,在第 3 章/code_3_34.go 的 defer 函数中嵌套一个带有 recover 的 defer 函数,代码如下:

```
//第 3 章/code_3_35.go
func fn() {
    defer func() {
        defer func() {
            recover()
```

```
        }
        panic("2")
    }()
    panic("1")
}
```

依然把 fn() 函数首先注册的 defer 函数记为 defer1,把接下来执行的 panic 记为 panic1,此时 goroutine 的_defer 链表和_panic 链表与图 3-21 中的链表并无不同。只不过当 panic1 触发 defer1 执行时,会再次注册一个 defer 函数,记为 defer2,然后才会执行到 panic("2"),这里触发第二次 panic,在_panic 链表中新增一项,记为 panic2。在 panic2 执行 defer 链表之前,_defer 链表和_panic 链表的情况如图 3-23 所示。

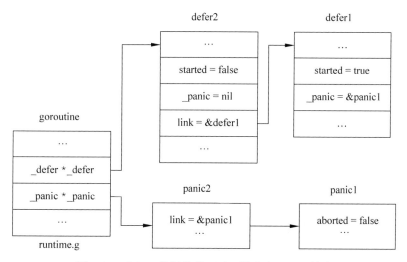

图 3-23 defer2 执行前的_defer 链表和_panic 链表

然后 panic2 去执行_defer 链表,首先执行 defer2,将其 started 字段置为 true,_panic 字段指向 panic2。待到 defer2 执行 recover() 函数时,只会把 panic2 的 recovered 字段置为 true,defer2 结束后,从_defer 链表中移除,如图 3-24 所示。

接下来,panic 处理逻辑检测到 panic2 已经被刚刚执行的 defer2 恢复了,所以会把 panic2 从_panic 链表中移除,如图 3-25 所示,然后进入 recovery() 函数的逻辑中。

结合 3.5.1 节中的 recovery() 函数的介绍,panic2 被 recover 后,当前协程会恢复到 defer1 中注册完 defer2 刚刚返回时的状态,只不过返回值被置为 1,直接跳转到最后的 deferreturn() 函数处,而此时 defer 链表中已经没有 defer1 注册的 defer 函数了,所以 defer1 结束返回,返回 panic1 执行 defer 链表的逻辑中继续执行。

从_panic 链表和_defer 链表的角度来看,位于_panic 链表头部的始终是当前正在执行的 panic,如果它在遍历_defer 链表的过程中通过_defer 结构的 started 字段和_panic 字段发现了上一个 panic,就会将其设为 aborted。如果在两次 panic 之间,_defer 链表中加入了

新的带有 recover 的 defer 函数,则这些 defer 函数就能够在上一个 panic 被发现前结束当前
panic 流程,上一个 panic 也就不会被 aborted,继而恢复执行。

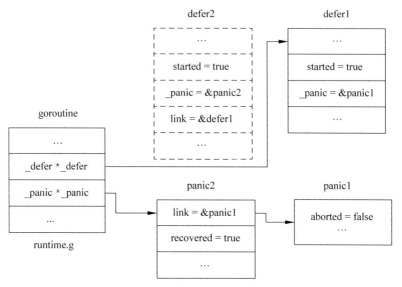

图 3-24　defer2 结束后的_defer 链表和_panic 链表

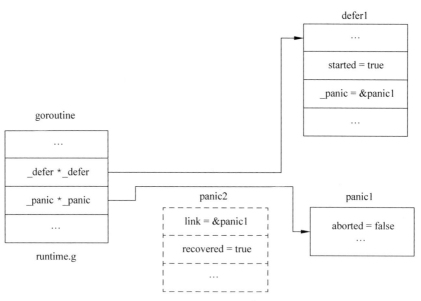

图 3-25　panic2 恢复后的_defer 链表和_panic 链表

3.5.4　支持 open coded defer

3.4.3 节讲到 open coded defer 是以直接调用的方式实现的,并不会被注册到当前

goroutine 的_defer 链表中,那么在发生 panic 的时候如何找到这些 open coded defer 函数并执行呢? 先来看一下 1.14 版本中 runtime._defer 结构的定义,代码如下:

```go
type _defer struct {
    siz        int32
    started    bool
    heap       bool
    openDefer  bool
    sp         uintptr
    pc         uintptr
    fn         *funcval
    _panic     *_panic
    link       *_defer
    fd         unsafe.Pointer
    varp       uintptr
    framepc    uintptr
}
```

其中的 heap 字段是在 Go 1.13 版本中随 deferprocStack 一起引入的,用来区分_defer 结构是堆分配还是栈分配。openDefer、fd、varp 和 framepc 字段都是 Go 1.14 版本中为了支持 open coded defer 而引入的,也就是说 open coded defer 还是可能会被添加到_defer 链表中的。什么时候会被添加到链表中呢? 就是在 panic 的时候。

Go 1.14 版本中的 panic 为了支持 open coded defer 实现了两个重要的函数,即 addOneOpenDeferFrame()函数和 runOpenDeferFrame()函数。前者从调用栈的栈顶开始做回溯扫描,直到找到一个带有 open coded defer 的栈帧,为该栈帧分配一个_defer 结构,为各字段赋值后添加到_defer 链表中合适的位置。不管目标栈帧上有几个 open coded defer 函数,只分配一个_defer 结构,因为后续通过 runOpenDeferFrame()函数来执行的时候,会一并执行栈帧上所有的 open coded defer 函数。添加到_defer 链表中的位置是根据目标栈帧在调用栈中的位置计算的,而不是添加到头部。runOpenDeferFrame()函数循环执行指定栈帧上所有的 open coded defer 函数,返回值表示栈帧上所有的 open coded defer 函数是否都执行完毕,如果因为某个 defer 函数执行了 recover 而造成循环中止,则返回值为 false。以上两个函数依赖于符号表中目标栈帧的 OpenCodedDeferInfo。

gopanic()函数中几个关键的步骤也都为 open coded defer 做了相应的修改:

(1) 在 for 循环开始之前,先通过 addOneOpenDeferFrame()函数将最近的一个 open coded defer 栈帧添加到_defer 链表中。

(2) 在调用 defer 函数的时候,如果 openDefer 为 true,则使用 runOpenDeferFrame()函数来执行,通过返回值来判断目标栈帧上的 open coded defer 已完全执行,并且没有 recover,就再次调用 addOneOpenDeferFrame()函数把下一个 open coded defer 栈帧添加到_defer 链表中。

(3) 根据 runOpenDeferFrame()函数的返回值来判断,只有完全执行的节点才能从

_defer 链表中移除。事实上只有 openDefer 节点才有可能出现不完全执行的情况,因为一个栈帧上可能有多个 open coded defer 函数,假如其中某一个调用了 recover() 函数,后续的就不会再被调用了,所以该节点不能从 _defer 链表中移除,recover 之后的逻辑负责调用这些剩余的 open coded defer。

（4）检测到当前 panic 的 recovered 为 true 后,需要把 _defer 链表中尚未开始执行的 openDefer 节点移除,因为 recover 之后这些 open coded defer 会被正常调用。

那么,包含多个 open coded defer 函数的栈帧出现不完全执行的情况时,也就是中间的某个 defer 函数调用了 recover() 函数时,剩余的 defer 函数是在哪里调用的呢? 其实是被 deferreturn() 函数调用的。编译器在每个包含 open coded defer 的函数的最后都会插入一条调用 runtime.deferreturn() 函数的指令,这条指令处在一个特殊的分支上,正常流程不会执行到它,而 addOneOpenDeferFrame() 函数在为 _defer 结构的 pc 字段赋值的时候,使用的就是这条指令的地址,也就是说当某个 open coded defer 调用 recover 之后,指令指针会恢复到这条指令处,进而调用 runtime.deferreturn() 函数。1.14 版的 deferreturn() 函数中对于 openDefer 为 true 的节点会使用 runOpenDeferFrame() 函数来处理,从而使栈帧上剩余的 open coded defer 得到执行。也不用担心重复调用问题,因为 runOpenDeferFrame() 函数会把已经调用过的 defer 函数的相应标志位清 0。

3.6　本章小结

在 Go 语言中,函数是非常基础也是非常重要的一个特性。3.1 节探索了函数的栈帧布局及栈帧上的内存对齐,认识到返回值、参数和局部变量就像是 3 个 struct。3.2 节探索了编译器是如何判断变量是否逃逸的,了解了编译器总是会尽量尝试在栈上分配局部变量。3.3 节通过反汇编和使用函数钩子等方法,分析了 Function Value 的实现原理,理解了函数指针和闭包在实现层面的统一。3.4 节介绍了 defer 在最近几个版本中的演变,以及最新的 open coded defer。3.5 节梳理了 panic 和 recover 的实现逻辑。

本章的内容比较重要,希望各位读者能够结合实践深入理解,以便后续能更加高效地学习和探索。

第 4 章

方　　法

　　Go 语言支持面向对象思想,提供了 type 关键字,可以用来自定义类型,并且可以为自定义类型实现方法。下面定义一个 Point 类型,代码如下:

```go
//第 4 章/code_4_1.go
package gom

type Point struct {
    x float64
}

func (p Point) X() float64 {
    return p.x
}

func (p * Point) SetX(x float64) {
    p.x = x
}
```

　　Point 表示一维坐标系内的一个点,并且按照 Go 语言的风格为其实现了一个 Getter 方法和一个 Setter 方法。本章后续内容将会以 Point 类型为研究对象,展开与方法相关的问题的探索。

　　从语法角度来看,Go 语言的方法并不像 C++、Java 中 class 的方法那样包含在 type 定义的语句块内,而是像普通函数一样直接定义在 package 层,只不过多了一个接收者。以 Point 类型的两种方法为例,处在 func 关键字和方法名之间的,就是方法的接收者,它看起来就像一个额外的参数。

4.1　接收者类型

5min

　　在第 3 章中已经探索过普通函数的调用约定,了解了参数和返回值是通过栈传递的,这里就会比较好奇方法接收者的传递方式:到底是像一般参数那样通过栈传递,还是像 C++

的 thiscall 那样使用某个指定的寄存器？

通过反编译很容易验证。为了排除编译器内联优化造成的干扰，下面采用只编译不链接的方式来得到 OBJ 文件，然后对编译得到的 OBJ 文件进行反编译分析，编译命令如下：

```
$ go tool compile - trimpath = "`pwd`=>" - l - p gom point.go
```

上述命令禁用了内联优化，编译完成后会在当前工作目录生成一个 point.o 文件，这就是我们想要的 OBJ 文件。通过 go tool nm 可以查看该文件中实现了哪些函数，nm 会输出 OBJ 文件中定义或使用到的符号信息，通过 grep 命令过滤代码段符号对应的 T 标识，即可查看文件中实现的函数，执行命令如下：

```
$ go tool nm point.o | grep T
    1562 T gom.( * Point).SetX
    1899 T gom.( * Point).X
    1555 T gom.Point.X
```

可以看到 point.o 中一共实现了 3 个方法，它们都定义在 Point 类型所在的 gom 包中。第 1 个是 Point 的 SetX()方法，它的接收者类型是 * Point，第 3 个是 Point 的 X()方法，它的接收者类型是 Point，这些都与源代码一致。比较奇怪的是第二个方法，这是一个接收者类型为 * Point 的 X()方法，源代码中并没有这个方法，它是怎么来的呢？只能是由编译器生成的。那么编译器为什么要生成它呢？这就需要循序渐进地进行探索了。

为了方便描述，我们将接收者类型为值类型的方法称为值接收者方法，将接收者类型为指针类型的方法称为指针接收者方法。接下来先通过反编译的方式看一下，这两种接收者参数都是如何传递的。

4.1.1　值类型

先来看一下 Point 类型中的值接收者方法 X()，反编译后得到的汇编代码如下：

```
$ go tool objdump - S - s '^gom.Point.X$' point.o
TEXT gom.Point.X(SB) gofile..point.go
      return p.x
  0x1555      f20f10442408          MOVSD_XMM 0x8(SP), X0
  0x155b      f20f11442410          MOVSD_XMM X0, 0x10(SP)
  0x1561      c3                    RET
```

因为函数过于简单，对栈空间也没有太大消耗，所以编译器没有插入与栈增长相关的代码，也没有通过 SUB 指令移动 SP 来为方法 X()分配栈帧，所以 SP 指向的是 CALL 指令压入栈中的返回地址。

第 4 行代码用 SP 作为基址并加上 8 字节偏移，把该地址处的一个 float64 复制到 X0 寄存器中。

第 5 行代码用 SP 作为基址并加上 16 字节偏移,把 X0 中的 float64 复制到该地址处。

第 6 行代码就是普通的返回指令。

按照上述汇编代码逻辑,栈上的布局如图 4-1 所示。

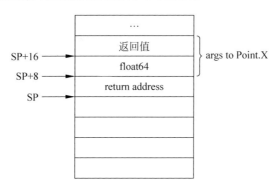

图 4-1　调用 Point.X()方法后的栈帧布局

结合方法 X()的源代码,栈指针 SP 加 16 字节偏移处,应该就是函数的返回值。SP 加 8 字节偏移处,应该就是函数第 1 个参数的位置。从代码逻辑来看,这个参数存储的就是 p. x 的值,而 Point 类型只有 x 这一个成员,所以第 1 个参数是 p 的值。这就说明值类型的接收者实际上是作为第 1 个参数通过栈来传递的,与普通的函数调用并没有什么不同。

Go 语言允许通过方法的完全限定名称(Full Qualified Name)把方法当成一个普通函数那样调用,只不过需要把接收者作为第 1 个参数显式地传递,示例代码如下:

```
p : = Point{x: 10}
Point.X(p)
```

可以认为 p. X()这种写法只是编译器提供的语法糖,本质上会被转换为 Point. X(p)这种普通的函数调用,而接收者就是隐含的第 1 个参数。

4.1.2　指针类型

4.1.1 节分析了值接收者参数的传递方式,本节再来看一下指针类型接收者的参数传递方式。还是通过反编译的方式,这次要反编译 SetX()方法,反编译后得到的汇编代码如下:

```
$ go tool objdump − S − s '^gom.\(\ * Point\).SetX$' point.o
TEXT gom.( * Point).SetX(SB) gofile..point.go
      p.x = x
  0x1562       f20f10442410       MOVSD_XMM 0x10(SP), X0
  0x1568       488b442408         MOVQ 0x8(SP), AX
  0x156d       f20f1100           MOVSD_XMM X0, 0(AX)
}
  0x1571       c3                 RET
```

跟之前一样,因为函数很简单,所以既没有插入与栈增长相关的代码,也没有移动 SP 来分配栈帧,SP 指向栈上的返回地址。

第 4 行代码用 SP 作为基址加上 16 字节偏移,把该地址处的一个 float64 复制到 X0 寄存器中。

第 5 行代码用 SP 作为基址加上 8 字节偏移,把该地址处的一个 64 位数值复制到 AX 寄存器中。

第 6 行代码用 AX 作为基址,把 X0 寄存器中的 float64 复制到该地址处。

第 8 行是返回指令。

按照上述汇编代码逻辑,画出栈上的布局如图 4-2 所示。

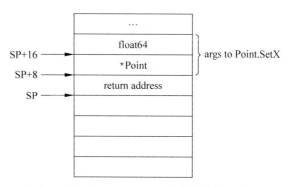

图 4-2 调用 Point.SetX() 方法后的栈帧布局

结合 SetX() 方法的源码可以推断出,栈指针 SP 加 16 字节偏移处存储的浮点型数值,就是 SetX() 方法的参数 x。SP 加 8 字节偏移处存储的 64 位数值就是接收者 p 的地址,所以跟值类型接收者类似,指针类型的接收者也是作为第 1 个参数来传递的,只不过传递的是一个地址。

同值接收者方法一样,也可以通过完全限定名称把指针接收者方法作为一个普通函数那样调用,只是语法上稍有不同,代码如下:

```
p := &Point{}
(*Point).SetX(p, 10)
```

4.1.3 包装方法

本节开头通过 nm 查看 OBJ 文件中的符号的时候,发现 OBJ 文件中多了一个源码中没有的方法。源码中 X() 方法的接收者是值类型,而 OBJ 文件中多了一个拥有指针类型接收者的 X() 方法。猜测这种方法应该是编译器根据源代码中原本的 X() 方法自动生成的包装方法,通过接收者的地址可以得到接收者的值,所以反编译来看一下代码逻辑,反编译得到的汇编代码如下:

```
$ go tool objdump −S −s '^gom.\(\ * Point\).X$ ' point.o
TEXT gom.( * Point).X(SB) gofile..< autogenerated >

  0x1b8e    65488b0c2528000000      MOVQ GS:0x28, CX
  0x1b97    488b8900000000          MOVQ 0(CX), CX       [3:7]R_TLS_LE
  0x1b9e    483b6110                CMPQ 0x10(CX), SP
  0x1ba2    7650                    JBE 0x1bf4
  0x1ba4    4883ec18                SUBQ $ 0x18, SP
  0x1ba8    48896c2410              MOVQ BP, 0x10(SP)
  0x1bad    488d6c2410              LEAQ 0x10(SP), BP
  0x1bb2    488b5920                MOVQ 0x20(CX), BX
  0x1bb6    4885db                  TESTQ BX, BX
  0x1bb9    7540                    JNE 0x1bfb
  0x1bbb    488b442420              MOVQ 0x20(SP), AX
  0x1bc0    4885c0                  TESTQ AX, AX
  0x1bc3    7429                    JE 0x1bee
  0x1bc5    f20f1000                MOVSD_XMM 0(AX), X0
  0x1bc9    f20f110424              MOVSD_XMM X0, 0(SP)
  0x1bce    e800000000              CALL 0x1bd3           [1:5]R_CALL:gom.Point.X
  0x1bd3    f20f10442408            MOVSD_XMM 0x8(SP), X0
  0x1bd9    f20f11442428            MOVSD_XMM X0, 0x28(SP)
  0x1bdf    488b6c2410              MOVQ 0x10(SP), BP
  0x1be4    4883c418                ADDQ $ 0x18, SP
  0x1be8    c3                      RET
  0x1be9    0f1f440000              NOPL 0(AX)(AX * 1)
  0x1bee    e800000000              CALL 0x1bf3           [1:5]R_CALL:runtime.panicwrap
  0x1bf3    90                      NOPL
  0x1bf4    e800000000              CALL 0x1bf9           [1:5]R_CALL:runtime.morestack_noctxt
  0x1bf9    eb93                    JMP gom.( * Point).X(SB)
  0x1bfb    488d7c2420              LEAQ 0x20(SP), DI
  0x1c00    48393b                  CMPQ DI, 0(BX)
  0x1c03    75b6                    JNE 0x1bbb
  0x1c05    488923                  MOVQ SP, 0(BX)
  0x1c08    ebb1                    JMP 0x1bbb
```

通过 gofile 对应的 autogenerated 可以确定该方法确实是由编译器自动生成的。反编译得到的汇编代码还是有些复杂,为了便于理解,在保证逻辑一致的前提下,转换后的伪代码如下:

```
func (p * Point) X() float64 {
entry:
    gp : = getg()
    if SP < = gp.stackguard0 {
        goto morestack
    }
```

```
    if gp._panic != nil {
        if unsafe.Pointer(&p) == gp._panic.argp {
            gp._panic.argp = unsafe.Pointer(getargp(0))
        }
    }
    if p == nil {
        runtime.panicwrap()
    }
    return Point.X( * p)
morestack:
    runtime.morestack_noctxt()
    goto entry
}
```

第 1 个 if 语句块通过比较栈指针 SP 和 gp.stackguard0 来判断是否需要栈增长。

第 2 个 if 用于检测是否正处于 panic 流程中,这种情况下当前方法应该是被某个 defer 直接或间接地调用了,要按需修改 gp._panic.argp 的值,因为当前方法是编译器自动包装的,通过修改 argp 来跳过包装方法的栈帧,使后面调用的原始方法中的 recover 能够生效。

第 3 个 if 用于检测 p 是否为 nil,因为包装方法需要根据 p 的地址得到 * p 的值,如果地址为 nil 就调用 runtime.panicwrap。

最后一步才是调用原始的 Point.X()方法并传递 * p 的值作为参数。

如果不禁用内联优化,则生成的代码会稍微有些不同,但是大致逻辑还是一样的。编译器会为代码中定义的值接收者方法生成指针接收者的包装方法,这在语义上是可行的,但反过来却不可以,因为通过传递的值是无法得到原始变量的地址的。

虽然知道了包装方法的大致逻辑,但还是没有搞清楚编译器生成包装方法的原因。如果是为了支持通过指针直接调用值接收者方法,则直接在调用端进行指针解引用就可以了,总不至于为此生成包装方法吧? 为了验证这个问题,再次准备一个函数用来反编译,函数的代码如下:

```
func PointX(p * Point) float64 {
    return p.X()
}
```

大致思路就是通过指针来调用值接收者方法,再通过反编译看一下实际调用的是不是包装方法。反编译得到的汇编代码如下:

```
$ go tool objdump − S − s '^gom.PointX $ ' point.o
TEXT gom.PointX(SB) gofile..point.go
func PointX(p * Point) float64 {
  0x1a17       65488b0c2528000000        MOVQ GS:0x28, CX
  0x1a20       488b8900000000            MOVQ 0(CX), CX       [3:7]R_TLS_LE
```

```
        0x1a27        483b6110              CMPQ 0x10(CX), SP
        0x1a2b        7637                  JBE 0x1a64
        0x1a2d        4883ec18              SUBQ $ 0x18, SP
        0x1a31        48896c2410            MOVQ BP, 0x10(SP)
        0x1a36        488d6c2410            LEAQ 0x10(SP), BP
                return p.X()
        0x1a3b        488b442420            MOVQ 0x20(SP), AX
        0x1a40        f20f1000              MOVSD_XMM 0(AX), X0
        0x1a44        f20f110424            MOVSD_XMM X0, 0(SP)
        0x1a49        e800000000            CALL 0x1a4e       [1:5]R_CALL:gom.Point.X
        0x1a4e        f20f10442408          MOVSD_XMM 0x8(SP), X0
        0x1a54        f20f11442428          MOVSD_XMM X0, 0x28(SP)
        0x1a5a        488b6c2410            MOVQ 0x10(SP), BP
        0x1a5f        4883c418              ADDQ $ 0x18, SP
        0x1a63        c3                    RET
func PointX(p * Point) float64 {
        0x1a64        e800000000            CALL 0x1a69       [1:5]R_CALL:runtime.morestack_noctxt
        0x1a69        ebac                  JMP gom.PointX(SB)
```

可以看到 p.X() 实际上会在调用端对指针解引用,然后调用值接收者方法,并没有调用编译器生成的包装方法。那这个包装方法有什么用途呢? 现在还不能解释,到第 5 章介绍接口时再来回答这个问题。

4.2　Method Value

第 3 章中探索了 Function Value 底层的数据结构,实质上可能是个两级指针,也可能是个闭包对象,要结合具体的上下文才能确定。简单来讲,把一个函数存储在一个变量中,这个变量就是一个 Function Value。相应地,把一个方法存储在一个变量中,这个变量就是个 Method Value。那么 Method Value 又有着怎样的底层实现呢? 与 Function Value 有什么异同? 本节就围绕这些问题展开探索。

4.2.1　基于类型

可以通过方法的完全限定名称把自定义类型的某个方法赋值给一个变量,这样就会得到一个基于类型的 Method Value,也就是所谓的 Method Expression。还是以 Point 类型为例,定义一个基于类型的 Method Value,示例代码如下:

```
x : = Point.X
```

4.1 节已经验证了方法其实就是个普通的函数,接收者是隐含的第 1 个参数,所以这里可以推断,基于类型的 Method Value 就是个普通的 Function Value,本质上是个两级指针,而且第二级的指针是在编译阶段静态分配的。

通过示例代码很容易验证上述推断,代码如下:

```
func GetX() func(Point) float64 {
    return Point.X
}
```

上述代码可以成功编译,说明 Point.X()函数可以被赋值给 func(Point) float64 类型的
Function Value。接下来反编译 GetX()函数,得到的汇编代码如下:

```
$ go tool objdump - S - s 'gom.GetX' point.o
TEXT gom.GetX(SB) gofile..point.go
        return Point.X
  0x17b4        488d0500000000          LEAQ 0(IP), AX        [3:7]R_PCREL:gom.Point.X·f
  0x17bb        4889442408              MOVQ AX, 0x8(SP)
  0x17c0        c3                      RET
```

第 4 行代码用 IP 作为基址加上一个偏移 0 来得到一个地址,这个 0 只作为预留的一
个 32 位整数,等到链接阶段,链接器会填写上实际的偏移值。第 4 行代码得到的地址被
用作返回值,也就是最终的 Function Value,而该地址处就是第二级指针,从而验证了上述
推断。

4.2.2　基于对象

可以把一个对象的某个方法赋值给一个变量,这样就会得到一个基于对象的 Method
Value,示例代码如下:

```
p : = Point{x: 10}
x : = p.X
```

从语义角度来看,与基于类型的 Method Value 不同,基于对象的 Method Value 隐式
地包含了对象的数据,所以在上述代码中调用 x 时不需要再显式地传递接收者参数。第 3
章中已经了解了闭包的实现原理,所以这里推断 x 是个指向闭包对象的指针,通过闭包的捕
获列表捕获了对象 p。

为了验证这种推断,实现一个示例函数,代码如下:

```
func X(p Point) func() float64 {
    return p.X
}
```

反编译上面的函数,得到的汇编代码如下:

```
$ go tool objdump - S - s '^gom.X$' point.o
TEXT gom.X(SB) gofile..point.go
func X(p Point) func() float64 {
   0x213c       65488b0c2528000000      MOVQ GS:0x28, CX
   0x2145       488b8900000000          MOVQ 0(CX), CX       [3:7]R_TLS_LE
   0x214c       483b6110                CMPQ 0x10(CX), SP
   0x2150       764a                    JBE 0x219c
   0x2152       4883ec18                SUBQ $ 0x18, SP
   0x2156       48896c2410              MOVQ BP, 0x10(SP)
   0x215b       488d6c2410              LEAQ 0x10(SP), BP
       return p.X
   0x2160       488d0500000000          LEAQ 0(IP), AX
[3:7]R_PCREL:type.noalg.struct { F uintptr; R gom.Point }
   0x2167       48890424                MOVQ AX, 0(SP)
   0x216b       e800000000              CALL 0x2170          [1:5]R_CALL:runtime.newobject
   0x2170       488b442408              MOVQ 0x8(SP), AX
   0x2175       488d0d00000000          LEAQ 0(IP), CX       [3:7]R_PCREL:gom.Point.X - fm
   0x217c       488908                  MOVQ CX, 0(AX)
   0x217f       f20f10442420            MOVSD_XMM 0x20(SP), X0
   0x2185       f20f114008              MOVSD_XMM X0, 0x8(AX)
   0x218a       4889442428              MOVQ AX, 0x28(SP)
   0x218f       488b6c2410              MOVQ 0x10(SP), BP
   0x2194       4883c418                ADDQ $ 0x18, SP
   0x2198       c3                      RET
func X(p Point) func() float64 {
   0x2199       0f1f00                  NOPL 0(AX)
   0x219c       e800000000              CALL 0x21a1          [1:5]R_CALL:runtime.morestack_noctxt
   0x21a1       eb99                    JMP gom.X(SB)
```

为了便于理解,改写成逻辑等价的伪代码如下:

```
func X(p Point) func() float64 {
entry:
    gp : = getg()
    if SP < = gp.stackguard0 {
        goto morestack
    }
    o : = new(struct { F uintptr; R gom.Point })
    o.F = gom.Point.X - fm
    o.R = p
    return o
morestack:
    runtime.morestack_noctxt()
    goto entry
}
```

编译器为返回值自动定义了一个 struct，第 1 个成员是一个函数指针，第 2 个成员是一个 Point 对象。对应到闭包对象的结构，捕获列表中是 Point 类型的对象，闭包函数是 gom. Point. X-fm()函数，也是由编译器自动生成的。下面反编译一下这个闭包函数，得到的汇编代码如下：

```
$ go tool objdump -S -s '^gom.Point.X-fm$' point.o
TEXT gom.Point.X-fm(SB) gofile..point.go
func (p Point) X() float64 {
  0x2b1b      65488b0c2528000000      MOVQ GS:0x28, CX
  0x2b24      488b8900000000          MOVQ 0(CX), CX       [3:7]R_TLS_LE
  0x2b2b      483b6110                CMPQ 0x10(CX), SP
  0x2b2f      7633                    JBE 0x2b64
  0x2b31      4883ec18                SUBQ $ 0x18, SP
  0x2b35      48896c2410              MOVQ BP, 0x10(SP)
  0x2b3a      488d6c2410              LEAQ 0x10(SP), BP
  0x2b3f      f20f104208              MOVSD_XMM 0x8(DX), X0
  0x2b44      f20f110424              MOVSD_XMM X0, 0(SP)
  0x2b49      e800000000              CALL 0x2b4e       [1:5]R_CALL:gom.Point.X
  0x2b4e      f20f10442408            MOVSD_XMM 0x8(SP), X0
  0x2b54      f20f11442420            MOVSD_XMM X0, 0x20(SP)
  0x2b5a      488b6c2410              MOVQ 0x10(SP), BP
  0x2b5f      4883c418                ADDQ $ 0x18, SP
  0x2b63      c3                      RET
  0x2b64      e800000000              CALL 0x2b69       [1:5]R_CALL:runtime.morestack
  0x2b69      ebb0                    JMP gom.Point.X-fm(SB)
```

等价的伪代码如下：

```
func Point.X-fm() float64 {
entry:
    gp := getg()
    if SP <= gp.stackguard0 {
        goto morestack
    }
    p := (*struct { F uintptr; R gom.Point })(unsafe.Pointer(DX))
    return Point.X(p.R)
morestack:
    runtime.morestack_noctxt()
    goto entry
}
```

主要逻辑就是通过 DX 寄存器得到闭包对象的地址，再以捕获列表里的 Point 对象的值作为参数调用 Point. X()方法，并把 Point. X()方法的返回值作为自己的返回值。

进一步探索会发现，闭包是捕获对象的值还是捕获地址，跟 Method Value 对应的方法接收者类型一致。上述示例中 Point.X() 方法的接收者为值类型,所以闭包捕获的也是值类型,如果换成接收者为指针类型的 * Point.SetX() 方法,闭包捕获列表中就会相应地变成指针类型。

至此可以进行一下总结,基于类型的 Method Value 和基于对象的 Method Value 本质上都是 Function Value,只不过前者是简单的两级指针,而后者通常是个闭包(考虑编译器优化)。

4.3　组合式继承

Go 语言中提供了一种组合式的继承方式,在语法和思想上都与 C++、Java 等语言中的继承有些不同。本节要探索一下编译器是如何支持这种继承方式的。

继续使用 Point 类型,定义一个 Point2d 类型来表示二维坐标系内的一个点,采用组合式继承的方式继承 Point 类型,代码如下:

```go
//第 4 章/code_4_2.go
type Point2d struct {
    Point
    y float64
}

func (p Point2d) Y() float64 {
    return p.y
}

func (p * Point2d) SetY(y float64) {
    p.y = y
}
```

接下来的探索将用到这两个类,为了叙述方便,后续内容将继续采用传统的面向对象术语,把 Point 称为基类,而 Point2d 就是 Point 的子类。

4.3.1　嵌入值

在 Point2d 的类型定义中,Point 类型以嵌入值的形式嵌入 Point2d 中,Point 就是 Point2d 的一个字段,Point2d 类型的内存布局如图 4-3 所示。

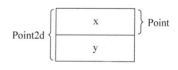

图 4-3　Point2d 内存布局示意图

组合式继承也是继承,所以 Point2d 应该会继承 Point 的所有方法,可以再次用 nm 命令查看一下 OBJ 文件中为 Point2d 类型实现了哪些函数和方法,命令如下:

```
$ go tool nm point.o | grep 'T ' | grep Point2d
    5896 T gom.( * Point2d).SetX
```

```
47d2 T gom.( * Point2d).SetY
58a7 T gom.( * Point2d).X
591d T gom.( * Point2d).Y
599f T gom.Point2d.X
47c5 T gom.Point2d.Y
585d T type..eq.gom.Point2d
```

最后一个函数是由编译器自动生成的,用于判断两个 Point2d 对象是否相等,现阶段不用关心这个函数。剩下的就是 Point2d 类型的 6 个方法,其中有 3 个和 X 相关,另外 3 个和 Y 相关。和 Y 相关的这 3 个方法没有什么特殊的,即 Point2d 类型的方法。和 X 相关的这 3 个方法,应该就是从 Point 类型继承过来的,接下来逐个看一下这 3 个方法的逻辑。

首先反编译一下 Point2d.X() 方法,为了节省篇幅,这里不再列出汇编代码,还是用笔者根据汇编代码整理的等价伪代码来代替,代码如下:

```
func (p Point2d) X() float64 {
entry:
    gp := getg()
    if SP <= gp.stackguard0 {
        goto morestack
    }
    if gp._panic != nil {
        if unsafe.Pointer(&p) == gp._panic.argp {
            gp._panic.argp = unsafe.Pointer(getargp(0))
        }
    }
    return Point.X(p.Point)
morestack:
    runtime.morestack_noctxt()
    goto entry
}
```

忽略其中编译器插入的栈增长和按需修改 gp._panic.argp 的代码,这样就只剩下以 p.Point 为参数来调用 Point.X() 方法的代码,也就说明这是个包装方法,因此可以推测,编译器对于继承来的方法都是通过生成相应的包装方法来调用原始方法的方式实现的。接下来就通过分析 Point2d 继承的其他两个方法来验证。

反编译(* Point2d).SetX() 方法得到的汇编代码如下:

```
$ go tool objdump - S - s '^gom.\(\ * Point2d\).SetX $ 'point.o
TEXT gom.( * Point2d).SetX(SB) gofile..< autogenerated >

    0x7d27    488b442408    MOVQ 0x8(SP), AX       //第 1 条指令
    0x7d2c    8400          TESTB AL, 0(AX)        //第 2 条指令
```

```
    0x7d2e      4889442408        MOVQ AX, 0x8(SP)                 //第 3 条指令
    0x7d33      e900000000        JMP gom.(*Point).SetX(SB)        //第 4 条指令
[1:5]R_CALL:gom.(*Point).SetX
```

编译器没有为这个 SetX()方法生成复杂的包装逻辑,只是实现了一个空指针校验和跳转指令。

第 1 条指令把接收者的值复制到 AX 寄存器中。

第 2 条指令尝试访问 AX 存储的地址处的数据,如果接收者为空指针就会触发空指针异常。

第 3 条指令把 AX 的值复制到栈上接收者参数的位置,这一行其实可以优化掉。

第 4 条指令用于跳转到(*Point).SetX()方法的起始地址。

为什么可以直接跳转呢?从传参的角度来看就比较好理解了。Point 是 Point2d 的第 1 个字段,所以 Point2d 的地址也就等于内嵌的 Point 的地址,所以可以认为(*Point2d).SetX()方法和(*Point).SetX()方法的参数和返回值无论是内存布局还是逻辑含义都一样,所以直接跳转是没有问题的。可以认为这是编译器对指针接收者包装方法进行了优化,对于值接收者包装方法则不会进行这种优化,因为子类一般会对基类进行扩展,在作为值传递的时候内存布局无法保证一致。

最后反编译一下(*Point2d).X()方法,对照汇编整理出的伪代码如下:

```
func (p *Point2d) X() float64 {
entry:
    gp := getg()
    if SP <= gp.stackguard0 {
        goto morestack
    }
    if gp._panic != nil {
        if unsafe.Pointer(&p) == gp._panic.argp {
            gp._panic.argp = unsafe.Pointer(getargp(0))
        }
    }
    return Point.X(p.Point)
morestack:
    runtime.morestack_noctxt()
    goto entry
}
```

可以看到除了接收者为指针类型外,代码逻辑与 Point2d.X()方法基本一致,所以嵌入值实现的组合式继承并没有什么特别的地方,编译器会为继承的方法生成包装方法。实际上,Point 和 Point2d 的这些方法都很简单,正常情况下都会被编译器内联优化掉。这里先记住编译器是如何生成这些包装方法的,在后续的章节中会逐渐发现它们的真正用途。

4.3.2 嵌入指针

将 Point2d 类型定义修改为嵌入 * Point 类型,即可实现嵌入指针的组合式继承,代码如下:

```
//第 4 章/code_4_3.go
type Point2d struct {
    * Point
    y float64
}
```

相应地,Point2d 中不再直接包含 Point 的值,而是包含 Point 对象的地址。两者在内存中的布局关系也变得与之前不同,如图 4-4 所示。

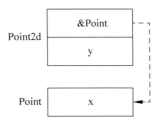

图 4-4 Point2d 与 Point 的内存布局关系

再用 nm 命令查看一下 OBJ 文件中为 Point2d 类型实现了哪些函数和方法,命令如下:

```
$ go tool nm point.o | grep 'T ' | grep Point2d
    94e2 T gom.( * Point2d).SetX
    77f0 T gom.( * Point2d).SetY
    94f4 T gom.( * Point2d).X
    956a T gom.( * Point2d).Y
    95ec T gom.Point2d.SetX
    9656 T gom.Point2d.X
    77e3 T gom.Point2d.Y
    94b1 T type..eq.gom.Point2d
```

这里值得注意的是 Point2d.SetX()方法,它的存在意味着虽然接收者 Point2d 是通过值的形式传递的,但是通过 Point2d 的值可以得到原始 Point 对象的地址,所以依然可以对原始 Point 对象进行修改。

至于其他几个继承的方法,这里就不再一一进行反编译了,只是看一下在嵌入指针的情况下(* Point2d).SetX()方法还会不会被优化处理,代码如下:

```
$ go tool objdump − S − s '^gom.\(\ * Point2d\).SetX $ ' point.o
TEXT gom.( * Point2d).SetX(SB) gofile..<autogenerated>
```

```
0x94e2    488b442408    MOVQ 0x8(SP), AX           //第1行指令
0x94e7    488b00        MOVQ 0(AX), AX             //第2行指令
0x94ea    4889442408    MOVQ AX, 0x8(SP)           //第3行指令
0x94ef    e900000000    JMP gom.( * Point).SetX(SB) //第4行指令
[1:5]R_CALL:gom.( * Point).SetX
```

编译器还进行了优化处理,第1行指令把栈上的接收者参数复制到AX寄存器中,其实也就是Point2d对象的地址。第2行指令把Point2d的第1个字段的值复制到AX寄存器中,也就是Point对象的地址。第3行指令把AX的值复制回栈上的接收者参数处。第4行指令用于跳转到(* Point).SetX()方法的起始地址。

至于其他3种方法,编译器都会生成相应的包装方法,这里不再赘述,直接列出对应的伪代码。为了使代码更加简洁,这里省略了栈增长和处理gp._panic.argp的相关逻辑,精简后的代码如下:

```
func (p Point2d) X() float64 {
    return Point.X( * p.Point)
}

func (p * Point2d) X() float64 {
    return Point.X( * ( * p).Point)
}

func (p Point2d) SetX() {
    ( * Point).SetX(p.Point)
}
```

通过本节的探索可以发现,因为在嵌入指针的情况下总是能够得到基类对象的地址,所以子类中的值接收者方法可以调用基类中的指针接收者方法,编译器会尽可能把符合逻辑的包装方法都生成出来。

4.3.3　多重继承

组合式继承之下的多重继承,实际上就是在子类的定义中嵌入多个基类。嵌入的多个基类可以按需嵌入值或嵌入指针,内存布局方面前两节已经分别给出相应的图示,这里不再赘述。本节主要探索一下多重继承对编译器生成包装方法会有哪些影响。

首先定义两种类型A和B,分别为它们实现一组相同的方法Value()和Set(),代码如下:

```
//第4章/code_4_4.go
package gom
```

```
type A struct {
    a int
}

type B struct {
    b int
}

func (a A) Value() int {
    return a.a
}

func (a * A) Set(v int) {
    a.a = v
}

func (b B) Value() int {
    return b.b
}

func (b * B) Set(v int) {
    b.b = v
}
```

然后定义一种类型C,将A和B以值的形式嵌入,代码如下:

```
//第4章/code_4_5.go
type C struct {
    A
    B
}
```

通过nm命令查看编译生成的OBJ文件中都实现了哪些方法,命令如下:

```
$ go tool nm multi.o | grep 'T '
    24a6 T gom.( * A).Set
    2be3 T gom.( * A).Value
    24bf T gom.( * B).Set
    2c59 T gom.( * B).Value
    249b T gom.A.Value
    24b4 T gom.B.Value
```

发现只有A和B的方法,编译器没有为C生成任何方法。结合Go语言官方文档的说明,因为同时嵌入A和B而且嵌套的层次相同,所以编译器不知道应该让包装方法继承自谁,这种情况只能由程序员手工实现。

下面再来看一下嵌套层次不同的情况。定义一种类型 D,把 A 以嵌入值的形式嵌入 D 中,然后把 C 中的 A 改成 D,代码如下:

```
//第 4 章/code_4_6.go
type C struct {
    D
    B
}

type D struct {
    A
}
```

再次通过 nm 命令查看,命令如下:

```
$ go tool nm multi.o | grep 'T '
    3a7c T gom.( * A).Set
    4603 T gom.( * A).Value
    3a95 T gom.( * B).Set
    4679 T gom.( * B).Value
    47d4 T gom.( * C).Set
    47e9 T gom.( * C).Value
    46ef T gom.( * D).Set
    4700 T gom.( * D).Value
    3a71 T gom.A.Value
    3a8a T gom.B.Value
    4853 T gom.C.Value
    476a T gom.D.Value
```

这次类型 C 成功地继承了这一组方法,对这些方法进行反编译就能确定是继承自类型 B,因为 B 的嵌套层次比 A 要浅,编译器优先选择短路径。

4.4 本章小结

本章首先探索了方法接收者的传递方式,发现接收者实际上就是编译器隐式传递的第 1 个参数,也是通过栈传递的,所以方法调用本质上与普通的函数调用是一样的。同时,还发现了编译器会为值接收者方法生成指针接收者的包装方法,暂时还没有弄清楚这样做的意义,然后又探索了 Method Value 的实现原理,发现其本质上依然是 Function Value,不过编译器会自动为基于对象的 Method Value 生成闭包函数,闭包捕获的类型与方法接收者的类型一致。最后还探索了组合式继承之下编译器是如何为继承的方法生成包装方法的。

通过了解底层的具体实现,对方法有了更深入的理解,接下来的第 5 章我们将走进 Go 语言的动态语言特性。

接　　口

接口在 Go 语言中扮演着非常重要的角色,它是多态、反射和类型断言等一众动态语言特性的基础。本章将通过反编译、runtime 源码分析等手段,逐步梳理清楚接口的底层实现。

5.1　空接口

这里所谓的空接口并不是 nil,而是指不包含任何方法的接口,也就是 interface{}。在面向对象编程中,接口用来对行为进行抽象,也就是定义对象需要支持的操作,这组操作对应的就是接口中列出的方法。不包含任何方法的接口可以认为不要求对象支持任何操作,因此能够接受任意类型的赋值,所以 Go 语言的 interface{} 什么都能装。

5.1.1　一个更好的 void *

如果用 unsafe.Sizeof() 函数获取一个 interface{} 类型变量的大小,在 64 位平台上是 16 字节,在 32 位平台上是 8 字节。interface{} 类型本质上是个 struct,由两个指针类型的成员组成,在 runtime 中可以找到对应的 struct 定义,代码如下:

```
type eface struct {
    _type * _type
    data unsafe.Pointer
}
```

还有一个专门的类型转换函数 efaceOf(),该函数接受的参数是一个 interface{} 类型的指针,返回值是一个 eface 类型的指针,内部实际只进行了一下指针类型的转换,也就说明 interface{} 类型在内存布局层面与 eface 类型完全等价。efaceOf() 函数的代码如下:

```
func efaceOf(ep * interface{}) * eface {
    return ( * eface)(unsafe.Pointer(ep))
}
```

接下来看一下 eface 的两个指针成员,data 字段比较好理解,它是一个 unsafe. Pointer 类型的指针,用来存储实际数据的地址。unsafe. Pointer 在含义上和 C 语言中的 void * 有些类似,只用来表明这是一个指针,并不限定指向的目标数据的类型,可以接受任意类型的地址。至于 _type 类型,之前在探索变量逃逸和闭包的时候曾经见到过,当时是作为 runtime. newobject()函数的参数出现的,它在 Go 语言的 runtime 中被用来描述数据类型,笔者习惯称之为类型元数据。eface 的这个 _type 字段用来描述 data 的类型元数据,也就是说它给出了 data 的数据类型。

例如,把一个 int 类型变量 n 的地址赋值给一个 interface{}类型的变量 e,代码如下:

```
//第5章/code_5_1.go
var n int
var e interface{} = &n
```

如图 5-1 所示,变量 e 的 data 字段存储的是变量 n 的地址,而变量 e 的 _type 字段存储的是 * int 类型的类型元数据的地址。

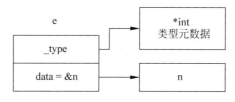

图 5-1　空接口变量 e 与赋值变量 n 的关系

与 void * 相比,interface{}通过多出来的这个 _type 字段给出了数据的类型信息,程序在运行阶段可以基于这种类型信息对数据进行特定操作,因此 interface{}就相当于一个增强版的 void * 。

就变量 n 本身而言,它的类型信息只会被编译器使用,编译阶段参考这种类型信息来分配存储空间、生成机器指令,但是并不会把这种类型信息写入最终生成的可执行文件中。从内存布局的角度来讲,变量 n 在 64 位和 32 位平台分别占用 8 字节和 4 字节,占用的这些空间全部用来存放整型的值,没有任何空间被用来存放整型类型信息。

把变量 n 的地址赋值给 interface{}类型的变量 e 的这个操作,意味着编译器要把 * int 的类型元数据生成出来,并把其地址赋给变量 e 的 _type 字段,这些类型元数据会被写入最终的可执行文件,程序在运行阶段即取即用。这个简单的赋值操作实际上完成了类型信息的萃取。

为了能够方便地通过反编译进行验证,将第 5 章/code_5_1.go 稍微修改一下,代码如下:

```
//第5章/code_5_2.go
func p2e(p * int) (e interface{}) {
    e = p
    return
}
```

然后进行编译和反编译,得到相应的汇编代码如下:

```
$ go tool compile - trimpath = "`pwd`=>" - l - p gom eface.go
$ go tool objdump - S - s '^gom.p2e$' eface.o
TEXT gom.p2e(SB) gofile..eface.go
        return
  0x7b0       488d0500000000          LEAQ 0(IP), AX      [3:7]R_PCREL:type.*int
  0x7b7       4889442410              MOVQ AX, 0x10(SP)
  0x7bc       488b442408              MOVQ 0x8(SP), AX
  0x7c1       4889442418              MOVQ AX, 0x18(SP)
  0x7c6       c3                      RET
```

虽然看起来很简单,还是把它转换为等价的伪代码,这样更加直观,代码如下:

```
func p2e(n * int) (e eface) {
    e._type = &type.*int
    e.data = unsafe.Pointer(n)
    return
}
```

其中的 type.*int 就是需要的类型元数据,编译器在生成的指令中为它的地址预留了位置,等到链接阶段生成可执行文件时链接器会填写上实际的地址。

提到变量的类型,一般指的是声明类型,例如变量 n 的声明类型是 int。在 Go 这种强类型语言中,变量的声明类型是不能改变的,即使通过类型转换得到一个新的变量,原变量的类型还是不会改变。对于 interface{} 类型的变量 e,它的声明类型是 interface{},这一点也是不能改变的。变量 e 就像是一个容器,可以装载任意类型的数据,并通过_type 字段记录数据的类型,无论装载什么类型的数据,容器本身的类型不会改变。因为_type 会随着变量 e 装载不同类型的数据而发生改变,所以后文中将它称为变量 e 的动态类型,并相应地把变量 e 的声明类型称为静态类型。

5.1.2 类型元数据

在 C 语言中类型信息主要存在于编译阶段,编译器从源码中得到具体的类型定义,并记录到相应的内存数据结构中,然后根据这些类型信息进行语法检查、生成机器指令等。例如 x86 整数加法和浮点数加法采用完全不同的指令集,编译器根据数据的类型来选择。这些类型信息并不会被写入可执行文件,即使作为符号数据被写入,也是为了方便调试工具,并不会被语言本身所使用。Go 与 C 语言不同的是,在设计之初就支持面向对象编程,还有其他一些动态语言特征,这些都要求运行阶段能够获得类型信息,所以语言的设计者就把类型信息用统一的数据结构来描述,并写入可执行文件中供运行阶段使用,这就是所谓的类型元数据。

既然已经不止一次遇到_type 这种类型元数据类型,这里就来简单看一下它的具体定

义。摘抄自 Go 1.15 版本的 runtime 源码,代码如下:

```
type _type struct {
    size        uintptr
    ptrdata     uintptr
    hash        uint32
    tflag       tflag
    align       uint8
    fieldAlign  uint8
    kind        uint8
    equal func(unsafe.Pointer, unsafe.Pointer) bool
    gcdata      * Byte
    str         nameOff
    ptrToThis   typeOff
}
```

各个字段的含义及主要用途如表 5-1 所示。

表 5-1　_type 各字段的含义及主要用途

字段	含义及主要用途
size	表示此类型的数据需要占用多少字节的存储空间,runtime 中很多地方会用到它,最典型的就是内存分配的时候,例如 newobject()、mallocgc()
ptrdata	ptrdata 表示数据的前多少字节包含指针,用来在应用写屏障时优化范围大小。例如某个 struct 类型在 64 位平台上占用 32 字节,但是只有第 1 个字段是指针类型,这个值就是 8,剩下的 24 字节就不需要写屏障了。GC 进行位图标记的时候,也会用到该字段
hash	当前类型的哈希值,runtime 基于这个值构建类型映射表,加速类型比较和查找
tflag	额外的类型标识,目前由 4 个独立的二进制位组合而成。tflagUncommon 表明这种类型元数据结构后面有个紧邻的 uncommontype 结构,uncommontype 主要在自定义类型定义方法集时用到。tflagExtraStar 表示类型的名称字符串有个前缀的 *,因为对于程序中的大多数类型 T 而言,* T 也同样存在,复用同一个名称字符串能够节省空间。tflagNamed 表示类型有名称。tflagRegularMemory 表示相等比较和哈希函数可以把该类型的数据当成内存中的单块区间来处理
align	表示当前类型变量的对齐边界
fieldAlign	表示当前类型的 struct 字段的对齐边界
kind	表示当前类型所属的分类,目前 Go 语言的 reflect 包中定义了 26 种有效分类
equal	用来比较两个当前类型的变量是否相等
gcdata	和垃圾回收相关,GC 扫描和写屏障用来追踪指针
str	偏移,通过 str 可以找到当前类型的名称等文本信息
ptrToThis	偏移,假设当前类型为 T,通过它可以找到类型 * T 的类型元数据

　　_type 提供了适用于所有类型的最基本的描述,对于一些更复杂的类型,例如复合类型 slice 和 map 等,runtime 中分别定义了 maptype、slicetype 等对应的结构。例如 slicetype 就是由一个用来描述类型本身的_type 结构和一个指向元素类型的指针组成,代码如下:

```
type slicetype struct {
    typ _type
    elem * _type
}
```

Go 语言允许为自定义类型实现方法,这些方法的相关信息也会被记录到自定义类型的元数据中,一般称为类型的方法集信息。在梳理_type 结构的各个字段时,没有发现任何跟方法集有关的字段,那么 runtime 是如何以_type 为起点来找到方法集信息的呢?

考虑到 Go 语言只允许为自定义类型实现方法,所以要找到元数据中的方法集信息,就要从自定义类型出发。自定义类型,也就是代码中使用 type 关键字定义的类型,示例代码如下:

```
type Integer int
```

在上述代码中,int 本身是内置类型,不允许为其实现方法,而基于 int 定义的 Integer 是个自定义类型。还记得_type 结构的 tflag 字段是几个标志位,当 tflagUncommon 这一位为 1 时,表示类型为自定义类型。从 runtime 的源码可以发现,_type 类型有一个 uncommon()方法,对于自定义类型可以通过此方法得到一个指向 uncommontype 结构的指针,也就是说编译器会为自定义类型生成一个 uncommontype 结

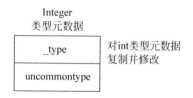

图 5-2　自定义类型 Integer 的类型元数据结构

构,例如上述自定义类型 Integer 的类型元数据结构如图 5-2 所示。

uncommontype 结构的定义代码如下:

```
type uncommontype struct {
    pkgpath nameOff
    mcount  uint16 //number of methods
    xcount  uint16 //number of exported methods
    moff    uint32 //offset from this uncommontype to [mcount]method
    _       uint32 //unused
}
```

通过 pkgpath 可以知道定义该类型的包名称,mcount 表示该类型共有多少个方法,xcount 表示有多少个方法被导出,也就是首字母大写使包外可访问。moff 是个偏移值,那里就是方法集的元数据,也就是一组 method 结构构成的数组。例如,若为自定义类型 Integer 定义两个方法,它的类型元数据及其 method 数组的内存布局如图 5-3 所示。

method 数组中每个 method 结构对应一个方法,代码如下:

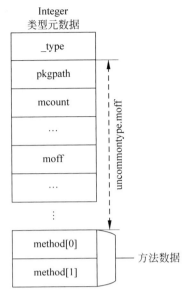

图 5-3　Integer 类型元数据及其 method 数组的内存布局

```
type method struct {
    name nameOff
    mtyp typeOff
    ifn textOff
    tfn textOff
}
```

通过 name 偏移能够找到方法的名称字符串，mtyp 偏移处是方法的类型元数据，进一步可以找到参数和返回值相关的类型元数据。若自定义类型有 A()、B()、C() 3 个方法（如图 5-4 所示），则 method 数组会按照 name 升序排列，运行阶段可以高效地进行二分查找。

ifn 是供接口调用的方法地址，tfn 是正常的方法地址，这两个方法地址有什么不同呢？ifn 的接收者类型一定是指针，而 tfn 的接收者类型跟源代码中的实现一致，这里先不进行过多的解释，在 5.2.3 节中会深入分析这两者的不同。

以上这些类型元数据都是在编译阶段生成的，经过链接器的处理后被写入可执行文件中，runtime 中的类型断言、反射和内存管理等都依赖于这些元数据，本章的后续内容都与这些类型元数据有着密切的关系。

5.1.3　逃逸与装箱

由于 interface{} 的 data 字段是个指针，存储的是数据的地址，所以不可避免地也会跟变量逃逸扯上关系。在进行逃逸分析的时候，直接把 interface{} 当作原始数据类型的指针来看待即可，效果是等价的，此处不再赘述。

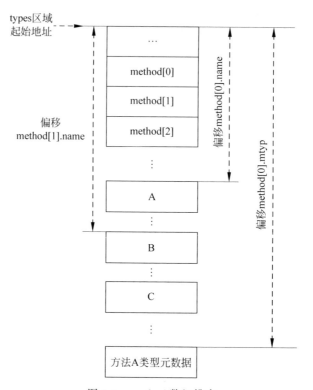

图 5-4　method 数组排序

接下来有一个需要仔细探索的问题: data 字段是个指针,那么它是如何接收来自一个值类型的赋值的呢? 示例代码如下:

```
//第 5 章/code_5_3.go
n := 10
var e interface{} = n
```

在上述代码中变量 e 的数据结构如图 5-5 所示。

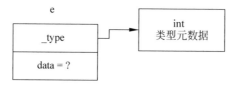

图 5-5　interface{}类型的变量 e 的数据结构

e.data 这里存储的是什么还真不太好猜测,还是直接反编译一下比较简单。依旧把第 5 章/code_5_3.go 放到一个函数中,代码如下:

```
//第5章/code_5_4.go
func v2e(n int) (e interface{}) {
    e = n
    return
}
```

反编译后得到汇编代码如下：

```
$ go tool objdump − S − s '^gom.v2e$' eface.o
TEXT gom.v2e(SB) gofile..eface.go
func v2e(n int) (e interface{}) {
  0xb0a         65488b0c2528000000      MOVQ GS:0x28, CX
  0xb13         488b8900000000          MOVQ 0(CX), CX          [3:7]R_TLS_LE
  0xb1a         483b6110                CMPQ 0x10(CX), SP
  0xb1e         763c                    JBE 0xb5c
  0xb20         4883ec18                SUBQ $ 0x18, SP
  0xb24         48896c2410              MOVQ BP, 0x10(SP)
  0xb29         488d6c2410              LEAQ 0x10(SP), BP
        e = n
  0xb2e         488b442420              MOVQ 0x20(SP), AX
  0xb33         48890424                MOVQ AX, 0(SP)
  0xb37         e800000000              CALL 0xb3c               [1:5]R_CALL:runtime.convT64
  0xb3c         488b442408              MOVQ 0x8(SP), AX
        return
  0xb41         488d0d00000000          LEAQ 0(IP), CX          [3:7]R_PCREL:type.int
  0xb48         48894c2428              MOVQ CX, 0x28(SP)
  0xb4d         4889442430              MOVQ AX, 0x30(SP)
  0xb52         488b6c2410              MOVQ 0x10(SP), BP
  0xb57         4883c418                ADDQ $ 0x18, SP
  0xb5b         c3                      RET
func v2e(n int) (e interface{}) {
  0xb5c         e800000000              CALL 0xb61
[1:5]R_CALL:runtime.morestack_noctxt
  0xb61         eba7                    JMP gom.v2e(SB)
```

虽然代码篇幅不太长，但还是转换成等价的伪代码比较容易理解，代码如下：

```
func v2e(n int) (e eface) {
entry:
    gp : = getg()
    if SP < = gp.stackguard0 {
        goto morestack
    }
    e.data = runtime.convT64(n)
    e._type = &type.int
```

```
    return
morestack:
    runtime.morestack_noctxt()
    goto entry
}
```

忽略与栈增长相关的代码,真正感兴趣的就是为变量 e 的两个成员赋值的这两行代码。先把变量 n 的值作为参数调用 runtime. convT64()函数,并把返回值赋给了 e. data。又把 type. int 的地址赋给了 e. _type。后者倒是比较容易理解,因为变量 e 的动态类型是变量 n 的类型,即 int,但这个 runtime. convT64()函数的逻辑还需要再看一下,看一看它的返回值究竟是什么。runtime. convT64()函数的源代码如下:

```
func convT64(val uint64) (x unsafe.Pointer) {
    if val < uint64(len(staticuint64s)) {
        x = unsafe.Pointer(&staticuint64s[val])
    } else {
        x = mallocgc(8, uint64Type, false)
        *(*uint64)(x) = val
    }
    return
}
```

当 val 的值小于 staticuint64s 的长度时,直接返回 staticuint64s 中第 val 项的地址。否则就通过 mallocgc()函数分配一个 uint64,把 val 的值赋给它并返回它的地址。这个 staticuint64s 如图 5-6 所示,是个长度为 256 的 uint64 数组,每个元素的值都跟下标一致,存储了 0~255 这 256 个值,主要用来避免常用数字频繁地进行堆分配。

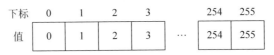

图 5-6   staticuint64s 数组

整体来看 convT64()函数的功能,实际上就是堆分配一个 uint64,并且将 val 参数作为初始值赋给它。由于示例中变量 n 的值为 10,在 staticuint64s 的长度范围内,所以变量 e 的 data 字段存储的就是 staticuint64s 中下标为 10 的存储空间的地址,如图 5-7 所示。

通过 staticuint64s 这种优化方式,能够反向推断出:被 convT64 分配的这个 uint64,它的值在语义层面是不可修改的,是个类似 const 的常量,这样设计主要是为了跟 interface{} 配合来模拟装载值。interface{}被设计成一个容器,但它本质上是个指针,可以直接装载地址,用来实现装载值,实际的内存要分配在别的地方,并把内存地址存储在这里。convT64() 函数的作用就是分配这个存储值的内存空间,实际上 runtime 中有一系列这类函数,如 convT32()、convTstring()和 convTslice()等。

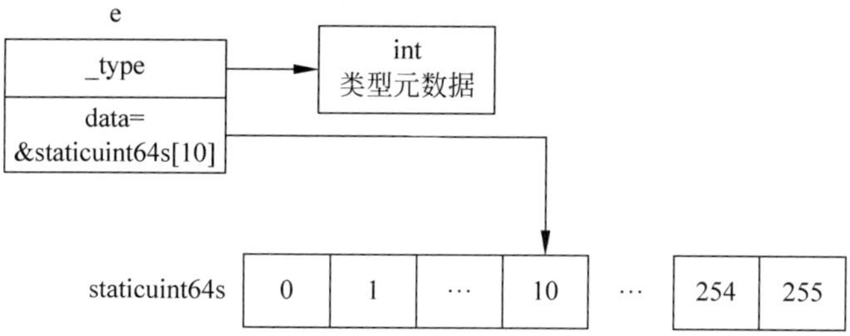

图 5-7　变量 e 的数据结构

至于为什么这个值不可修改，因为 interface{} 只是一个容器，它支持把数据装入和取出，但是不支持直接在容器里修改。这有些类似于 Java 和 C♯ 中的自动装箱，只不过 interface{} 是个万能包装类。

那么值类型装箱就一定会进行堆分配吗？这个问题也需要验证。既然已经知道逃逸会造成堆分配，那就构造一个值类型装箱但不逃逸的场景，示例代码如下：

```
//第 5 章/code_5_5.go
func fn(n int) bool {
    return notNil(n)
}

func notNil(a interface{}) bool {
    return a != nil
}
```

编译时需要禁止内联优化，编译器还能够通过 notNil() 函数的代码实现判定有没有发生逃逸，反编译 fn() 函数得到的汇编代码如下：

```
$ go tool objdump -S -s '^gom.fn$' eface.o
TEXT gom.fn(SB) gofile..eface.go
func fn(n int) bool {
  0xfd6         65488b0c2528000000      MOVQ GS:0x28, CX
  0xfdf         488b8900000000          MOVQ 0(CX), CX        [3:7]R_TLS_LE
  0xfe6         483b6110                CMPQ 0x10(CX), SP
  0xfea         764a                    JBE 0x1036
  0xfec         4883ec28                SUBQ $ 0x28, SP
  0xff0         48896c2420              MOVQ BP, 0x20(SP)
  0xff5         488d6c2420              LEAQ 0x20(SP), BP
        return notNil(n)
  0xffa         488b442430              MOVQ 0x30(SP), AX
  0xfff         4889442418              MOVQ AX, 0x18(SP)
  0x1004        488d0500000000          LEAQ 0(IP), AX        [3:7]R_PCREL:type.int
  0x100b        48890424                MOVQ AX, 0(SP)
  0x100f        488d442418              LEAQ 0x18(SP), AX
  0x1014        4889442408              MOVQ AX, 0x8(SP)
```

```
0x1019        e800000000              CALL 0x101e     [1:5]R_CALL:gom.notNil
0x101e        0fb6442410              MOVZX 0x10(SP), AX
0x1023        88442438                MOVB AL, 0x38(SP)
0x1027        488b6c2420              MOVQ 0x20(SP), BP
0x102c        4883c428                ADDQ $ 0x28, SP
0x1030        c3                      RET
func fn(n int) bool {
0x1031        0f1f440000              NOPL 0(AX)(AX * 1)
0x1036        e800000000              CALL 0x103b     [1:5]R_CALL:runtime.morestack_noctxt
0x103b        eb99                    JMP gom.fn(SB)
```

转换为等价的伪代码如下：

```
func fn(n int) bool {
entry:
    gp : = getg()
    if SP < = gp.stackguard0 {
        goto morestack
    }
    v : = n
    return notNil(eface{_type: &type.int, data: &v})
morestack:
    runtime.morestack_noctxt()
    goto entry
}
```

伪代码中 fn() 函数的调用栈如图 5-8 所示，注意局部变量 v，它实际上是被编译器采用隐式方式分配的，被用作变量 n 的值的副本，却并没有分配到堆上。

interface{}在装载值的时候必须单独复制一份，而不能直接让 data 存储原始变量的地址，因为原始变量的值后续可能会发生改变，这就会造成逻辑错误。

上面的例子总算证明了装箱不一定进行堆分配，是否堆分配还是要经过逃逸分析。只有值类型装箱后又涉及逃逸的情况，才会用到 runtime 中的一系列 convT() 函数。

关于不包含任何方法的空接口就先研究到这里，下面来看一下包含方法的非空接口。

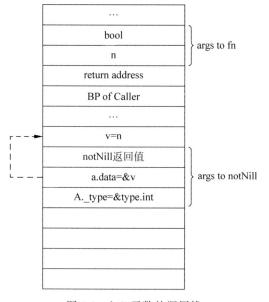

图 5-8　fn() 函数的调用栈

5.2　非空接口

与空接口对应,非空接口指的是至少包含一种方法的接口,就像 io. Reader 和 io. Writer。非空接口通过一组方法对行为进行抽象,从而隔离具体实现达到解耦的目的。Go 的接口比 Java 等语言中的接口更加灵活,自定义类型不需要通过 implements 关键字显式地标明自己实现了某个接口,只要实现了接口中所有的方法就实现了该接口。也只有实现了接口中所有的方法,才算是实现了该接口。

本节探索一下 Go 语言中非空接口的底层实现,后文中提到的接口均指非空接口,为了能够加以区分,不再将 interface{} 称为空接口,而是直接称为 interface{} 类型。

5.2.1　动态派发

在面向对象编程中,接口的一个核心功能是支持多态,实际上就是方法的动态派发。调用接口的某个方法时,调用者不需要知道背后对象的具体类型就能调用对象的指定方法。例如类型 A 和 B 都实现了 fmt. Stringer 接口,示例代码如下:

```
//第 5 章/code_5_6.go
type A struct{}

type B struct{}

func (A) String() string {
    return "This is A"
}

func (B) String() string {
    return "This is B"
}

func toString(o fmt.Stringer) string {
    return o.String()
}

func main() {
    println(toString(A{})) //This is A
    println(toString(B{})) //This is B
}
```

其中 toString() 函数的实现者并不需要知道参数 o 背后的具体类型,接口机制会在运行阶段自动完成方法调用的动态派发,所以 toString(A{}) 会调用类型 A 的 String() 方法,进而返回字符串"This is A",而 toString(B{}) 则返回字符串"This is B"。下面分析一下动态派发如何实现。

1. 方法地址静态绑定

要进行方法（函数）调用，有两点需要确定：一是方法的地址，也就是在代码段中的指令序列的起始地址；二是参数及调用约定，也就是要传递什么参数及如何传递的问题（通过栈或者寄存器），返回值的读取也包含在调用约定范畴内。调用约定及编译器如何根据调用约定来生成相关指令，在第 3 章已经探索过了，这里的重点是如何确定目标方法的地址。

首先来看一个不使用接口而直接通过自定义类型的对象实例调用其方法的例子，代码如下：

```go
//go:noinline
func ReadFile(f * os.File, b []byte) (n int, err error) {
    return f.Read(b)
}
```

上述 ReadFile() 函数实际上只调用了 * os.File 类型的 Read() 方法，为了方便后续反编译，禁止编译器对该函数进行内联。对 build 得到的可执行文件进行反编译，得到对应的汇编代码如下：

```
$ go tool objdump - S - s '^main.ReadFile$' gom.exe
TEXT main.ReadFile(SB) C:/gopath/src/fengyoulin.com/gom/main.go
func ReadFile(f * os.File, b []byte) (n int, err error) {
    0x4b4240        65488b0c2528000000       MOVQ GS:0x28, CX
    0x4b4249        488b8900000000           MOVQ 0(CX), CX
    0x4b4250        483b6110                 CMPQ 0x10(CX), SP
    0x4b4254        7662                     JBE 0x4b42b8
    0x4b4256        4883ec40                 SUBQ $ 0x40, SP
    0x4b425a        48896c2438               MOVQ BP, 0x38(SP)
    0x4b425f        488d6c2438               LEAQ 0x38(SP), BP
        return f.Read(b)
    0x4b4264        488b442448               MOVQ 0x48(SP), AX
    0x4b4269        48890424                 MOVQ AX, 0(SP)
    0x4b426d        488b442450               MOVQ 0x50(SP), AX
    0x4b4272        4889442408               MOVQ AX, 0x8(SP)
    0x4b4277        488b442458               MOVQ 0x58(SP), AX
    0x4b427c        4889442410               MOVQ AX, 0x10(SP)
    0x4b4281        488b442460               MOVQ 0x60(SP), AX
    0x4b4286        4889442418               MOVQ AX, 0x18(SP)
    0x4b428b        e87035ffff               CALL os.( * File).Read(SB)
    0x4b4290        488b442420               MOVQ 0x20(SP), AX
    0x4b4295        488b4c2428               MOVQ 0x28(SP), CX
    0x4b429a        488b542430               MOVQ 0x30(SP), DX
    0x4b429f        4889442468               MOVQ AX, 0x68(SP)
    0x4b42a4        48894c2470               MOVQ CX, 0x70(SP)
```

```
     0x4b42a9          4889542478              MOVQ DX, 0x78(SP)
     0x4b42ae          488b6c2438              MOVQ 0x38(SP), BP
     0x4b42b3          4883c440                ADDQ $ 0x40, SP
     0x4b42b7          c3                      RET
func ReadFile(f * os.File, b []byte) (n int, err error) {
     0x4b42b8          e8a3e8faff              CALL runtime.morestack_noctxt(SB)
     0x4b42bd          eb81                    JMP main.ReadFile(SB)
```

可以看到 CALL 指令直接调用了 os.(*File).Read()方法,地址以 Offset 的形式编码在指令中。实际上这个地址是编译器在 OBJ 文件中预留了空间,然后由链接器填写实际的Offset,有兴趣的读者可以自己反编译 OBJ 文件查看,这里不再赘述。与汇编代码等价的Go 风格的伪代码如下:

```
func ReadFile(f * os.File, b []byte) (n int, err error) {
entry:
    gp : = getg()
    if SP < = gp.stackguard0 {
        goto morestack
    }
    return os.(*File).Read(f, b)
morestack:
    runtime.morestack_noctxt()
    goto entry
}
```

排除掉这些栈增长代码,就剩下一个再普通不过的函数(方法)调用了。从汇编语言的角度来看,上述方法的调用是通过 CALL 指令＋相对地址实现的,方法地址在可执行文件构建阶段就确定了,一般将这种情况称为方法地址的静态绑定。

显而易见,这种地址静态绑定的方式无法支持方法调用的动态派发,因为编译阶段并不知道对象的具体类型,所以无法确定要绑定到何种方法。对于动态派发来讲,编译阶段能够确定的是要调用的方法的名字,以及方法的原型(参数与返回值列表)。以第 5 章/code_5_6.go中的 toString()函数为例,要调用的方法名字是 String,没有入参,有一个 string 类型的返回值。实际上有这些信息就足够了,运行阶段根据这些信息就能完成动态派发。

2. 动态查询类型元数据

至于动态派发的代码实现,可以有很多种不同版本。先不去管 Go 语言到底是如何实现的,如果让我们来设计,可以怎么做呢?

我们假设非空接口的数据结构与 eface 相同,同样包含一个类型元数据指针和一个数据指针。5.1 节已经简单地分析了与类型元数据相关的数据结构,知道自定义类型的类型元数据中存有方法集信息,方法集信息是一组 method 结构构成的数组,通过它可以找到对应方法的方法名、参数和返回值的类型,以及代码的地址。method 结构的代码如下:

```
type method struct {
    name nameOff
    mtyp typeOff
    ifn textOff
    tfn textOff
}
```

类型元数据中的 method 数组是按照方法名升序排列的,可以直接应用二分法查找。运行阶段利用这些信息就可以根据方法名和原型动态绑定方法地址了。假如现在有一个 io.Reader 类型的接口变量 r,其背后动态类型是 * os.File,代码如下:

```
var r io.Reader = f
n, err := r.Read(buf)
```

首先,可以通过变量 r 得到 * os.File 的类型元数据,如图 5-9 所示,然后根据方法名称 Read 以二分法查找匹配的 method 结构,找到后再根据 method.mtyp 得到方法本身的类型元数据,最后对比方法原型是否一致(参数和返回值的类型、顺序是否一致)。如果原型一致,就找到了目标方法,通过 method.ifn 字段得到方法的地址,然后就像调用普通函数一样调用就可以了。

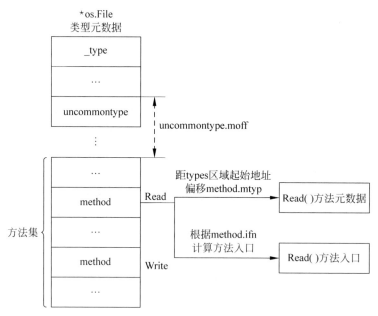

图 5-9 * os.File 的类型元数据

单就动态派发而言,这种方式确实可以实现,但是有一个明显的问题,那就是效率低,或者说性能差。跟地址静态绑定的方法调用比起来,原本一条 CALL 指令完成的事情,这里又多出了一次二分查找加方法原型匹配,增加的开销不容小觑,可能会造成动态派发的方法比静态绑定的方法多一倍开销甚至更多,所以必须进行优化。不能在每次方法调用前都到元数据中去查找,尽量做到一次查找、多次使用,这里可以一定程度上参考 C++ 的虚函数表实现。

3. C++虚函数机制

C++ 中的虚函数机制跟接口的思想很相似,编程语言允许父类指针指向子类对象,当通过父类的指针来调用虚函数时,就能实现动态派发。具体实现原理就是,编译器为每个包含虚函数的类都生成一张虚函数表,实际上是个地址数组,按照虚函数声明的顺序存储了各个虚函数的地址。此外还会在类对象的头部安插一个虚指针(GCC 安插在头部,其他编译器或有不同),指向类型对应的虚函数表。运行阶段通过类对象指针调用虚函数时,会先取得对象中的虚指针,进一步找到对象类型对应的虚函数表,然后基于虚函数声明的顺序,以数组下标的方式从表中取得对应函数的地址,这样整个动态派发过程就完成了。

人们经常在父类中只声明一组纯虚函数,也就是不实现函数体,这种只包含一组纯虚函数的类就更符合接口的设计思想了。例如,将父类 Type 用作接口,声明两个纯虚函数,两个子类 A 和 B 分别继承自父类 Type,并且实现这两个虚函数,相当于实现了接口,示例代码如下:

```cpp
//第 5 章/code_5_7.cpp
class Type {
public:
    virtual string Name() = 0;
    virtual size_t Size() = 0;
};

class A : public Type {
public:
    string Name() {
        return "A";
    }
    size_t Size() {
        return sizeof( * this);
    }
};

class B : public Type {
public:
    string Name() {
        return "B";
    }
    size_t Size() {
        return sizeof( * this);
    }
private:
    int somedata;
};
```

可以测试多态的效果,测试代码如下:

```cpp
//第5章/code_5_8.cpp
Type* pts[2] = {new A, new B};
for(int i = 0; i < 2; ++i) {
    cout << pts[i] -> Name() << "," << pts[i] -> Size() << endl;
}
```

在笔者的 64 位计算机上,输出结果如下:

```
A,8
B,16
```

图 5-10 以在上述代码中的 pts 为起点,展示出 A、B 的对象实例、各自虚指针及虚函数表在内存中的关联关系,这样就能一目了然地看懂 C++虚函数的动态派发原理了。

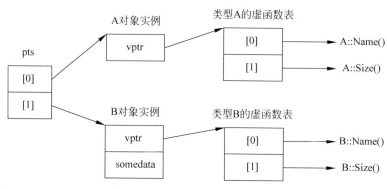

图 5-10　C++虚函数动态派发示例

运行阶段通过父类指针调用虚函数时,并不需要关心指向的是哪个子类。数组 pts 的元素类型是 Type *,运行阶段先通过 pts[0] 和 pts[1] 找到子类对象中的虚指针 vptr,再通过 vptr 最终定位到子类类型的虚函数表,根据函数声明的顺序按下标取得函数的实际地址。两个指针加一个数组,就完成了整个动态派发的核心逻辑,效率还是非常高的。

参考 C++的虚函数表思想,再回过头来看 Go 语言中接口的设计,如果把这种基于数组的函数地址表应用在接口的实现中,基本就能消除每次查询地址造成的性能开销。显然这里需要对 eface 结构进行扩展,加入函数地址表相关字段,经过扩展的 eface 姑且称作 efacex,代码如下:

```go
type efacex struct {
    tab * struct {
        _type * _type
        fun [1]uintptr //方法数
    }
}
```

```
        data unsafe.Pointer
    }
```

把原本的类型元数据指针_type 和新添加的方法地址数组 fun 打包到一个 struct 中,并用这个 struct 的地址替换掉 eface 中原本的_type 字段,得到修改后的 efacex,如图 5-11 所示。

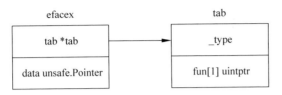

图 5-11　参照 C++虚函数机制修改后的非空接口数据结构

添加的 fun 数组相当于 C++的虚函数表,这个数组的长度与接口中方法的个数一致,是动态分配的。在 struct 的最后放置一个动态长度的数组,这是 C 语言中常用的技巧。什么时候为 fun 数组赋值呢? 当然是在为整个 efacex 结构赋值的时候最合适,示例代码如下:

```
//第5章/code_5_9.go
f, _ := os.Open("gom.go")
var rw io.ReadWriter
rw = f
```

从 f 到 rw 这个看似简单的赋值,至少要展开成如下几步操作:①根据 rw 接口中方法的个数动态分配 tab 结构,这里有两个方法,fun 数组的长度是 2。②从 * os.File 的方法集中找到 Read()方法和 Write()方法,把地址写入 fun 数组对应下标。③把 * os.File 的元数据地址赋值给 tab._type。④把 f 赋值给 data,也就是数据指针。赋值后 rw 的数据结构如图 5-12 所示。

这样一来,只需要在为接口变量赋值的时候对方法集进行查找,后续调用接口方法的时候,就可以像 C++的虚函数那样直接按数组下标读取地址了。

实际上,fun 数组也不用每次都重新分配和初始化,从指定具体类型到指定接口类型变量的赋值,运行阶段无论发生多少次,每次生成的 fun 数组都是相同的。例如从 * os.File 到 io.ReadWriter 的赋值,每次都会生成一个长度为 2 的 fun 数组,数组的两个元素分别用于存储(* os.File).Read 和(* os.File).Write 的地址。也就是说通过一个确定的接口类型和一个确定的具体类型,就能够唯一确定一个 fun 数组,因此可以通过一个全局的 map 将 fun 数组进行缓存,这样就能进一步减少方法集的查询,从而优化性能。

本节结合 C++的虚函数机制,简单地推演了一下动态派发的实现原理,跟 Go 语言的实现已经很接近了,接下来看一下 Go 语言中的具体实现。

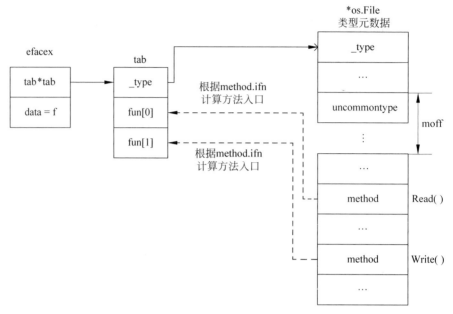

图 5-12 基于 efacex 设计的非空接口变量 rw 赋值后的数据结构

5.2.2 具体实现

5.2.1 节中为了加入地址数组 fun,把原本用于 interface{} 的 eface 结构扩展成了 efacex,实际上在 Go 语言的 runtime 中与非空接口对应的结构类型是 iface,代码如下:

```
type iface struct {
    tab * itab
    data unsafe.Pointer
}
```

因为也是通过数据指针 data 来装载数据的,所以也会有逃逸和装箱发生。其中的 itab 结构就包含了具体类型的元数据地址_type,以及等价于虚函数表的方法地址数组 fun,除此之外还包含了接口本身的类型元数据地址 inter,代码如下:

```
type itab struct {
    inter * interfacetype
    _type * _type
    hash  uint32
    _     [4]byte
    fun   [1]uintptr
}
```

根据 5.1 节对类型元数据的简单介绍,从_type 到 uncommontype,再到 [mcount]

method,已经找到了自定义类型的方法集。下面再来看一下运行时动态生成 itab 的相关逻辑。

1. 接口类型元数据

首先看一下接口类型的元数据信息对应的数据结构,代码如下:

```
type interfacetype struct {
    typ      _type
    pkgpath name
    mhdr     []imethod
}
```

除去最基本的 typ 字段,pkgpath 表示接口类型被定义在哪个包中,mhdr 是接口声明的方法列表。imethod 结构的代码如下:

```
type imethod struct {
    name nameOff
    ityp typeOff
}
```

比自定义类型的 method 结构少了方法地址,只包含方法名和类型元数据的偏移。这些偏移的实际类型为 int32,与指针的作用一样,但是 64 位平台上比使用指针节省一半空间。以 ityp 为起点,可以找到方法的参数(包括返回值)列表,以及每个参数的类型信息,也就是说这个 ityp 是方法的原型信息。

第 5 章/code_5_9.go 中非空接口类型的变量 rw 的数据结构如图 5-13 所示。

2. 如何获得 itab

运行阶段可通过 runtime.getitab 函数来获得相应的 itab,该函数被定义在 runtime 包中的 iface.go 文件中,函数原型的代码如下:

```
func getitab( inter * interfacetype, typ * _type, canfail bool) * itab
```

前两个参数 inter 和 typ 分别是接口类型和具体类型的元数据,canfail 表示是否允许失败。如果 typ 没有实现 inter 要求的所有方法,则 canfail 为 true 时函数返回 nil,canfail 为 false 时就会造成 panic。对应到具体的语法就是 comma ok 风格的类型断言和普通的类型断言,代码如下:

```
r, ok := a.(io.Reader) //comma ok
r := a.(io.Reader) //有可能造成 panic
```

上述代码第一行就是 comma ok 风格的类型断言,如果 a 没有实现 io.Reader 接口,则 ok 为 false。第二行就不同了,如果 a 没有实现 io.Reader 接口,就会造成 panic。

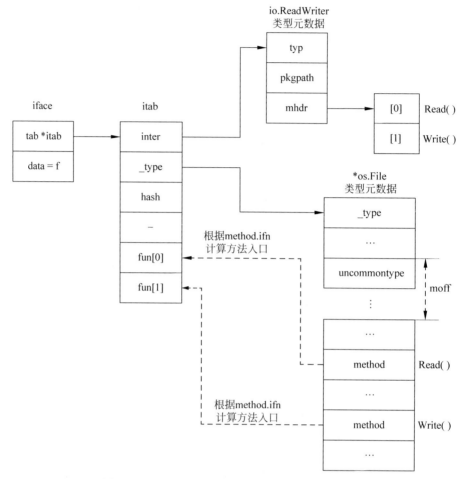

图 5-13　io. ReadWriter 类型的变量 rw 的数据结构

getitab()函数的代码摘抄自 Go 语言 runtime 源码,代码如下:

```
func getitab(inter * interfacetype, typ * _type, canfail bool) * itab {
    if len(inter.mhdr) == 0 {
        throw("internal error - misuse of itab")
    }
    if typ.tflag&tflagUncommon == 0 {
        if canfail {
            return nil
        }
        name := inter.typ.nameOff(inter.mhdr[0].name)
        panic(&TypeAssertionError{nil, typ, &inter.typ, name.name()})
    }
    var m * itab
```

```
        t := ( * itabTableType)(atomic.Loadp(unsafe.Pointer(&itabTable)))
        if m = t.find(inter, typ); m != nil {
            goto finish
        }
        lock(&itabLock)
        if m = itabTable.find(inter, typ); m != nil {
            unlock(&itabLock)
            goto finish
        }
        m = ( * itab)(persistentalloc(unsafe.Sizeof(itab{}) + uintptr(len(inter.mhdr) - 1) *
sys.PtrSize, 0, &memstats.other_sys))
        m.inter = inter
        m._type = typ
        m.hash = 0
        m.init()
        itabAdd(m)
        unlock(&itabLock)
finish:
        if m.fun[0] != 0 {
            return m
        }
        if canfail {
            return nil
        }
        panic(&TypeAssertionError{concrete: typ, asserted: &inter.typ, missingMethod: m.init
()})
    }
```

函数的主要逻辑如下：①校验 inter 的方法列表长度不为 0，为没有方法的接口生成 itab 是没有意义的。②通过 typ.tflag 标志位来校验 typ 为自定义类型，因为只有自定义类型才能有方法集。③在不加锁的前提下，以 inter 和 typ 作为 key 查找 itab 缓存 itabTable，找到后就跳转到⑤。④加锁后再次查找缓存，如果没有就通过 persistentalloc() 函数进行持久化分配，然后初始化 itab 并调用 itabAdd 添加到缓存中，最后解锁。⑤通过 itab 的 fun[0] 是否为 0 来判断 typ 是否实现了 inter 接口，如果没实现，则根据 canfail 决定是否造成 panic，若实现了，则返回 itab 地址。

判断 itab.fun[0] 是否为零，也就是判断第一个方法的地址是否有效，因为 Go 语言会把无效的 itab 也缓存起来，主要是为了避免缓存穿透。基于一个确定的接口类型和一个确定的具体类型，就能够唯一确定一个 itab，如图 5-14 所示。按照一般的思路，只有具体类型实现了该接口，才能得到一个 itab，进而缓存起来。这样会有个问题，假如具体类型没有实现该接口，但是运行阶段有大量这样的类型断言，缓存中查不到对应的 itab，就会每次都查询元数据的方法列表，从而显著影响性能，所以 Go 语言会把有效、无效的 itab 都缓存起来，通过 fun[0] 加以区分。

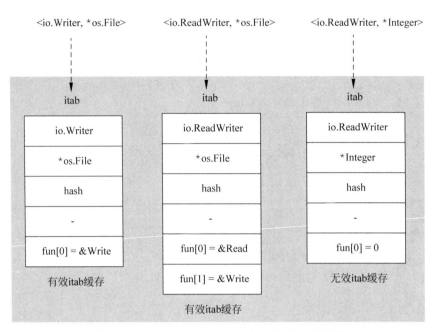

图 5-14   interfacetype 和_type 与 itab 的对应关系

3. itab 缓存

itabTable 就是 runtime 中 itab 的全局缓存,它本身是个 itabTableType 类型的指针,itabTableType 的代码如下:

```
type itabTableType struct {
    size    uintptr
    count   uintptr
    entries [itabInitSize] * itab
}
```

其中 entries 是实际的缓存空间,size 字段表示缓存的容量,也就是 entries 数组的大小,count 表示实际已经缓存了多少个 itab。entries 的初始大小是通过 itabInitSize 指定的,这个常量的值为 512。当缓存存满以后,runtime 会重新分配整个 struct,entries 数组是 itabTableType 的最后一个字段,可以无限增大它的下标来使用超出容量大小的内存,只要在 struct 之后分配足够的空间就够了,这也是 C 语言里常用的手法。

itabTableType 被实现成一个散列表,如图 5-15 所示。查找和插入操作使用的 key 是由接口类型元数据与动态类型元数据组合而成的,哈希值计算方式为接口类型元数据哈希值 inter. typ. hash 与动态类型元数据哈希值 typ. hash 进行异或运算。

方法 find() 和 add() 分别负责实现 itabTableType 的查找和插入操作,方法 add() 操作内部不会扩容存储空间,重新分配操作是在外层实现的,因此对于 find() 方法而言,已经插入的内容不会再被修改,所以查找时不需要加锁。方法 add() 操作需要在加锁的前提下进行,getitab()函数是通过调用itabAdd()函数来完成添加缓存的,itabAdd()函数内部会按需对缓存进行扩容,然后调用add()方法。因为缓存扩容需要重新分配itabTableType结构,为了并发安全,使用原子操作更新itabTable指针。加锁后立刻再次查询也是出于并发的考虑,避免其他协程已经将同样的itab添加至缓存。

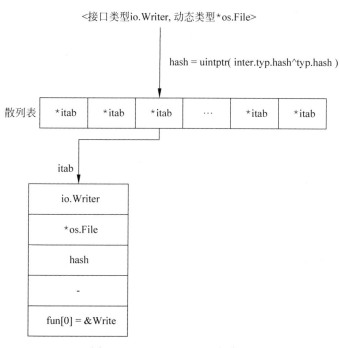

图 5-15　itabTableType 哈希表

通过persistentalloc()函数分配的内存不会被回收,分配的大小为itab结构的大小加上接口方法数减一个指针的大小,因为itab中的fun数组声明的长度为1,已经包含了一个指针,分配空间时只需补齐剩下的即可。

还有一个值得一提,就是itab类型的init方法,这里为了节省篇幅,不再摘抄对应的源码。init()函数内部就是遍历接口的方法列表和具体类型的方法集,来寻找匹配的方法的地址。虽然遍历操作使用了两层嵌套循环,但是方法列表和方法集都是有序的,两层循环实际上都只需执行一次。匹配方法时还会考虑方法是否导出,以及接口和具体类型所在的包。如果是导出的方法则直接匹配成功,如果方法未导出,则接口和具体类型需要定义在同一个包中,方可匹配成功。最后需要再次强调的是,对于匹配成功的方法,地址取的是method结构中的ifn字段,具体的细节在5.2.3节中会继续分析,关于方法集的探索就先到这里。

5.2.3　接收者类型

5.2.1节和5.2.2节中都提到了具体类型方法元数据中的ifn字段,该字段存储的是专门供接口使用的方法地址。所谓专门供接口使用的方法,实际上就是个接收者类型为指针

4min

的方法。还记不记得第 4 章中分析 OBJ 文件时,发现编译器总是会为每个值接收者方法包装一个指针接收者方法? 这也就说明,接口是不能直接使用值接收者方法的,这是为什么呢?

5.2.2 节已经看过了接口的数据结构 iface,它包含一个 itab 指针和一个 data 指针,data 指针存储的就是数据的地址。对于接口来讲,在调用指针接收者方法时,传递地址是非常方便的,也不用关心数据的具体类型,地址的大小总是一致的。假如通过接口调用值接收者方法,就需要通过接口中的 data 指针把数据的值复制到栈上,由于编译阶段不能确定接口背后的具体类型,所以编译器不能生成相关的指令来完成复制,进而无法调用值接收者方法。

有些读者可能还记得 3.4 节讲到的 runtime.reflectcall()函数,它能够在运行阶段动态地复制参数并完成函数调用。如果基于 reflectcall()函数,能不能实现通过接口调用值接收者方法呢?

肯定是可以实现的,接口的 itab 中有具体类型的元数据,确实能够应用 reflectcall()函数,但是有个明显的问题,那就是性能太差。跟几条用于传参的 MOV 指令加一条普通的 CALL 指令相比,reflectcall()函数的开销太大了,所以 Go 语言选择为值接收者方法生成包装方法。对于代码中的值接收者方法,类型元数据 method 结构中的 ifn 和 tfn 的值是不一样的,指针接收者方法的 ifn 和 tfn 是一样的。

比较有意思的是,从类型元数据来看,T 和 * T 是不同的两种类型。接收者类型为 T 的所有方法,属于 T 的方法集。因为编译器自动包装指针接收者方法的关系,* T 的方法集包含所有方法,也就是所有接收者类型为 T 的方法加上所有接收者类型为 * T 的方法。我们可以用一段代码来实际验证一下二者的关系,代码如下:

```go
//第 5 章/code_5_10.go
package main
import (
    "fmt"
    "strconv"
    "unsafe"
)
type Integer int
func (i Integer) Value() float64 {
    return float64(i)
}
func (i Integer) String() string {
    return strconv.Itoa(int(i))
}

type Number interface {
    Value() float64
    String() string
}
```

```go
func main() {
    i : = Integer(0)
    fmt.Println(Methods(i))
    fmt.Println(Methods(&i))
    var n Number = i
    p : = ( * [5]unsafe.Pointer)(( * face)(unsafe.Pointer(&n)).t)
    fmt.Println(( * p)[3], ( * p)[4])
}


func Methods(a interface{}) (r []Method) {
    e : = ( * face)(unsafe.Pointer(&a))
    u : = uncommon(e.t)
    if u == nil {
        return nil
    }
    s : = methods(u)
    r = make([]Method, len(s))
    for i : = range s {
        r[i].Name = name(nameOff(e.t, s[i].name))
        r[i].Type = String(typeOff(e.t, s[i].mtyp))
        r[i].IFn = textOff(e.t, s[i].ifn)
        r[i].TFn = textOff(e.t, s[i].tfn)
    }
    return
}

type Method struct {
    Name string
    Type string
    IFn unsafe.Pointer
    TFn unsafe.Pointer
}

type face struct {
    t unsafe.Pointer
    d unsafe.Pointer
}

//go:linkname uncommon reflect.( * rtype).uncommon
func uncommon(t unsafe.Pointer) unsafe.Pointer

//go:linkname methods reflect.( * uncommonType).methods
func methods(u unsafe.Pointer) []method
```

```
type method struct {
    name int32
    mtyp int32
    ifn int32
    tfn int32
}

//go:linkname nameOff reflect.(*rtype).nameOff
func nameOff(t unsafe.Pointer, off int32) unsafe.Pointer

//go:linkname typeOff reflect.(*rtype).typeOff
func typeOff(t unsafe.Pointer, off int32) unsafe.Pointer

//go:linkname textOff reflect.(*rtype).textOff
func textOff(t unsafe.Pointer, off int32) unsafe.Pointer

//go:linkname String reflect.(*rtype).String
func String(t unsafe.Pointer) string

//go:linkname name reflect.name.name
func name(n unsafe.Pointer) string
```

其中 Number 接口声明了两个方法,即 Value()方法和 String()方法。自定义 Integer 实现了这两种方法,并且接收者类型都是值类型。为了直接解析类型元数据以获得 ifn 和 tfn 的值,示例中使用了 linkname 机制来调用 reflect 包中的私有函数,还用了 unsafe 包访问内存。在 amd64 平台上,用 Go 1.15 可以成功编译上述代码,运行结果如下:

```
$ ./code_5_10.exe
[{String func() string 0xcf5fe0 0xcf59a0} {Value func() float64 0xcf6080 0xcf5980}]
                            //第1行输出
[{String func() string 0xcf5fe0 0xcf5fe0} {Value func() float64 0xcf6080 0xcf6080}]
                            //第2行输出
0xcf5fe0 0xcf6080           //第3行输出
```

第 1 行输出打印出了 Integer 类型的方法集,String()和 Value()这两个方法各自的 IFn 和 TFn 都不相等,这是因为 IFn 指向接收者为指针类型的方法代码,而 TFn 指向接收者为值类型的方法代码。

第 2 行输出打印出了 *Integer 类型的方法集,这两个方法各自的 IFn 和 TFn 是相等的,都与第 1 条指令中同名方法的 IFn 的值相等。

第 3 行输出打印出了 Number 接口 itab 中 fun 数组中的两个方法地址,与第 1 行输出 Integer 方法集中对应方法的 IFn 的值一致。Integer 和 *Integer 类型方法集的关系如图 5-16 所示。

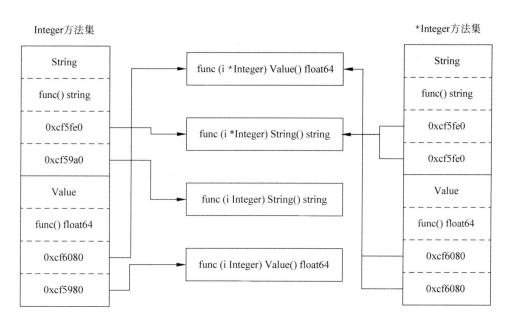

图 5-16 Integer 和 *Integer 类型的方法集

有一点需要格外注意,虽然把 i 赋值给 Number 类型的接口 n 后,n 的 itab 最终使用的是这一对接收者为指针类型的方法,但这是通过查找 Integer 的方法集查到的,语义角度还是 Integer 类型实现了 Number 接口。如果把 &i 赋值给 n,编译器和 runtime 才会从 *Integer 的方法集中查找。因为编译器会为代码中所有的值接收者方法包装生成对应的指针接收者方法,所以 *Integer 的方法集是 Integer 方法集的超集,也就是 Integer 类型实现的所有接口,即 *Integer 类型都实现了。反之不然,从语义角度无法为指针接收者方法包装生成对应的值接收者方法,因为原始的数据地址在值接收者方法中已经丢失。

通过以上示例,还能够证明一点,Integer 和 *Integer 的方法集及 Number 接口的 itab 中的方法都是按名称升序排列的,与代码中声明和实现的顺序无关,这和 5.1.2 节讲方法集时从 runtime 源码中看到的逻辑是一致的。

5.2.4 组合式继承

在第 4 章讲解方法的时候,曾经探索过基于嵌入的组合式继承,当时发现编译器会对继承的方法进行包装。因为自定义类型继承来的方法会影响到实现了哪些接口,所以本节再来回顾一下组合式继承,从方法集的角度进行分析,示例代码如下:

```go
//第 5 章/code_5_11.go
package inherit

type A int
```

```
func (a A) Value() int {
    return int(a)
}

func (a * A) Set(n int) {
    *a = A(n)
}

type B struct {
    A
    b int
}

type C struct {
    * A
    c int
}
```

类型 A 有一个值接收者方法 Value() 和一个指针接收者方法 Set()，将 A 以值嵌入的方式嵌入类型 B 中，以地址嵌入的方式嵌入类型 C 中，然后看一下 B、C、* B 和 * C 会继承哪些方法。先用 go tool compile 命令把上述源码编译为 OBJ 文件，然后就可以通过 go tool nm 工具确认了，命令如下：

```
$ go tool compile - p inherit - trimpath = "`pwd`=>" gom.go
$ go tool nm gom.o | grep 'T '
   31ea T inherit.( * A).Set
   3b3f T inherit.( * A).Value
   3b95 T inherit.( * B).Set
   3ba6 T inherit.( * B).Value
   3c7a T inherit.( * C).Set
   3c8c T inherit.( * C).Value
   31df T inherit.A.Value
   3c10 T inherit.B.Value
   3cfd T inherit.C.Set
   3d67 T inherit.C.Value
```

通过这个列表就能知道各个自定义类型的方法集中有哪些方法，将以上结果整理为更加直观的表格形式，如表 5-2 所示，还是要注意 T 和 * T 是不同的类型。

值接收者方法始终能够被继承，但只有在能够获得嵌入对象的地址的情况下才能继承指针接收者方法，所以无论是值嵌入还是地址嵌入，* B 和 * C 都能继承 Set() 方法。由于嵌入地址的关系，C 也能够继承 Set() 方法。

如果一个接口要求实现 Value() 和 Set() 这两个方法，则上述几种自定义类型中 * A、* B、* C 和 C 都实现了该接口。A 和 B 没有实现 Set() 方法，也就是说 A 和 B 的方法集中没有 Set()方法。通过接口调用 C 的方法时,虽然实际上调用的是 ∗C 的方法,但语义层面还是 C 实现了这两个方法,只不过接口机制需要指针接收者。

表 5-2　示例程序中各自定义类型包含的方法的情况

自定义类型	有 Value()方法	有 Set()方法
A	√	
∗A	√	√
B	√	
∗B	√	√
C	√	√
∗C	√	√

所以回过头再来看,Go 语言不允许为 T 和 ∗T 定义同名方法,实际上并不是因为不支持函数重载,前面已经看到了 A. Value()方法和(∗A). Value()方法是可以区分的。其根本原因就是编译器要为值接收者方法生成指针接收者包装方法,要保证两者的逻辑一致,所以不允许用户同时实现,用户可能会实现成不同的逻辑。

5.3　类型断言

7min

所谓类型断言,就是运行阶段根据元数据信息,来判断数据是否属于某种具体类型,或者是否实现了某个接口。既然要用到类型元数据,那么源操作数就必须是 interface{}或某个接口类型的变量,也就是说底层是 runtime.eface 或 runtime.iface 类型。

类型断言在语法上有两种不同的形式,第一种就是直接断言为目标类型,这也是最正常的写法,示例代码如下:

```
dest : = source.(dest_type)
```

这种形式存在一定风险,如果断言失败,就会造成 panic。第二种形式比较安全,这种形式的代码常被称为 comma ok 风格,因为有个额外的 bool 变量来表明操作是否成功,人们习惯把这个 bool 变量命名为 ok。这种形式的断言无论成败都不会造成 panic,示例代码如下:

```
dest, ok : = source.(dest_type)
```

本节就根据源操作数和目标类型的不同,把类型断言分成 4 种情况,结合反编译和 runtime 源码分析,分别探索几种情况的实现原理。

5.3.1　E To 具体类型

E 指的是 runtime.eface,也就是 interface{}类型,而具体类型是相对于抽象类型来讲的,抽象类型指的是接口,接口通过方法列表对行为进行抽象,所以具体类型指的是除接口以外的内置类型和自定义类型。E To 具体类型的断言就是从容器中把数据取出来。

先来看一看第一种形式,也就是从 interface{} 直接断言为某个具体类型,下面把这部分逻辑放到一个单独的函数中,以便于后续分析,代码如下:

```
func normal(a interface{}) int {
    return a.(int)
}
```

用 go tool compile 命令编译包含上述函数的源码文件 e2t.go,会得到一个 OBJ 文件 e2t.o,再用 go tool objdump 命令反编译该文件中的 normal() 函数,得到的汇编代码如下:

```
$ go tool compile -p gom -trimpath="`pwd`=>" e2t.go
$ go tool objdump -S -s '^gom.normal$' e2t.o
TEXT gom.normal(SB) gofile..e2t.go
func normal(a interface{}) int {
  0x7d2   65488b0c2528000000   MOVQ GS:0x28, CX
  0x7db   488b8900000000       MOVQ 0(CX), CX       [3:7]R_TLS_LE
  0x7e2   483b6110             CMPQ 0x10(CX), SP
  0x7e6   7651                 JBE 0x839
  0x7e8   4883ec20             SUBQ $0x20, SP
  0x7ec   48896c2418           MOVQ BP, 0x18(SP)
  0x7f1   488d6c2418           LEAQ 0x18(SP), BP
      return a.(int)
  0x7f6   488d0500000000       LEAQ 0(IP), AX       [3:7]R_PCREL:type.int
  0x7fd   488b4c2428           MOVQ 0x28(SP), CX
  0x802   4839c8               CMPQ CX, AX
  0x805   7517                 JNE 0x81e
  0x807   488b442430           MOVQ 0x30(SP), AX
  0x80c   488b00               MOVQ 0(AX), AX
  0x80f   4889442438           MOVQ AX, 0x38(SP)
  0x814   488b6c2418           MOVQ 0x18(SP), BP
  0x819   4883c420             ADDQ $0x20, SP
  0x81d   c3                   RET
  0x81e   48890c24             MOVQ CX, 0(SP)
  0x822   4889442408           MOVQ AX, 0x8(SP)
  0x827   488d0500000000       LEAQ 0(IP), AX       [3:7]R_PCREL:type.interface {}
  0x82e   4889442410           MOVQ AX, 0x10(SP)
  0x833   e800000000           CALL 0x838           [1:5]R_CALL:runtime.panicdottypeE
  0x838   90                   NOPL
func normal(a interface{}) int {
  0x839   e800000000           CALL 0x83e           [1:5]R_CALL:runtime.morestack_noctxt
  0x83e   eb92                 JMP gom.normal(SB)
```

汇编代码还是不太直观,转换成等价的伪代码如下:

```
func normal(a runtime.eface) int {
entry:
    gp : = getg()
    if SP < = gp.stackguard0 {
        goto morestack
    }
    if a._type != &type.int {
        runtime.panicdottypeE(a._type, &type.int, &type.interface{})
    }
    return * ( * int)(a.data)
morestack:
    runtime.morestack_noctxt()
    goto entry
}
```

编译器插入与栈增长相关的代码已经屡见不鲜了,真正与类型断言相关的代码只有4行。逻辑也很简单,就是判断a._type与int类型的元数据地址是否相等,如果不相等就调用panicdottypeE()函数,如果相等就把a.data作为 * int来提取int数值。

再来看一下comma ok风格的断言,代码如下:

```
func commaOk(a interface{}) (n int, ok bool) {
    n, ok = a.(int)
    return
}
```

用相同的命令进行编译和反编译,得到的汇编代码如下:

```
$ go tool compile - p gom - trimpath = "`pwd`=>" e2t2.go
$ go tool objdump - S - s '^gom.commaOk $ ' e2t2.o
TEXT gom.commaOk(SB) gofile..e2t2.go
          n, ok = a.(int)
  0x810     488d0500000000      LEAQ 0(IP), AX          [3:7]R_PCREL:type.int
  0x817     488b4c2408          MOVQ 0x8(SP), CX
  0x81c     4839c8              CMPQ CX, AX
  0x81f     7515                JNE 0x836
  0x821     488b442410          MOVQ 0x10(SP), AX
  0x826     488b00              MOVQ 0(AX), AX
      return
  0x829     4889442418          MOVQ AX, 0x18(SP)
          n, ok = a.(int)
  0x82e     0f94c0              SETE AL
      return
  0x831     88442420            MOVB AL, 0x20(SP)
  0x835     c3                  RET
```

```
0x836        b800000000            MOVL $ 0x0, AX
         n, ok = a.(int)
0x83b        ebec                  JMP 0x829
```

因为函数栈帧足够小，并且没有调用任何外部函数，所以编译器无须插入栈增长代码。
转换成等价的伪代码也比较精简，代码如下：

```
func commaOk(a runtime.eface) (n int, ok bool) {
    if a._type != &type.int {
        return 0, false
    }
    return * ( * int)(a.data), true
}
```

核心逻辑还是判断 a._type 与 int 类型的元数据地址是否相等，如果不相等就返回 int
类型零值和 false，如果相等就把 a.data 作为 * int 来提取 int 数值，然后和 true 一起返回。
综上所述，从 interface{} 到具体类型的断言如图 5-17 所示，基本上就是一个指针比较
操作加上一个具体类型相关的复制操作，执行时应该还是很高效的。

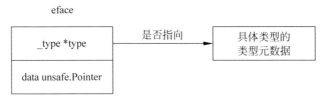

图 5-17　从 interface{} 到具体类型的断言

5.3.2　E To I

E 指的还是 runtime.eface，I 指的则是 runtime.iface，E To I 也就是从 interface{} 到某
个自定义接口类型的断言。断言的目标为接口类型，E 背后的具体类型需要实现接口要
求的所有方法，所以涉及具体类型的方法集遍历、动态分配 itab 等操作。5.2.2 节已经分
析过 runtime 中用来完成此工作的 getitab() 函数，本节继续探索类型断言是如何使用该
函数的。
还是先按照一般的代码风格实现一个包含断言逻辑的函数，代码如下：

```
func normal(a interface{}) io.ReadWriter {
    return a.(io.ReadWriter)
}
```

用同样的命令进行编译和反编译，得到的汇编代码如下：

```
$ go tool compile - p gom - trimpath = "`pwd`=>" e2i.go
$ go tool objdump - S - s '^gom.normal$' e2i.o
TEXT gom.normal(SB) gofile..e2i.go
func normal(a interface{}) io.ReadWriter {
  0x8b5      65488b0c2528000000      MOVQ GS:0x28, CX
  0x8be      488b8900000000          MOVQ 0(CX), CX   [3:7]R_TLS_LE
  0x8c5      483b6110                CMPQ 0x10(CX), SP
  0x8c9      7650                    JBE 0x91b
  0x8cb      4883ec30                SUBQ $ 0x30, SP
  0x8cf      48896c2428              MOVQ BP, 0x28(SP)
  0x8d4      488d6c2428              LEAQ 0x28(SP), BP
        return a.(io.ReadWriter)
  0x8d9      488d0500000000          LEAQ 0(IP), AX   [3:7]R_PCREL:type.io.ReadWriter
  0x8e0      48890424                MOVQ AX, 0(SP)
  0x8e4      488b442438              MOVQ 0x38(SP), AX
  0x8e9      4889442408              MOVQ AX, 0x8(SP)
  0x8ee      488b442440              MOVQ 0x40(SP), AX
  0x8f3      4889442410              MOVQ AX, 0x10(SP)
  0x8f8      e800000000              CALL 0x8fd   [1:5]R_CALL:runtime.assertE2I
  0x8fd      488b442418              MOVQ 0x18(SP), AX
  0x902      488b4c2420              MOVQ 0x20(SP), CX
  0x907      4889442448              MOVQ AX, 0x48(SP)
  0x90c      48894c2450              MOVQ CX, 0x50(SP)
  0x911      488b6c2428              MOVQ 0x28(SP), BP
  0x916      4883c430                ADDQ $ 0x30, SP
  0x91a      c3                      RET
func normal(a interface{}) io.ReadWriter {
  0x91b      e800000000              CALL 0x920   [1:5]R_CALL:runtime.morestack_noctxt
  0x920      eb93                    JMP gom.normal(SB)
```

在保证逻辑不变的前提下,写出等价的 Go 风格伪代码如下:

```
func normal(a runtime.eface) io.ReadWriter {
entry:
    gp : = getg()
    if SP < = gp.stackguard0 {
        goto morestack
    }
    return runtime.assertE2I(&type.io.ReadWriter, a)
morestack:
    runtime.morestack_noctxt()
    goto entry
}
```

除去编译器插入的栈增长代码,核心逻辑就是调用了 runtime.assertE2I()函数,摘抄

runtime 包中的函数代码如下：

```
func assertE2I(inter * interfacetype, e eface) (r iface) {
    t : = e._type
    if t == nil {
        panic(&TypeAssertionError{nil, nil, &inter.typ, ""})
    }
    r.tab = getitab(inter, t, false)
    r.data = e.data
    return
}
```

函数先校验了 E 的具体类型元数据指针不可为空，没有具体类型的元数据是无法进行断言的，然后通过调用 getitab() 函数来得到对应的 itab，data 字段直接复制。注意调用 getitab() 函数时最后一个参数为 false，根据之前的源码分析已知这个参数是 canfail。canfail 为 false 时，如果 t 没有实现 inter 要求的所有方法，getitab() 函数就会造成 panic。

接下来再看一下 comma ok 风格的断言，代码如下：

```
func commaOk(a interface{}) (i io.ReadWriter, ok bool) {
    i, ok = a.(io.ReadWriter)
    return
}
```

编译再反编译之后，得到的汇编代码如下：

```
$ go tool compile - p gom - trimpath = "`pwd`=>" e2i2.go
$ go tool objdump - S - s '^gom.commaOk$' e2i2.o
TEXT gom.commaOk(SB) gofile..e2i2.go
func commaOk(a interface{}) (i io.ReadWriter, ok bool) {
    0x979    65488b0c2528000000    MOVQ GS:0x28, CX
    0x982    488b8900000000        MOVQ 0(CX), CX      [3:7]R_TLS_LE
    0x989    483b6110              CMPQ 0x10(CX), SP
    0x98d    7659                  JBE 0x9e8
    0x98f    4883ec38              SUBQ $ 0x38, SP
    0x993    48896c2430            MOVQ BP, 0x30(SP)
    0x998    488d6c2430            LEAQ 0x30(SP), BP
         i, ok = a.(io.ReadWriter)
    0x99d    488d0500000000        LEAQ 0(IP), AX      [3:7]R_PCREL:type.io.ReadWriter
    0x9a4    48890424              MOVQ AX, 0(SP)
    0x9a8    488b442440            MOVQ 0x40(SP), AX
    0x9ad    4889442408            MOVQ AX, 0x8(SP)
    0x9b2    488b442448            MOVQ 0x48(SP), AX
    0x9b7    4889442410            MOVQ AX, 0x10(SP)
    0x9bc    e800000000            CALL 0x9c1      [1:5]R_CALL:runtime.assertE2I2
```

```
0x9c1      488b442418              MOVQ 0x18(SP), AX
0x9c6      488b4c2420              MOVQ 0x20(SP), CX
0x9cb      0fb6542428              MOVZX 0x28(SP), DX
        return
0x9d0      4889442450              MOVQ AX, 0x50(SP)
0x9d5      48894c2458              MOVQ CX, 0x58(SP)
0x9da      88542460                MOVB DL, 0x60(SP)
0x9de      488b6c2430              MOVQ 0x30(SP), BP
0x9e3      4883c438                ADDQ $ 0x38, SP
0x9e7      c3                      RET
func commaOk(a interface{}) (i io.ReadWriter, ok bool) {
0x9e8      e800000000              CALL 0x9ed      [1:5]R_CALL:runtime.morestack_noctxt
0x9ed      eb8a                    JMP gom.commaOk(SB)
```

写成等价的 Go 风格伪代码如下：

```
func commaOk(a runtime.eface) (i io.ReadWriter, ok bool) {
entry:
    gp : = getg()
    if SP < = gp.stackguard0 {
        goto morestack
    }
    return runtime.assertE2I2(&type.io.ReadWriter, a)
morestack:
    runtime.morestack_noctxt()
    goto entry
}
```

可以看到这次主要通过 runtime.assertE2I2() 函数来完成，从 runtime 包中找到该函数的源代码如下：

```
func assertE2I2(inter * interfacetype, e eface) (r iface, b bool) {
    t : = e._type
    if t == nil {
        return
    }
    tab : = getitab(inter, t, true)
    if tab == nil {
        return
    }
    r.tab = tab
    r.data = e.data
    b = true
    return
}
```

　　与之前不同的是,可以通过第 2 个返回值来表示操作的成功与否,所以不用再造成 panic。如果 E 的具体类型指针为空,则直接返回 false。调用 getitab()函数时也把 canfail 设置为 true,并且需要检测返回的 tab 是否为 nil,以此来判断是否成功。

　　综上所述,E To I 形式的类型断言,主要通过 runtime 中的 assertE2I()和 assertE2I2() 这两个函数实现,底层的主要任务如图 5-18 所示,都是通过 getitab()函数完成的方法集遍历及 itab 分配和初始化。因为 getitab()函数中用到了全局的 itab 缓存,所以性能方面应该也是很高效的。

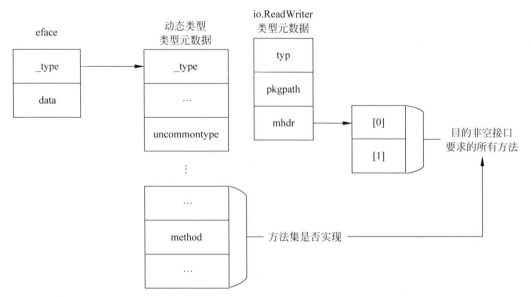

图 5-18　从 interface{}到非空接口的类型断言

5.3.3　I To 具体类型

　　5.3.1 节和 5.3.2 节主要探索了源类型为 interface{}的类型断言,目标分为具体类型和接口类型两种情况。接下来看一下源类型为接口类型的类型断言,本节首先分析目标为具体类型的断言实现,也就是从 runtime.iface 转换为某种具体类型。

　　还是先按照一般的写法把类型断言逻辑放到一个单独的函数中,代码如下:

```
func normal(i io.ReadWriter) * os.File {
    return i.( * os.File)
}
```

　　然后使用 go tool 命令编译和反编译,得到的汇编代码如下:

```
$ go tool compile - p gom - trimpath = "`pwd`=>" i2t.go
$ go tool objdump - S - s '^gom.normal $ ' i2t.o
```

```
TEXT gom.normal(SB) gofile..i2t.go
func normal(i io.ReadWriter) * os.File {
  0x10bd    65488b0c2528000000    MOVQ GS:0x28, CX
  0x10c6    488b8900000000        MOVQ 0(CX), CX      [3:7]R_TLS_LE
  0x10cd    483b6110              CMPQ 0x10(CX), SP
  0x10d1    7655                  JBE 0x1128
  0x10d3    4883ec20              SUBQ $ 0x20, SP
  0x10d7    48896c2418            MOVQ BP, 0x18(SP)
  0x10dc    488d6c2418            LEAQ 0x18(SP), BP
      return i.( * os.File)
  0x10e1    488d0500000000        LEAQ 0(IP), AX
[3:7]R_PCREL:go.itab. * os.File,io.ReadWriter
  0x10e8    488b4c2428            MOVQ 0x28(SP), CX
  0x10ed    4839c8                CMPQ CX, AX
  0x10f0    7514                  JNE 0x1106
  0x10f2    488b442430            MOVQ 0x30(SP), AX
  0x10f7    4889442438            MOVQ AX, 0x38(SP)
  0x10fc    488b6c2418            MOVQ 0x18(SP), BP
  0x1101    4883c420              ADDQ $ 0x20, SP
  0x1105    c3                    RET
  0x1106    48890c24              MOVQ CX, 0(SP)
  0x110a    488d0500000000        LEAQ 0(IP), AX    [3:7]R_PCREL:type. * os.File
  0x1111    4889442408            MOVQ AX, 0x8(SP)
  0x1116    488d0500000000        LEAQ 0(IP), AX    [3:7]R_PCREL:type.io.ReadWriter
  0x111d    4889442410            MOVQ AX, 0x10(SP)
  0x1122    e800000000            CALL 0x1127    [1:5]R_CALL:runtime.panicdottypeI
  0x1127    90                    NOPL
func normal(i io.ReadWriter) * os.File {
  0x1128    e800000000            CALL 0x112d    [1:5]R_CALL:runtime.morestack_noctxt
  0x112d    eb8e                  JMP gom.normal(SB)
```

与之前从 interface{} 断言有些不同，为了更加直观，写出等价的 Go 风格伪代码如下：

```
func normal(i runtime.iface) * os.File {
entry:
    gp : = getg()
    if SP < = gp.stackguard0 {
        goto morestack
    }
    if i.tab != &go.itab. * os.File,io.ReadWriter {
        runtime.panicdottypeI(i.tab, &type. * os.File, &type.io.ReadWriter)
    }
    return ( * os.File)(i.data)
morestack:
    runtime.morestack_noctxt()
```

```
        goto entry
    }
```

其中的 go. itab. * os. File, io. ReadWriter 指的就是全局 itab 缓存中与 * os. File 和 io. ReadWriter 这一对类型对应的 itab。这个 itab 是在编译阶段就被编译器生成的,所以代码中可以直接链接到它的地址。这个断言的核心逻辑就是比较 iface 中 tab 字段的地址是否与目标 itab 地址相等。如果不相等就调用 panicdottypeI,如果相等就把 iface 的 data 字段返回。注意这里因为 * os. File 是指针类型,所以不涉及自动拆箱,也就没有与具体类型相关的复制操作,如果具体类型为值类型就不然了。

实际反编译之前,笔者曾经以为会比较 i. tab. _type 和 &type. * os. File,但是 Go 语言的实际实现更为直接高效,也省去了对 i. tab 的非空校验。

再来看一下 comma ok 风格的断言,代码如下:

```
func commaOk( i io. ReadWriter) (f * os. File, ok bool) {
    f, ok = i. ( * os. File)
    return
}
```

先编译成 OBJ,再反编译,得到的汇编代码如下:

```
$ go tool compile - p gom - trimpath = "`pwd`=>" i2t2. go
$ go tool objdump - S - s '^gom. commaOk $ ' i2t2. o
TEXT gom. commaOk(SB) gofile.. i2t2. go
        f, ok = i. ( * os. File)
  0x10a8        488d0500000000      LEAQ 0( IP), AX        [3:7]R_PCREL: go. itab. * os. File,
io. ReadWriter
  0x10af        488b4c2408          MOVQ 0x8(SP), CX
  0x10b4        4839c8              CMPQ CX, AX
  0x10b7        7512                JNE 0x10cb
  0x10b9        488b442410          MOVQ 0x10(SP), AX
        return
  0x10be        4889442418          MOVQ AX, 0x18(SP)
        f, ok = i. ( * os. File)
  0x10c3        0f94c0              SETE AL
        return
  0x10c6        88442420            MOVB AL, 0x20(SP)
  0x10ca        c3                  RET
  0x10cb        b800000000          MOVL $ 0x0, AX
        f, ok = i. ( * os. File)
  0x10d0        ebec                JMP 0x10be
```

因为不需要调用 panicdottypeI()函数的关系,所以编译器可以省略掉与栈增长相关的代码。核心逻辑还是比较 itab 的地址,写出等价的 Go 风格伪代码如下:

```
func commaOk(i runtime.iface) (f * os.File, ok bool) {
    if i.tab != &go.itab. * os.File,io.ReadWriter {
        return nil, false
    }
    return ( * os.File)(i.data), true
}
```

与一般风格的类型断言也没有太大的不同,不同点就是通过返回值为 false 表示断言失败,代替了调用 panicdottypeI()函数。

综上所述,I To 具体类型的断言与 E To 具体类型的断言在实现上极其相似,核心逻辑如图 5-19 所示,都是一个指针的相等判断。

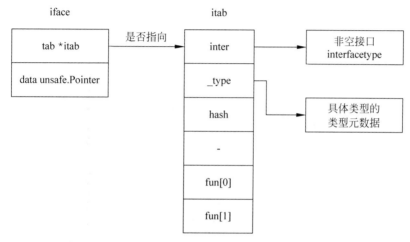

图 5-19　从非空接口到具体类型的类型断言

是否涉及自动拆箱,要视具体类型为值类型还是指针类型而定。值类型要进行拆箱操作,也就是从 data 地址处把值复制出来,指针类型则无须拆箱,直接返回 data 即可,无论源类型为 E 或 I,其实都是一样的。

5.3.4　I To I

本节探索类型断言的最后一种场景,从一种接口类型到另一种接口类型,因为接口类型对应着 runtime.iface,所以简称为 I To I。断言的源接口和目标接口应该有着不同的类型,而实际影响断言的就是目标接口有着怎样的方法列表,底层应该还是基于 getitab()函数。

按照一般的类型断言风格,准备一个示例函数,代码如下:

```
func normal(rw io.ReadWriter) io.Reader {
    return rw.(io.Reader)
}
```

还是经过编译和反编译，得到的汇编代码如下：

```
$ go tool compile - p gom - trimpath = "`pwd`=>" i2i.go
$ go tool objdump - S - s '^gom.normal$' i2i.o
TEXT gom.normal(SB) gofile..i2i.go
func normal(rw io.ReadWriter) io.Reader {
  0x64c      65488b0c2528000000     MOVQ GS:0x28, CX
  0x655      488b8900000000         MOVQ 0(CX), CX        [3:7]R_TLS_LE
  0x65c      483b6110               CMPQ 0x10(CX), SP
  0x660      7650                   JBE 0x6b2
  0x662      4883ec30               SUBQ $ 0x30, SP
  0x666      48896c2428             MOVQ BP, 0x28(SP)
  0x66b      488d6c2428             LEAQ 0x28(SP), BP
           return rw.(io.Reader)
  0x670      488d0500000000         LEAQ 0(IP), AX        [3:7]R_PCREL:type.io.Reader
  0x677      48890424               MOVQ AX, 0(SP)
  0x67b      488b442438             MOVQ 0x38(SP), AX
  0x680      4889442408             MOVQ AX, 0x8(SP)
  0x685      488b442440             MOVQ 0x40(SP), AX
  0x68a      4889442410             MOVQ AX, 0x10(SP)
  0x68f      e800000000             CALL 0x694          [1:5]R_CALL:runtime.assertI2I
  0x694      488b442418             MOVQ 0x18(SP), AX
  0x699      488b4c2420             MOVQ 0x20(SP), CX
  0x69e      4889442448             MOVQ AX, 0x48(SP)
  0x6a3      48894c2450             MOVQ CX, 0x50(SP)
  0x6a8      488b6c2428             MOVQ 0x28(SP), BP
  0x6ad      4883c430               ADDQ $ 0x30, SP
  0x6b1      c3                     RET
func normal(rw io.ReadWriter) io.Reader {
  0x6b2      e800000000             CALL 0x6b7          [1:5]R_CALL:runtime.morestack_noctxt
  0x6b7      eb93                   JMP gom.normal(SB)
```

写出逻辑等价的 Go 风格伪代码如下：

```
func normal(i runtime.iface) io.Reader {
entry:
    gp := getg()
    if SP <= gp.stackguard0 {
        goto morestack
    }
    return runtime.assertI2I(&type.io.Reader, i)
morestack:
    runtime.morestack_noctxt()
    goto entry
}
```

实际上就是调用了 runtime. assertI2I() 函数,该函数的源代码如下:

```
func assertI2I(inter * interfacetype, i iface) (r iface) {
    tab : = i.tab
    if tab == nil {
        panic(&TypeAssertionError{nil, nil, &inter.typ, ""})
    }
    if tab.inter == inter {
        r.tab = tab
        r.data = i.data
        return
    }
    r.tab = getitab(inter, tab._type, false)
    r.data = i.data
    return
}
```

先校验 i. tab 不为 nil,否则就意味着没有类型元数据,类型断言也就无从谈起,然后检测 i. tab. inter 是否等于 inter,相等就意味着源接口和目标接口类型相同,直接复制就可以了。最后才调用 getitab() 函数,根据 inter 和 i. tab. _type 获取对应的 itab。canfail 参数为 false,所以如果 getitab() 函数失败就会造成 panic。

再来看一下 comma ok 风格的断言,准备的函数代码如下:

```
func commaOk(rw io.ReadWriter) (r io.Reader, ok bool) {
    r, ok = rw.(io.Reader)
    return
}
```

将上述代码先编译为 OBJ,再进行反编译,得到的汇编代码如下:

```
$ go tool compile - p gom - trimpath = "`pwd`=>" i2i2.go
$ go tool objdump - S - s '^gom.commaOk $ ' i2i2.o
TEXT gom.commaOk(SB) gofile..i2i2.go
func commaOk(rw io.ReadWriter) (r io.Reader, ok bool) {
  0x710    65488b0c2528000000    MOVQ GS:0x28, CX
  0x719    488b8900000000        MOVQ 0(CX), CX        [3:7]R_TLS_LE
  0x720    483b6110              CMPQ 0x10(CX), SP
  0x724    7659                  JBE 0x77f
  0x726    4883ec38              SUBQ $ 0x38, SP
  0x72a    48896c2430            MOVQ BP, 0x30(SP)
  0x72f    488d6c2430            LEAQ 0x30(SP), BP
           r, ok = rw.(io.Reader)
  0x734    488d0500000000        LEAQ 0(IP), AX        [3:7]R_PCREL:type.io.Reader
  0x73b    48890424              MOVQ AX, 0(SP)
```

```
0x73f     488b442440              MOVQ 0x40(SP), AX
0x744     4889442408              MOVQ AX, 0x8(SP)
0x749     488b442448              MOVQ 0x48(SP), AX
0x74e     4889442410              MOVQ AX, 0x10(SP)
0x753     e800000000              CALL 0x758     [1:5]R_CALL:runtime.assertI2I2
0x758     488b442418              MOVQ 0x18(SP), AX
0x75d     488b4c2420              MOVQ 0x20(SP), CX
0x762     0fb6542428              MOVZX 0x28(SP), DX
       return
0x767     4889442450              MOVQ AX, 0x50(SP)
0x76c     48894c2458              MOVQ CX, 0x58(SP)
0x771     88542460                MOVB DL, 0x60(SP)
0x775     488b6c2430              MOVQ 0x30(SP), BP
0x77a     4883c438                ADDQ $ 0x38, SP
0x77e     c3                      RET
func commaOk(rw io.ReadWriter) (r io.Reader, ok bool) {
0x77f     e800000000              CALL 0x784     [1:5]R_CALL:runtime.morestack_noctxt
0x784     eb8a                    JMP gom.commaOk(SB)
```

等价的 Go 风格伪代码如下：

```
func commaOk(rw io.ReadWriter) (r io.Reader, ok bool) {
entry:
    gp : = getg()
    if SP < = gp.stackguard0 {
        goto morestack
    }
    return runtime.assertI2I2(&type.io.Reader, i)
morestack:
    runtime.morestack_noctxt()
    goto entry
}
```

这次是通过 runtime.assertI2I2() 函数实现的，该函数的代码如下：

```
func assertI2I2(inter * interfacetype, i iface) (r iface, b bool) {
    tab : = i.tab
    if tab == nil {
        return
    }
    if tab.inter != inter {
        tab = getitab(inter, tab._type, true)
        if tab == nil {
            return
        }
    }
```

```
    }
    r.tab = tab
    r.data = i.data
    b = true
    return
}
```

如果 i.tab 为 nil,则直接返回 false。只有在 i.tab.inter 与 inter 不相等时才调用 getitab()函数,而且 canfail 为 true,如果 getitab()函数失败,则不会造成 panic,而是返回 nil。

综上所述,I To I 的类型断言,如图 5-20 所示,实际上是通过 runtime.assertI2I()函数和 runtime.assertI2I2()函数实现的,底层也都是基于 getitab()函数实现的。

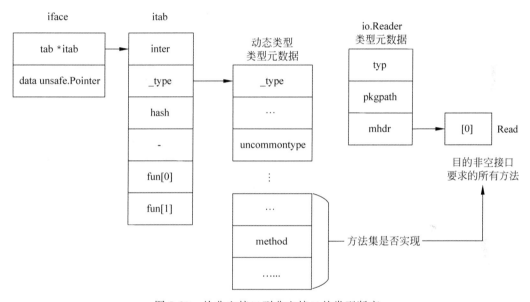

图 5-20　从非空接口到非空接口的类型断言

5.4　反射

所谓反射,实际上就是围绕类型元数据展开的编程。程序的源码中包含最全面的类型信息,在 C/C++一类的编程语言中,源码中的类型信息主要供编译阶段使用,这些类型信息定义了数据对象的内存布局、所支持的操作等,编译器依赖这些信息来生成相应的机器指令。经过编译之后,上层语言中那些直观、抽象的代码都被转换成了具体的机器指令,指令中操作的都是不同宽度的整型、浮点数这类很底层的数据类型,那些上层语言中的抽象数据类型也不复存在了。

　　而对于 Go、Java 这类支持反射的编程语言，经过编译阶段以后，代码中定义的各种类型信息会被保留下来。编译器会使用特定的数据结构来装载类型信息，并把它们写入生成的 OBJ 文件中，这些信息最终会被链接器存放到可执行文件相应的节区，供运行阶段检索使用。在 Go 语言中用来装载类型信息的数据结构就是 5.1.2 节介绍过的 runtime._type，也就是我们俗称的类型元数据。在介绍动态派发和类型断言时，已经见识过类型元数据的重要性，本节就更系统地研究 Go 语言的类型系统，以及在此之上建立的强大的反射机制。

5.4.1　类型系统

　　Go 语言一共提供了 26 种类型种类：一个布尔型，包含 uintptr 在内一共 11 种整型，两种浮点类型，两种复数类型，一个字符串类型，指针、数组、切片、map 和 struct 共 5 种常用复合类型，以及 chan、func、interface 和 unsafe.Pointer 这 4 种特殊类型。这 26 种类型是 Go 语言整个类型系统的基础，任何更复杂的类型都由这些类型组合而来，即用户自定义的类型有着各种各样的名称，它们的种类也不会超出这 26 种的范畴。

　　至此，我们已经知道类型元数据是用 runtime._type 结构表示的，那么这些数据是如何组织起来的，以及运行阶段又是如何解析的呢？带着这个问题，下面就深入 runtime 的源码中去找答案。

1. 类型信息的萃取

　　提到反射和类型，很自然地就会想起 reflect 包中用于获取类型信息的 TypeOf() 函数，该函数有一个 interface{} 类型的参数，可以接受传入任意类型。函数的返回值类型是 reflect.Type，这是个接口类型，提供了一系列方法来从类型元数据中提取信息。TypeOf() 函数所做的事情如图 5-21 所示，就是找到传入参数的类型元数据，并以 reflect.Type 形式返回。

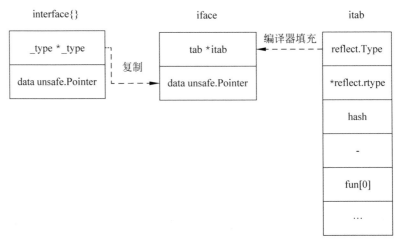

图 5-21　由一个 * _type 和一个 * itab 组建一个 iface

TypeOf() 函数的代码如下：

```
func TypeOf(i interface{}) Type {
    eface := *(*emptyInterface)(unsafe.Pointer(&i))
    return toType(eface.typ)
}
```

第 2 行代码相当于把传入的参数 i 强制转换成了 emptyInterface 类型，emptyInterface 类型和 5.1 节介绍过的 eface 类型在内存布局上等价，emptyInterface 类型定义的代码如下：

```
type emptyInterface struct {
    typ *rtype
    word unsafe.Pointer
}
```

其中的 rtype 类型与 runtime._type 类型在内存布局方面也是等价的，只不过因为无法使用其他包中未导出的类型定义，所以需要在 reflect 包中重新定义一下。代码中的 eface.typ 实际上就是从 interface{} 变量中提取出的类型元数据地址，再来看一下 toType() 函数，代码如下：

```
func toType(t *rtype) Type {
    if t == nil {
        return nil
    }
    return t
}
```

先判断了一下传入的 rtype 指针是否为 nil，如果不为 nil 就把它作为 Type 类型返回，否则返回 nil。从这里可以知道 *rtype 类型肯定实现了 Type 接口，之所以要加上这个 nil 判断，需要考虑到 Go 的接口类型是个双指针结构，一个指向 itab，另一个指向实际的数据对象。如图 5-22 所示，只有在两个指针都为 nil 的时候，接口变量才等于 nil。

用一段更直观的代码加以说明，代码如下：

```
//第5章/code_5_12.go
var rw io.ReadWriter
if rw == nil {
    println(1)
}
var f *os.File
rw = f
if rw == nil {
    println(2)
}
```

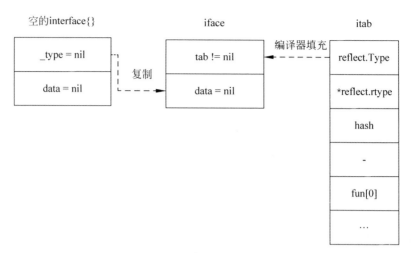

图 5-22　萃取前判断非空

　　在上述代码中第 1 个 if 处判断结果为真,所以会打印出 1。第 2 个 if 处 rw 不再为 nil,所以不会打印 2。这里需要注意一下,f 本身为 nil,赋值给 rw 之后却不再为 nil,这是因为接口的双指针结构,其中数据指针为 nil,itab 指针不为空。也就是说 nil 指针也是有类型的,所以在赋值给 interface{} 和一般的非空接口变量时要格外注意。toType() 函数中前置的 nil 检测就是为了避免返回一个 itab 指针不为 nil,而数据指针为 nil 的 Type 变量,使上层代码无法通过 nil 检测区分返回值是否有效,由此带来诸多不便和隐患。

　　综上所述,TypeOf() 函数所做的事情就是从 interface{} 中提取出类型元数据地址,然后在地址不为 nil 的时候将其作为 Type 类型返回。并没有太神奇的逻辑,而 interface{} 中的类型元数据地址是从哪里来的呢?当然是在编译阶段由编译器赋值的,实际的地址可能是由链接器填写的,也就是说源头还是要追溯到最初的源码中。

2. 类型系统的初始化

　　迄今为止,见过的所有基于类型元数据的特性都少不了 interface 的影子,通过反射实现类型信息的萃取也要依赖于 interface 参数,然而对于 interface{} 和非空接口,其中用到的类型元数据,论及源头都是在编译阶段由编译器赋值的。这样一来,整个类型系统给人的感觉就像是一个 KV 存储,只能在获得某个 key 的前提下去查询对应的 value,有没有一个地方能够遍历所有的 key 呢?下面就带着这个问题去研究 runtime 的源码。

　　通过 buildmode=plugin 可以把 Go 项目构建成一个动态链接库,后续以插件的形式被程序的主模块按需加载,这样一来运行阶段就需要加载多个二进制模块。由于每个模块中都有自己的一组类型元数据,所以就会出现类型信息不一致的问题,像类型断言这样的特性,底层通过比较元数据地址实现,也就无法正常工作了。保证类型系统中的类型唯一性至关重要,因此 Go 语言的 runtime 会在类型系统的初始化阶段进行去重操作,如图 5-23 所示。

　　下面从源码层面看一下具体的实现,用来初始化类型系统的就是 runtime. typelinksinit() 函数,代码如下:

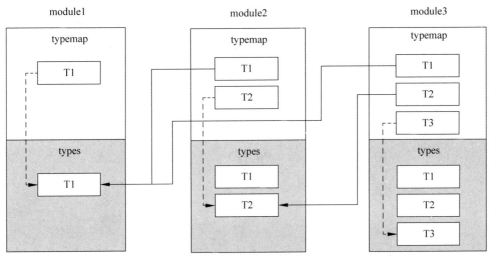

图 5-23 类型系统初始化利用 typemap 去重

```
func typelinksinit() {
    if firstmoduledata.next == nil {
        return
    }
    typehash := make(map[uint32][] * _type, len(firstmoduledata.typelinks))

    modules := activeModules()
    prev := modules[0]
    for _, md := range modules[1:] {
        //把前一个模块中的各种类型收集到 typehash 中
    collect:
        for _, tl := range prev.typelinks {
            var t * _type
            if prev.typemap == nil {
                t = ( * _type)(unsafe.Pointer(prev.types + uintptr(tl)))
            } else {
                t = prev.typemap[typeOff(tl)]
            }
            //已经有的就不重复添加了
            tlist := typehash[t.hash]
            for _, tcur := range tlist {
                if tcur == t {
                    continue collect
                }
            }
            typehash[t.hash] = append(tlist, t)
        }
```

```
if md.typemap == nil {
    //如果当前模块 typelinks 中的某种类型与某个前驱模块中的某类型一致
    //通过当前模块的 typemap 将其映射到前驱模块中的对应类型
    tm := make(map[typeOff] * _type, len(md.typelinks))
    pinnedTypemaps = append(pinnedTypemaps, tm)
    md.typemap = tm
    for _, tl := range md.typelinks {
        t := ( * _type)(unsafe.Pointer(md.types + uintptr(tl)))
        for _, candidate := range typehash[t.hash] {
            seen := map[_typePair]struct{}{}
            if typesEqual(t, candidate, seen) {
                t = candidate
                break
            }
        }
        md.typemap[typeOff(tl)] = t
    }
}

prev = md
}
}
```

在类型系统内部,元数据间通过 typeOff 互相引用,typeOff 实际上就是个 int32。类型元数据在二进制文件中是存放在一起的,单独占据了一段空间,moduledata 结构的 types 字段和 etypes 字段就是这段空间的起始地址和结束地址。typeOff 表示的就是目标类型的元数据距离起始地址 types 的偏移。梳理一下这个函数的大致逻辑:

(1)分配了一个 map[uint32][] * _type 类型的变量 typehash,用来收集所有模块中的类型信息,用类型的 hash 作为 map 的 key,收集的是类型元数据_type 结构的地址,把 hash 相同的类型的地址放到同一个 slice 中。

(2)通过 activeModules()函数得到当前活动模块的列表,也就是所有能够正常使用的 Go 二进制模块,然后从第 2 个模块开始向后遍历。

(3)每次循环中通过前一个模块的 typelinks 字段,收集模块内的类型信息,将 typehash 中尚未包含的类型添加进去,注意是收集前一个模块的类型信息。这样一来, typehash 中包含的类型信息都是该类型在整个模块列表中首次出现时的那个地址。假如按照 A、B、C 的顺序遍历模块列表,而类型 T 在 B 和 C 中都出现过,typehash 中只会包含 B 模块中 T 的地址。

(4)如果当前模块的 typemap 为 nil,就分配一个新的 map 并填充数据。遍历当前模块的 typelinks,对于其中所有的类型,先去 typehash 中查找,优先使用 typehash 中的类型地址,typehash 中没有的类型才使用当前模块自身包含的地址,把地址添加到 typemap 中。

pinnedTypemaps 主要是避免 GC 回收掉 typemap,因为模块列表对于 GC 不可见。

这样当整个循环执行完成后,所有模块中的 typemap 中的任何一种类型都是该类型在整个模块列表中第一次出现时的地址,也就实现了类型信息的唯一化,而每个模块的 typelinks 字段就相当于遍历该模块所有类型的入口,虽然并不能从这里找到所有类型信息(有些闭包的类型信息就不会包含)。后续通过 typeOff 引用类型元数据时,会先从 typemap 中查找,如果找不到才会把当前模块的 types 加上 typeOff 作为结果返回,5.4.2 节会更详细地分析讲解。

经过 typelinksinit 之后,用于反射的类型元数据实现了唯一化,跨多个模块的 reflect 就不会出现不一致现象了,但是回过头来继续看一看 5.3.1 节的类型断言的实现原理,底层直接比较类型元数据的地址,不会用到模块的 typemap 字段,所以上述唯一化操作应该无法解决这类问题。

类型断言所用到的元数据地址是由编译器直接编码在指令中的,下面先来研究一下编译器是如何确定类型元数据地址的,代码如下:

```
func IsBool(a interface{}) bool {
    _, ok := a.(bool)
    return ok
}
```

用 compile 命令将上述代码编译成 OBJ 文件,然后进行反编译,得到的汇编代码如下:

```
$ go tool compile - p gom - o assert.o assert.go
$ go tool objdump - S - s 'IsBool' assert.o
TEXT gom.IsBool(SB) gofile.. /home/kylin/go/src/fengyoulin.com/gom/assert.go
      _, ok := a.(bool)
  0x422    488b442408            MOVQ 0x8(SP), AX           //第1条指令
  0x427    488d0d00000000        LEAQ 0(IP), CX
                                 [3:7]R_PCREL:type.bool     //第2条指令
  0x42e    4839c8                CMPQ CX, AX
      return ok
  0x431    0f94442418            SETE 0x18(SP)
  0x436    c3                    RET
```

第 2 条汇编指令 LEAQ 用于获取 bool 类型元数据的地址,第 1 个操作数 0(IP)中的 0 是个偏移量,编译阶段只预留了 4 字节的空间,所以在 OBJ 文件中是 0,等到链接器填写了实际的偏移量后可执行文件中就会有值了。LEAQ offset(IP), CX 的含义就是把当前指令指针 IP 的值加上 offset,把结果存入 CX 寄存器中。这种计算方式是以当前指令位置为基址,然后加上 32 位的偏移来得到目标地址。32 位偏移能够覆盖 −2GB~2GB 的偏移范围,多用于单个二进制文件内部的寻址,因为单个二进制文件的大小一般不会超过 2GB。

对于模块间的地址引用,这种相对地址的计算方式就不能很好地支持了。因为 64 位地址空间中两个模块间的距离可能会超过 2GB,所以需要直接使用 64 位宽度的地址。还是使用 IsBool( )函数,这次编译的时候加上一个 dynlink 参数,实际上在以 plugin 方式构建项目时工具链会自动添加这个编译参数。再反编译得到的 OBJ 文件,汇编代码如下:

```
$ go tool compile - dynlink - p gom - o assert.o assert.go
$ go tool objdump - S - s 'IsBool' assert.o
TEXT gom.IsBool(SB) gofile../home/kylin/go/src/fengyoulin.com/gom/assert.go
        _, ok := a.(bool)
   0x44d    488b442408         MOVQ 0x8(SP), AX
   0x452    488b0d00000000     MOVQ 0(IP), CX     [3:7]R_GOTPCREL:type.bool
   0x459    4839c8             CMPQ CX, AX
        return ok
   0x45c    0f94442418         SETE 0x18(SP)
   0x461    c3                 RET
```

唯一的不同就是原来的 LEAQ 变成了 MOVQ,含义也发生了很大变化,LEAQ 与 MOVQ 的区别如图 5-24 所示。LEAQ 直接把当前指令地址加上偏移用作元数据地址,而 MOVQ 从当前指令地址加上偏移处取出一个 64 位整型,用作类型元数据的地址。也就是 MOVQ 不直接计算元数据地址,而是又多了一层中转,也就是又多了一层灵活性。

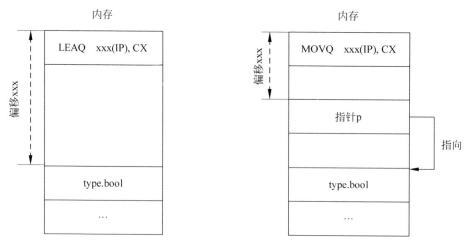

图 5-24　LEAQ 与 MOVQ 的区别

进一步分析会发现,MOVQ 读取地址的地方是 ELF 文件中一个叫.got 的节区,.got 节中有一个全局偏移表(Global Offset Table),表中的一系列重定位项会在 ELF 文件被加载的时候由操作系统的动态链接器完成赋值。像类型断言这种,代码中直接使用元数据地址的场景,其中的类型唯一性问题在二进制模块加载的时候就被动态链接器处理掉了,如图 5-25 所示。

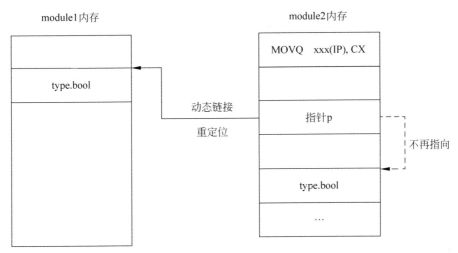

图 5-25 地址被动态链接重定位直接使用类型元数据

讲解了这么多,都是通过读源码和反编译的方式来分析的,还是需要有个实例来运行验证一下。下面就基于 Go 的 plugin 机制来实践一下,实验环境是运行在 amd64 架构上的 Linux 系统。

首先创建第 1 个 mod,这个模块只定义了一个 User 类型,下面来看各个文件的源码。

(1) go.mod 文件的代码如下:

```
//第 5 章/mod1/go.mod
module fengyoulin.com/mod1

go 1.14
```

(2) user.go 文件的代码如下:

```
//第 5 章/mod1/user.go
package mod1

type User struct {
    ID int
    Nick string
}
```

然后是第 2 个 mod,这个模块按照 plugin 的形式,实现了一个 UserFactory。

（1）go. mod 文件的代码如下：

```
//第 5 章/mod2/go.mod
module fengyoulin.com/mod2

go 1.14

require fengyoulin.com/mod1 v0.0.0

replace fengyoulin.com/mod1 => /home/kylin/go/src/fengyoulin.com/mod1
```

（2）factory. go 文件的代码如下：

```
//第 5 章/mod2/factory.go
package main

import "fengyoulin.com/mod1"

type uf struct{}

func ( * uf) NewUser(id int, nick string) interface{} {
    return &mod1.User {
        ID: id,
        Nick: nick,
    }
}

var UserFactory uf
```

接下来是第 3 个 mod，这个模块也是一个 plugin，实现了一个 UserChecker。
（1）go. mod 文件的代码如下：

```
//第 5 章/mod3/go.mod
module fengyoulin.com/mod3

go 1.14

require fengyoulin.com/mod1 v0.0.0

replace fengyoulin.com/mod1 => /home/kylin/go/src/fengyoulin.com/mod1
```

（2）checker. go 文件的代码如下：

```
//第 5 章/mod3/checker.go
package main
```

```
import "fengyoulin.com/mod1"

type uc struct{}

func ( * uc) IsUser(a interface{}) bool {
    _, ok : = a. ( * mod1.User)
    return ok
}

var UserChecker uc
```

第 4 个模块，也是最后一个模块，此模块是用来加载并调用前面两个 plugin 的主程序。

（1）go.mod 文件的代码如下：

```
//第 5 章/mod4/go.mod
module fengyoulin.com/mod4

go 1.14
```

（2）main.go 文件的代码如下：

```
//第 5 章/mod4/main.go
package main

import (
    "log"
    "plugin"
    "reflect"
)

type UserFactory interface {
    NewUser(id int, nick string) interface{}
}

type UserChecker interface {
    IsUser(a interface{}) bool
}

func factory() UserFactory {
    p, err : = plugin.Open("./mod2.so")
    if err != nil {
        log.Fatalln(err)
    }
    a, err : = p.Lookup("UserFactory")
```

```go
    if err != nil {
        log.Fatalln(err)
    }
    uf, ok := a.(UserFactory)
    if !ok {
        log.Fatalln("not a UserFactory")
    }
    return uf
}

func checker() UserChecker {
    p, err := plugin.Open("./mod3.so")
    if err != nil {
        log.Fatalln(err)
    }
    a, err := p.Lookup("UserChecker")
    if err != nil {
        log.Fatalln(err)
    }
    uc, ok := a.(UserChecker)
    if !ok {
        log.Fatalln("not a UserChecker")
    }
    return uc
}

func main() {
    uf := factory()
    uc := checker()
    u := uf.NewUser(1, "Jack")
    if !uc.IsUser(u) {
        log.Println("not a User")
    }
    t := reflect.TypeOf(u)
    println(u, t.String())
    select{}
}
```

最后，以 plugin 模式构建 mod2 和 mod3，会得到两个 so 库，命令如下：

```
$ go build - buildmode = plugin
```

主程序 mod4 直接使用 go build 命令以默认方式构建就可以了。构建完成后，将 mod2.so 及 mod3.so 复制到 mod4 所在目录下，然后运行 mod4，命令如下：

```
$ ./mod4
(0x7f3039507ba0,0xc0000a0100) * mod1.User
```

其中第 1 个地址 0x7f3039507ba0 就是 * mod1.User 的类型元数据的地址,可以通过查看当前进程地址空间中的模块布局,来确定该地址位于哪个模块中。打开另一个终端,执行命令如下:

```
$ ps aux | grep mod4
kylin 16805 0.0 0.2 751788 5880 pts/0 Sl+ 21:18 0:00 ./mod4
...
$ cat /proc/16805/maps
...
7f3038efa000 - 7f3038fb9000 r-xp  00000000 fd:02 1057567 ./mod3.so
7f3038fb9000 - 7f30391b9000 ---p  000bf000 fd:02 1057567 ./mod3.so
7f30391b9000 - 7f3039212000 r--p  000bf000 fd:02 1057567 ./mod3.so
7f3039212000 - 7f3039216000 rw-p  00118000 fd:02 1057567 ./mod3.so
7f3039216000 - 7f3039241000 rw-p  00000000 00:00 0
7f3039241000 - 7f3039300000 r-xp  00000000 fd:02 1057436 ./mod2.so
7f3039300000 - 7f3039500000 ---p  000bf000 fd:02 1057436 ./mod2.so
7f3039500000 - 7f3039559000 r--p  000bf000 fd:02 1057436 ./mod2.so
7f3039559000 - 7f303955d000 rw-p  00118000 fd:02 1057436 ./mod2.so
7f303955d000 - 7f3039588000 rw-p  00000000 00:00 0
...
```

可以看到类型元数据的地址落在了 mod2.so 的第 3 个区间内,也就是说 mod3.so 的 got 中的地址项被动态链接器修改了。假如对换一下 mod4 的 main() 函数的前两行代码的顺序,也就是先加载 mod3.so,后加载 mod2.so,就会发现程序使用的 * mod1.User 的元数据位于 mod3.so 中,也就是以先加载的模块为准,感兴趣的读者可以自己尝试,这里不再赘述。

综上所述,代码中 typelinksinit 构造了各模块的 typemap(首个模块除外),这样就实现了类型元数据间引用关系的唯一化,而在二进制模块加载时动态链接器能够使代码中引用的类型元数据地址唯一化,前者作用于类型系统内部,后者作用于类型系统的入口,从而整体上解决了多个二进制模块的类型信息不一致问题。

5.4.2　类型元数据详细讲解

在 5.1.2 节已经介绍过用来表示类型元数据的 runtime._type 类型,以及其中各个字段的含义,reflect 包中的 rtype 类型与 runtime._type 类型是等价的。本节深入研究各种类型的元数据细节,重点分析 array、slice、map、struct 及指针等几种复合数据类型的元数据结构。再结合反射提供的方法,探索类型系统是如何解析元数据的。

下面先看一下布尔、整型、浮点、复数、字符串和 unsafe. Pointer 这些基本类型,元数据中关键字段的取值如表 5-3 所示。

表 5-3　基本类型元数据中关键字段的取值

type	kind	size	ptrdata	tflag	align	fieldAlign	equal
bool	1	1	0	15	1	1	runtime. memequal8
int	2	8	0	15	8	8	runtime. memequal64
int8	3	1	0	15	1	1	runtime. memequal8
int16	4	2	0	15	2	2	runtime. memequal16
int32	5	4	0	15	4	4	runtime. memequal32
int64	6	8	0	15	8	8	runtime. memequal64
uint	7	8	0	15	8	8	runtime. memequal64
uint8	8	1	0	15	1	1	runtime. memequal8
uint16	9	2	0	15	2	2	runtime. memequal16
uint32	10	4	0	15	4	4	runtime. memequal32
uint64	11	8	0	15	8	8	runtime. memequal64
uintptr	12	8	0	15	8	8	runtime. memequal64
float32	13	4	0	7	4	4	runtime. f32equal
float64	14	8	0	7	8	8	runtime. f64equal
complex32	15	8	0	7	4	4	runtime. c64equal
complex64	16	16	0	7	8	8	runtime. c128equal
string	24	16	8	7	8	8	runtime. strequal
unsafe. Pointer	58	8	8	15	8	8	runtime. memequal64

其中有几个地方需要解释一下:

(1) unsafe. Pointer 类型的 kind 值是 58,实际上 kind 字段只有低 5 位用来表示数据类型所属的种类,第 6 位在源码中定义为 kindDirectIface,其含义是该类数据可以直接存储在 interface 中。通过 5.1 节和 5.2 节已经知道 interface 的结构实际上是个双指针,所以能够直接存储在其中的类型,本质上来讲应该都是个地址。除了地址之外,其他的值类型需要经过装箱操作。unsafe. Pointer 类型可以直接存储在 interface 中,所以其 kind 值就是原本的类型编号 26|32=58。

(2) ptrdata 一列表示数据类型的前多少字节内包含地址,string 类型本质上是一个指针和一个整型组成的结构,在 amd64 平台上指针大小为 8 字节。unsafe. Pointer 本身是一个指针。

(3) 对于浮点、复数和 string 类型,tflag 中的 tflagRegularMemory 位没有被设置。浮点数不能直接像整型那样直接比较内存,string 包含指针,实际上数据存储在别的地方。这一点通过最后一列的 equal 函数也可以看出来。

对于复合类型而言,单个 rtype 结构就不够用了,所以会在此基础之上进行扩展,利用 struct 嵌入可以很方便地实现。用来描述 array 类型的 arrayType 定义的代码如下:

```
type arrayType struct {
    rtype
    elem * rtype //数组元素类型
    slice * rtype //切片类型
    len uintptr
}
```

其中的 rtype 嵌入 arrayType 结构中，相当于 arrayType 继承自 rtype。elem 指向数组元素的类型元数据，len 表示数组的长度，通过元素类型和长度就确定了数组的类型。slice 字段指向相同元素类型的切片对应的元数据，因为反射提供的与切片相关的函数在操作数组时需要根据 array 的元数据找到 slice 的元数据，这样直接持有一个地址更加高效。

切片类型元数据的结构比数组要简单一些，除了 rtype 和元素类型外，没有了长度字段，也不用指向其他类型，因为切片运算的结果还是切片类型，代码如下：

```
type sliceType struct {
    rtype
    elem * rtype //切片元素类型
}
```

指针类型的元数据结构和切片类型一样，除了嵌入的 rtype 之外，还包含了一个元素类型，也就是指针所指向的数据的类型，代码如下：

```
type ptrType struct {
    rtype
    elem * rtype //指向的元素类型
}
```

struct 类型的元数据结构就稍微复杂一些了，有一个 pkgPath 字段记录着该 struct 被定义在哪个包里，还有一个切片记录着一组 structField，也就是 struct 的所有字段，代码如下：

```
type structType struct {
    rtype
    pkgPath name
    fields []structField //按照在 struct 内的 offset 排列
}
```

每个 structField 用于描述 struct 的一个字段，字段必须有名字，所以 name 字段不能为空。typ 指向字段类型对应的元数据，offsetEmbed 字段是由两个值组合而成的，先把字段的偏移量的值左移一位，然后最低位用来表示是否为嵌入字段，代码如下：

```
type structField struct {
    name        name        //始终非空
    typ         * rtype      //字段的类型
    offsetEmbed uintptr      //字段偏移量、是否为嵌入字段
}
```

map 的元数据结构就更复杂了,需要记录 key、elem 及 bucket 对应的类型元数据地址,还有用来对 key 进行哈希运算的 hasher() 函数,还要记录 key slot、value slot 及 bucket 的大小,flags 字段用来记录一些标志位,代码如下:

```
type mapType struct {
    rtype
    key         * rtype      //key 类型
    elem        * rtype      //元素类型
    bucket      * rtype      //内部 bucket 的类型
    hasher      func(unsafe.Pointer, uintptr) uintptr
    keysize     uint8        //key slot 大小
    valuesize   uint8        //value slot 大小
    bucketsize  uint16       //bucket 大小
    flags       uint32
}
```

其中 flags 字段的几个标志位的含义如表 5-4 所示。

表 5-4　flags 字段的几个标志位的含义

标志位	含　义
最低位	表示 key 是以间接方式存储的,因为当 key 的数据类型大小超过 128 后,就会存储地址而不是直接存储值
第二位	表示 value 是以间接方式存储的,与 key 一样,value 类型大小超过 128 后就会存储地址
第三位	表示 key 的数据类型是 reflexive 的,也就是可以使用＝＝运算符来比较相等性
第四位	表示 map 在覆盖时 key 是否需要被再复制一次(覆盖),否则在 key 已经存在的情况下不会对 key 进行赋值
第五位	表示 hash 函数可能会触发 panic

下面再来看一下 channel 的类型元数据结构,elem 字段指向元素类型,dir 字段存储了通道的方向,也就是 send、recv,或者既 send 又 recv,代码如下:

```
type chanType struct {
    rtype
    elem * rtype //channel 元素类型
    dir uintptr //channel 方向(send、recv)
}
```

关于 dir 字段,虽然在结构体中的类型是 uintptr,但是 reflect 包在操作该字段的时候会把它转换为 reflect.ChanDir 类型。ChanDir 类型本质上是个 int,表示的是 channel 的方向,定义了 3 个常量值:RecvDir 的值是 1,表示可以 recv;SendDir 的值是 2,表示可以 send;BothDir 是前两者的组合,值是 3,表示既能 recv 又能 send。

接下来是函数类型的元数据结构,inCount 表示输入参数的个数,outCount 表示返回值的个数。这两个 count 都是 uint16 类型,所以理论上可以有 65535 个入参,由于 outCount 的最高位被用来表示最后一个入参是否为变参(...),所以理论上的返回值最多有 32767 个,代码如下:

```
type funcType struct {
    rtype
    inCount uint16
    outCount uint16 //最高位表示是否为变参函数
}
```

最后就是接口类型的元数据结构,与 runtime.interfacetype 是等价的,在 5.2 节已经分析过了,此处不再赘述。在 reflect 包中的定义代码如下:

```
type interfaceType struct {
    rtype
    pkgPath name
    methods []imethod
}
```

至此,总共 26 种类型都介绍完了,Go 语言中所有的内置类型、标准库类型,以及用户自定义类型都不会超出这 26 种类型。

下面来看一下,运行阶段如何根据 typeOff 定位元数据的地址,以及在存在多个模块时是如何利用各模块的 typemap 实现唯一化的,主要逻辑在 runtime.resolveTypeOff() 函数中,代码如下:

```
func resolveTypeOff(ptrInModule unsafe.Pointer, off typeOff) * _type {
    if off == 0 {
        return nil
    }
    base := uintptr(ptrInModule)
    var md * moduledata
    for next := &firstmoduledata; next != nil; next = next.next {
        if base >= next.types && base < next.etypes {
            md = next
            break
        }
    }
```

```
        if md == nil {
            reflectOffsLock()
            res := reflectOffs.m[int32(off)]
            reflectOffsUnlock()
            if res == nil {
                //省略少量代码
                throw("runtime: type offset base pointer out of range")
            }
            return (*_type)(res)
        }
        if t := md.typemap[off]; t != nil {
            return t
        }
        res := md.types + uintptr(off)
        if res > md.etypes {
            //省略少量代码
            throw("runtime: type offset out of range")
        }
        return (*_type)(unsafe.Pointer(res))
    }
```

因为 typeOff 这个偏移量是相对于模块的 types 起始地址而言的,所以要通过 ptrInModule 来确定是在哪个模块中查找。该函数的逻辑大致分为以下几步:

(1)遍历所有模块,查找 ptrInModule 这个地址落在哪个模块的 types 区间内,后续就在这个模块中查找。

(2)如果上一步没能找到对应的模块,就到 reflectOffs 中去查找,这里面都是运行阶段通过反射机制动态创建的类型,如果找到,则直接返回。

(3)尝试在模块的 typemap 中通过 off 查找对应的类型,如果找到,则直接返回。因为 typemap 中已经是 typelinksinit 处理好的数据,这一步实现了类型信息的唯一化。

(4)最后才会尝试用 types 直接加上 off 作为元数据地址,只要该地址没有超出当前模块的类型数据区间就行。因为首个模块没有 typemap,所以这一步是必要的。

最后来看一下反射是如何在运行阶段创建类型的。构造对应的类型元数据并没有什么难点,关键是如何与编译阶段生成的大量类型信息整合起来。因为是运行阶段创建的类型,所以不会有重定位之类的问题,只需考虑如何根据 typeOff 来检索就好了。reflect 包中 addReflectOff() 函数用来为动态生成的类型分配 typeOff,具体逻辑是在 runtime. reflect_ addReflectOff() 函数中实现的,reflect. addReflectOff() 函数又是通过 linkname 机制链接过去的,函数的代码如下:

```
func reflect_addReflectOff(ptr unsafe.Pointer) int32 {
    reflectOffsLock()
    if reflectOffs.m == nil {
```

```
        reflectOffs.m = make(map[int32]unsafe.Pointer)
        reflectOffs.minv = make(map[unsafe.Pointer]int32)
        reflectOffs.next = -1
    }
    id, found := reflectOffs.minv[ptr]
    if !found {
        id = reflectOffs.next
        reflectOffs.next--
        reflectOffs.m[id] = ptr
        reflectOffs.minv[ptr] = id
    }
    reflectOffsUnlock()
    return id
}
```

在梳理该函数的逻辑之前，有必要先弄清楚 reflectOffs 的类型，代码如下：

```
var reflectOffs struct {
    lock mutex
    next int32
    m map[int32]unsafe.Pointer
    minv map[unsafe.Pointer]int32
}
```

其中，lock 用来保护整个 struct 中的其他字段，next 表示下一个可分配的 typeOff 值，m 是从 typeOff 值到类型元数据地址的映射，minv 是 m 的逆映射，也就是从类型元数据地址到 typeOff 的映射。理清这些之后，再来梳理上面函数的逻辑：

（1）先加锁。

（2）通过检查 m 是否为 nil 来判断是否已经初始化了，注意 next 的初始值是-1。

（3）先通过元数据的地址 ptr 在 minv 里面查找，如果已经有了就不再添加了。

（4）把 next 的值作为 typeOff 分配给 ptr，分别添加到 m 和 minv 中，然后递减 next。

（5）解锁，返回查找到的或新分配的 typeOff。

所以运行阶段动态分配的 typeOff 都是负值，只是用作唯一 ID，并不是真正地偏移了，而编译阶段生成的 typeOff 是真正的偏移，是与本模块 types 区间起始地址的差，都是正值。返回去再看前面的 resolveTypeOff() 函数，只有在通过 ptrInModule 找不到对应的二进制模块时才会查找 reflectOffs，因为编译时期生成的那些类型元数据是不可能依赖动态生成的类型元数据的，只有动态生成的类型元数据才有可能依赖动态生成的类型元数据，而动态分配的内存是不会匹配上任何一个模块的 types 区间的。

关于类型元数据的分析就到这里，笔者只是选了自己认为还算重要的几部分内容着重分析了一下，感兴趣的读者可以从 reflect 的源码中发现更多有趣的细节，这里就不占用更多篇幅了。

8min

5.4.3　对数据的操作

至此,对于反射如何解析类型元数据已经有了大致的了解,而大多数场景下使用反射的最终目的是操作数据。为了便于对数据进行操作,reflect 包提供了 Value 类型,通过该类型的一系列方法来动态操作各种数据类型。Value 类型本身是个 struct,代码如下:

```
type Value struct {
    typ * rtype
    ptr unsafe.Pointer
    flag
}
```

Value 的作用就像它的名字那样,用来装载一个值,其中的 typ 字段指向值的类型对应的元数据。ptr 字段可能是值本身(对于本质上是个地址的值,即 kindDirectIface),也可能是一段内存的起始地址,实际的值存放在那里。flag 字段存储了一系列标志位,各个标志位的含义如表 5-5 所示。

表 5-5　flag 字段各个标志位的含义

标　志　位	含　　义
flagStickyRO:1 << 5	未导出且非嵌入的字段,是只读的
flagEmbedRO:1 << 6	未导出且嵌入的字段,是只读的
flagIndir:1 << 7	ptr 字段中存储的是值的地址,而非值本身
flagAddr:1 << 8	值是可寻址的(addressable)
flagMethod:1 << 9	值是个 Method Value

其中前两个只读标志位主要是针对 struct 的字段而言的,如果目标字段也是个 struct,这些只读标志会被更内层的字段继承。flag 本质上是个 uintptr,所以至少有 32 位,最低 5 位一般与 typ.kind 的低 5 位一致,只有在值是个 Method 时例外,此时 flag 的低 5 位为 reflect.Func,高 22 位存储了 Method 在方法集中的序号,方法的接收者是通过 typ 和 ptr 来描述的,如图 5-26 所示。

图 5-26　flag 字段的结构

再来看一下 reflect.ValueOf()函数,该函数会返回一个 Value 对象。类似于 reflect.TypeOf()函数,可以认为是反射操作数据的起点,代码如下:

```
func ValueOf(i interface{}) Value {
    if i == nil {
        return Value{}
    }
    escapes(i)
    return unpackEface(i)
}
```

一个入参,类型也是interface{},如果为nil,就会返回一个零值的Value,零值的Value是Invalid的。escapes的作用是确保i.data指向的数据会逃逸,因为反射相关的代码涉及较多unsafe操作,编译器的逃逸分析极有可能无法追踪某些实质上逃逸了的变量,而误把它们分配到栈上,从而造成问题。后续的版本可能会允许Value指向栈上的值,现阶段先忽略此问题。最后的unpackEface()函数才是关键,代码如下:

```
func unpackEface(i interface{}) Value {
    e := (*emptyInterface)(unsafe.Pointer(&i))
    t := e.typ
    if t == nil {
        return Value{}
    }
    f := flag(t.Kind())
    if ifaceIndir(t) {
        f |= flagIndir
    }
    return Value{t, e.word, f}
}
```

如果e.typ为nil,也就是得不到类型元数据,就返回一个无效的Value对象。用t.Kind()的返回值对flag进行初始化,也就是复制了t.kind的低5位。如果值本身不是个地址,还要设置flagIndir标志位。ptr字段也是直接复制自e.word,也就是interface{}中的数据指针。

用一段实际的代码看一下typ和flag的取值,代码如下:

```
//第5章/code_5_13.go
type Value struct {
    typ unsafe.Pointer
    ptr unsafe.Pointer
    flag uintptr
}

func toType(p unsafe.Pointer) (t reflect.Type) {
    t = reflect.TypeOf(0)
```

```
        ( * [2]unsafe.Pointer)(unsafe.Pointer(&t))[1] = p
        return
    }

    func main() {
        n := 6789
        s := []interface{}{
            n,
            &n,
        }
        for i, v := range s {
            r := reflect.ValueOf(v)
            p := ( * Value)(unsafe.Pointer(&r))
            println(i, p.typ, p.ptr, p.flag, toType(p.typ).String())
        }
    }
```

这段代码的作用是分别基于 int 和 * int 两种类型的输入，用 reflect.ValueOf() 函数得到两个 Value，然后打印出 Value 的各个字段。在笔者的计算机上得到的输出如下：

```
$ ./code_5_13.exe
0 0x24c060 0xc00000c078 130 int
1 0x2487c0 0xc00000c070 22 * int
```

其中 int 类型对应的 flag 是 130＝128＋2，也就是 flagIndir 加上 kindInt。* int 类型对应的 flag 是 22，等于 kindPtr。事实上 unpackEface() 函数只是简单地从 interface{} 中复制了类型指针和数据指针，在把 int 类型赋值给 interface{} 时发生了装箱操作，所以设置了flagIndir。

由此看来，Value 和 interface{} 非常相似，都有一个类型指针和一个数据指针，不同的是 Value 多了一个 flag 字段，基于 flag 中提供的信息可以实现很多很灵活的操作，比较典型的有如 Elem() 方法和 Addr() 方法。先来看一下 Elem() 方法，代码如下：

```
func (v Value) Elem() Value {
    k := v.kind()
    switch k {
    case Interface:
        var eface interface{}
        if v.typ.NumMethod() == 0 {
            eface = * ( * interface{})(v.ptr)
        } else {
            eface = (interface{})( * ( * interface {
                M()
            })(v.ptr))
```

```
        }
        x := unpackEface(eface)
        if x.flag != 0 {
            x.flag |= v.flag.ro()
        }
        return x
    case Ptr:
        ptr := v.ptr
        if v.flag&flagIndir != 0 {
            ptr = *(*unsafe.Pointer)(ptr)
        }
        if ptr == nil {
            return Value{}
        }
        tt := (*ptrType)(unsafe.Pointer(v.typ))
        typ := tt.elem
        fl := v.flag&flagRO | flagIndir | flagAddr
        fl |= flag(typ.Kind())
        return Value{typ, ptr, fl}
    }
    panic(&ValueError{"reflect.Value.Elem", v.kind()})
}
```

Elem()方法的功能是根据地址返回地址处存储的对象,要求 v 的 kind 必须是 Interface 或 Ptr,否则就会造成 panic。已经分析过 interface 的双指针结构,可以把它等价于一个带有类型的指针。下面先来梳理一下处理 Interface 的逻辑:

(1) 通过接口方法数判断是否为 eface,如果方法数为 0 就可以直接把 ptr 强制转换为 *interface{}类型,然后通过指针解引用操作得到 eface 的值。

(2) 对于方法数不为 0 的接口类型就是 iface,先把 ptr 强制转换为 *interface{M()}类型,然后通过指针解引用操作得到 iface 的值,再强制转换为 interface{}类型,也就是 eface。

(3) 调用 unpackEface()函数,从 eface 中提取类型指针和数据指针的值,并设置 flag 字段,返回一个新的 Value。这一步几乎等价于 ValueOf()函数。

(4) 通过设置 flag 来继承 v 的只读相关标志位。

前两步是从 ptr 地址处提取出 interface{}类型的值,第二步需要解释一下,有关不同接口类型间的强制类型转换。假如有 A、B 两个接口类型,其中 A 的方法列表是 B 方法列表的子集,那么编译器允许通过强制类型转换把 B 类型的实例转换成 A 类型。例如从 io.ReadWriter 到 io.Reader,也可以从 io.Writer 到 interface{},因为空集是任意集合的子集,所以第二步接口中的 M 方法没有实际意义,只是告诉编译器这是个有方法的接口,双指针是 itab 指针和数据指针。

对于不同 iface 之间的强制类型转换,编译器会调用 runtime.convI2I()函数。从 iface 到 eface 的强制类型转换,编译器直接生成代码复制类型元数据指针和数据指针。

再来梳理一下处理 Ptr 时的逻辑：

（1）检查 flag 中的 flagIndir 标志，如果是间接存储的，就进行一次指针解引用操作。

（2）如果 ptr 为 nil，就返回一个无效的 Value。

（3）将 typ 修改为指针元素类型对应的元数据地址。

（4）根据 typ.Kind()函数设置新的 flag，设置 flagIndir 和 flagAddr 标志，并继承只读标志。

（5）基于新的 typ、ptr 和 flag 构造 Value 并返回结果。

其中值得注意的是 flagAddr 标志，通俗来讲该标志位表示能够获得原始变量的地址，而不只是值的副本，Set 系列方法会检查该标志位，只有在设置了该标志位的情况下才允许修改，否则是没有意义的，会触发 panic。

Addr()方法可以认为是 Elem()方法的逆操作，功能上等价于取地址操作，要求目标必须是可定址的，也就是有 flagAddr 标志，代码如下：

```go
func (v Value) Addr() Value {
    if v.flag&flagAddr == 0 {
        panic("reflect.Value.Addr of unaddressable value")
    }
    fl := v.flag & flagRO
    return Value{v.typ.ptrTo(), v.ptr, fl | flag(Ptr)}
}
```

typ.ptrTo()根据当前类型 T 得到了 * T 的元数据地址，新的 flag 就是 kindPtr 加上继承的只读标志位。ptr 的值没有改变，这一点很重要，Value 的相关方法会根据 typ 和 flag 来确定如何解释 ptr。修改一下本节最开始的示例，看一下 Elem()方法和 Addr()方法逆操作的效果，代码如下：

```go
//第 5 章/code_5_14.go
func main() {
    n := 6789
    v := reflect.ValueOf(&n)
    p := (* Value)(unsafe.Pointer(&v))
    println(p.typ, p.ptr, p.flag, toType(p.typ).String())
    e := v.Elem()
    p = (* Value)(unsafe.Pointer(&e))
    println(p.typ, p.ptr, p.flag, toType(p.typ).String())
    f := e.Addr()
    p = (* Value)(unsafe.Pointer(&f))
    println(p.typ, p.ptr, p.flag, toType(p.typ).String())
}
```

在笔者的计算机上得到的输出如下：

```
$ ./code_5_14.exe
0xc187c0 0xc00000c070 22 * int
0xc1c060 0xc00000c070 386 int
0xc187c0 0xc00000c070 22 * int
```

第 2 行输出的 flag 值是 386，也就是 kindInt、flagIndir、flagAddr 组合的结果，再加上 typ 为 int，与 * int 是等价的，可以互相转换，所以在调用 json.Unmarshal() 之类的函数时，需要把 struct 实例的地址传进去，这样 struct 才是可定址的，函数内部才能为 struct 的字段赋值。

通过反射来操作数据，实际上也是围绕着类型元数据展开的，本节主要分析了 Value 各个字段的作用，以及比较重要的 flagIndir 和 flagAddr 这两个标志位。以此为起点，各位有兴趣的读者可以自行阅读 reflect 源码，以此来了解更多底层实现细节，本节就讲解到这里。

5.4.4 对链接器裁剪的影响

第 4 章在讲解方法的时候，我们发现了编译器会为接收者为值类型的方法生成接收者为指针类型的包装方法，经过本章的探索，我们知道这些包装方法主要是为了支持接口，但是如果反编译或者用 nm 命令来分析可执行文件，就会发现不只是这些包装方法，就连代码中的原始方法也不一定会存在于可执行文件中。这是怎么回事呢？

道理其实很简单，链接器在生成可执行文件的时候，会对所有 OBJ 文件中的函数、方法及类型元数据等进行统计分析，对于那些确定没有用到的数据，链接器会直接将其裁剪掉，以优化最终可执行文件的大小。看起来一切顺理成章，但是又有一个问题，反射是在运行阶段工作的，通过反射还可以调用方法，那么链接器是如何保证不把反射要用的方法给裁剪掉呢？

于是笔者就做了一个小小的实验，编译一个示例，代码如下：

```
//第 5 章/code_5_15.go
type Number float64

func (n Number) IntValue() int {
    return int(n)
}

func main() {
    n := Number(9)
    v := reflect.ValueOf(n)
    _ = v
}
```

然后用 nm 命令分析得到的可执行文件，命令如下：

```
$ go tool nm code_5_15.exe | grep Number
```

结果发现 IntValue()方法被裁剪掉了,对 main()函数稍做修改,代码如下:

```
//第5章/code_5_16.go
func main() {
    n : = Number(9)
    v : = reflect.ValueOf(n)
    v.MethodByName("")
    _ = v
}
```

再次编译并用 nm 命令检查,命令如下:

```
$ go tool nm code_5_16.exe | grep Number
  48f0c0 T main.(*Number).IntValue
  48efa0 T main.Number.IntValue
```

这次 IntValue 的两个方法都被保留了下来,如果换成 v.Method(0)也能达到同样的效果。也就是说链接器裁剪的时候会检查用户代码是否会通过反射来调用方法,如果会就把该类型的方法保留下来,只有在明确确认这些方法在运行阶段不会被用到时,才可以安全地裁剪。

再次修改 main()函数的代码来进一步尝试,代码如下:

```
//第5章/code_5_17.go
func main() {
    n : = Number(9)
    var a interface{} = n
    println(a)
    v : = reflect.ValueOf("")
    v.MethodByName("")
}
```

发现这种情况下 Number 的两个方法依旧被保留了下来,从代码逻辑来看,运行阶段是不可能用到 Number 的方法的。再把 main()函数修改一下,代码如下:

```
//第5章/code_5_18.go
func main() {
    n : = Number(9)
    println(n)
    v : = reflect.ValueOf("")
    v.MethodByName("")
}
```

　　这次有所不同,Number 的两个方法被裁剪掉了。由此可以总结出反射影响方法裁剪的两个必要条件:一是代码中存在从目标类型到接口类型的赋值操作,因为运行阶段类型信息萃取始于接口。二是代码中调用了 MethodByName()方法或 Method()方法。因为代码中有太多灵活的逻辑,编译阶段的分析无法做到尽如人意。

5.5　本章小结

　　本章以空接口 interface{}为起点,初步介绍了 Go 语言的类型元数据,并且分析了数据指针带来的逃逸和装箱问题。非空接口部分,深入分析了实现方法动态派发的底层原理,还找到了编译器生成指针接收者包装方法的原因,即为了让接口方法调用更简单高效。还分析了组合式继承对方法集的影响,也是对非空接口的支持。类型断言分为 4 种场景共 8 种情况,分别通过反编译确认了汇编代码层面的实现原理。最后的反射部分,对类型系统进行了更深入的分析,并对反射如何操作数据进行了简单的探索。

　　接口,尤其是其背后的类型系统,有很多细节,本章无法全面地进行介绍。笔者只是把自己认为比较典型的问题拿出来分析一下,鼓励各位读者去源码中发现更多乐趣。

第6章

goroutine

本章的研究对象是 Go 语言最广为人知、最亮眼的特性,即 goroutine,也就是我们俗称的协程。从本质上来讲,协程更像是一个用户态的线程,主要就是独立的用户栈加上几个关键寄存器的状态。事实上,这种技术早在多年以前就已经存在了,例如 Windows NT 的纤程(Fiber),起码已经存在了二十多年,但是一直不怎么受关注,几乎也没什么人使用。为什么到了 Go 语言中,协程就成了这么了不起的技术了呢? 一方面是乘了互联网时代高并发场景的东风,另一方面(也是更关键的),就是和 IO 多路复用技术的巧妙结合。

因为在语言层面原生支持协程,让开发人员可以很轻松地应对高并发场景,使 Go 语言非常适合作为互联网时代的服务器端开发语言。那么协程到底是一种什么技术呢? 为什么能够在目前的服务器端开发中大放异彩呢? 让我们带着这些问题,展开本章的探索之旅。

6.1 进程、线程与协程

想要了解协程,还要从最早的进程说起,再到线程,最后是协程。对比之下才能更容易地理解这些技术是如何演进的。

6.1.1 进程

6min

对于现代操作系统来讲,进程是一个非常基础的概念。进程包含了一组资源,其中有进程的唯一 ID、虚拟地址空间、打开文件描述符表(或句柄表)等,还有至少一个线程,也就是主线程。最值得一提的就是虚拟地址空间,本书第 1 章在介绍汇编基础时,也简单地介绍了 x86 处理器的页表映射机制。现代操作系统利用硬件提供的页表机制,通过为不同进程分配独立的页表,实现进程间地址空间的隔离。如图 6-1 所示,不同进程的地址空间中相同的线性地址 addr1,经过页表映射以后,最终会落到不同的物理页面,对应不同的物理地址。有了进程间地址空间的隔离,一些含有 Bug 或者恶意的程序就不能非法访问其他进程的内存了,这样才有安全性可言。

如果要创建一个新的进程,则操作系统需要进行哪些操作呢? 以 Linux 为例,Linux 通过 clone 系统调用来创建新的进程。clone 会为新的进程分配对应的内核数据结构和内核栈,以及分配新的进程 ID,然后复制打开文件描述符表、文件系统信息、信号处理器(Signal Handlers)、进程地址空间和命名空间。因为复制了父进程的打开文件描述符表,所以子进程可以很方便地继承父进程已经打开的文件、socket 等资源,使像 nginx、php-fpm 这种多进程的工作模式能够比较方便地实现。

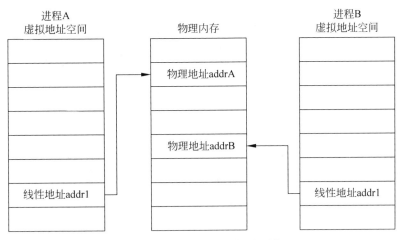

图 6-1 进程间地址空间的隔离

操作系统在复制进程的地址空间时,基于 Copy on Write 技术,避免了不必要的内存复制,但是新进程还是需要有独立的页表,因此创建大量进程时首先会造成内存方面的显著开销,而后操作系统在进行调度的时候,切换进程需要同步切换页表,页目录寄存器一经修改,TLB 缓存也随即失效,造成地址转换效率降低,进一步影响性能,所以在技术演进迭代的过程中,多进程模式很快就遇到了瓶颈,无法充分发挥 CPU 的计算能力,然而多任务的大趋势是不可阻挡的,于是多线程技术应运而生。

6.1.2 线程

如果理解了进程的组成,再来看多线程就很容易理解了。原本单线程的进程中只有一个主线程,主线程再通过线程 API 创建出其他的线程,这就是所谓的多线程模式了。

在多线程模式下,进程的打开文件描述符表、文件系统信息、虚拟地址空间和命名空间是被进程内的所有线程共享的,但是每个线程拥有自己的内核数据结构、内核栈和用户栈,以及信号处理器。

线程是进程中的执行体,如图 6-2 所示,为什么要有一个用户栈和一个内核栈呢?因为我们的线程在执行过程中经常需要在用户态和内核态之间切换,通过系统调用进入内核态使用系统资源。

对于内核来讲,任何的用户代码都被视为不安全的,可能有 Bug 或者带有恶意的代码,所以操作系统不允许用户态的代码访问内核数据。线程进入内核态之后执行的是内核提供的代码,也就是安全的受信任的代码,但是如果跟用户态代码共用一个栈就会留下安全漏

8min

洞,栈上的数据可能会被用户程序非法读取和篡改,所以要给内核态分配单独的栈,用户态的程序无法访问内核栈。

调度系统切换线程时,如果两个线程属于同一个进程,开销要比属于不同进程时小得多,如图 6-3 所示。因为不需要切换页表,相应地,TLB 缓存也就不会失效。同一个进程中的多个线程,因为共享同一个虚拟地址空间,所以线程间数据共享变得十分简单高效,只要做好同步就不会有太大问题,因此,与多进程模式相比,多线程模式大幅优化了性能,系统的吞吐量也随之显著提升。

但是随着并发量的不断增大,应用程序需要创建越来越多的线程,当系统的线程数

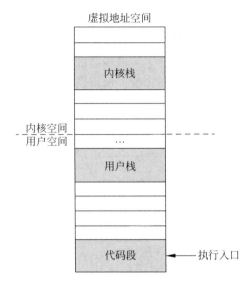

图 6-2　线程的用户栈和内核栈

量达到十万或百万级别时,系统又将遭遇性能瓶颈。一方面,线程的内核数据结构、内核栈和用户栈会占用大量的内存,在线程数量庞大时尤其显著。另一方面,操作系统基于时间片策略来调度所有的线程,在如此庞大的线程数量下,为了尽量降低延迟,线程每次得以运行的时间片会被压缩,从而造成线程切换频率增高。如果是 IO 密集型的应用,就会有更多的切换发生,多数时候还没有用完时间片,就因为 IO 等待而挂起了。调度系统切换线程的上下文,本身是有一定开销的,在线程数量适中、时间片足够大时,切换的频率相对较低,这部

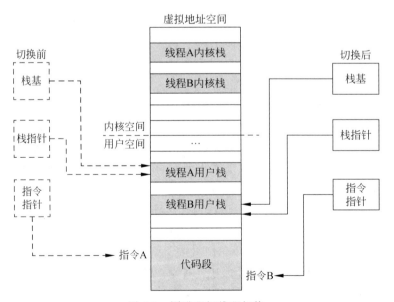

图 6-3　同进程间线程切换

分开销可以忽略不计。在线程切换频繁时,调度本身的开销会占用大量 CPU 资源,造成系统吞吐量严重下降。

　　问题越来越明了了,看起来我们需要一种更轻量的线程,在设计上需要满足两方面的要求:一是节省内存空间,让主流服务器的内存大小能够轻松装载十万或百万级这种轻量线程。二是调度代价低,也就是切换起来更轻快。因为高并发的场景就摆在那里,我们就是需要创建大量线程,并且要求频繁地切换。有了如此明确的需求,协程就被创造出来了。

6.1.3　协程

🔲 4min

　　笔者最初接触到的协程实现是 Windows NT 提供的纤程,从开发者文档中发现了关于 Fiber 的那组 API。Fiber 设计得非常有意思,它是完全在用户态实现的,所以不需要对系统内核作任何改动,内核层面并不知道有纤程这种东西的存在。就这一点来讲,goroutine 也是一样的,不与系统内核耦合。6.1.2 节简单介绍了线程的组成,对比着来看纤程,可以认为它就是基于线程的用户态部分做了一些改造。原本的线程有一个用户栈和一个内核栈,一个单线的执行逻辑在用户态和内核态之间跳跃。对比来看,纤程只有用户栈(没有内核栈),并且调度相关的数据结构也存储在用户空间中。线程是被操作系统调度的,主要基于时间片策略进行抢占式调度,而纤程是完全在用户空间实现的,要靠主动让出的方式来切换。

　　从具体实现来看,纤程就是一个由入口函数地址、参数和独立的用户栈组成的任务,相当于让线程可以有多个用户栈,如图 6-4 所示,在每个用户栈上执行不同的任务。线程能够修改自己的栈指针寄存器,不仅可以上下移动,还可以直接切换到新的栈,所以实现起来并不困难。有一点需要注意的是,线程的用户栈是由操作系统负责管理的,一般会预留较大的空间,然后按照实际使用情况逐渐分配、映射,而纤程(协程)的栈,需要由用户程序自己来管理。

　　与纤程相关的 API 已经存在了二十多年,但是很少见到相关的应用案例。为什么一直不温不火呢?可以从两个方面简单地思考一下。一是新技术本身的易用性与可用性,二是应用新技术后能带来的效益提升。

　　从易用性来看,系统提供的纤程 API 实现了创建、销毁、切换等基本功能,而实际的调度策略需要开发者自己实现,还是有一定的复杂性的。从效益方面来看,也没有太大诱惑力。我们把计算机执行的任务分成 CPU 密集型和 IO 密集型,CPU 密集型任务一般更看重吞吐量,所以要尽量减少上下文切换,每次直接用完时间片就好了,似乎没有纤程的用武之地,而 IO 密集型任务,可能会更看重响应延迟,例如互联网应用的网关,但是当时主要的网络 IO 模型还是阻塞式 IO,动不动直接就让线程挂起了,也没给纤程留下什么发挥的空间,所以在很长一段时间里,像纤程这种协程技术,更像是一个实验性质的模型,没有得到太广泛的应用,直到协程遇到了 IO 多路复用。

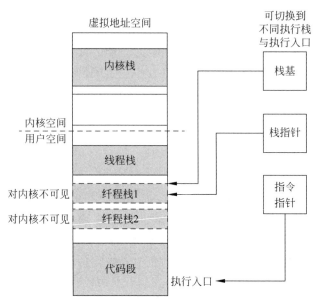

图 6-4　纤程概念示意图

6.2　IO 多路复用

提到 IO 多路复用技术,现在已经是老生常谈的技术了。从早期的 select、poll,到后来的 epoll、kqueue、event port,这门技术已经发展得非常成熟。应该有很多人是从 nginx 开始了解 IO 多路复用技术的,当然也可能是 redis、nio 等。本章主要研究 goroutine,为什么要把 IO 多路复用拿出来讲解呢?因为 Go 语言是集协程思想和 IO 多路复用技术之大成者,复杂烦琐的事情都由 runtime 去处理了,极大地方便了开发者。那么 IO 多路复用到底是一种什么样的技术呢?它又解决了什么问题呢?接下来就带着这两个疑问,概括地了解 IO 多路复用技术。

早年的服务器程序都是以阻塞式 IO 来处理网络请求的,造成的最大问题就是会让线程挂起,直至 IO 完成才会恢复运行。在这种技术背景下,开发者需要为每个请求创建一个线程,线程数会随着并发等级直线增加,进而造成系统不堪重负。一个解决思路就是把请求和线程解耦,不要让请求绑定到一个线程或占用一个线程,然后用线程池之类的技术控制线程的数量。阻塞式 IO 显然不能满足这种需求,可以考虑使用非阻塞式 IO 或 IO 多路复用。下面就来对比一下这三者的不同。

6.2.1　3 种网络 IO 模型

参考《UNIX 网络编程》一书,我们把一个常见的 TCP socket 的 recv 请求分成两个阶段:一是等待数据阶段,等待网络数据就绪;二是数据复制阶段,把数据从内核空间复制到用户空间。对于阻塞式 IO 来讲,整个 IO 过程是一直阻塞的,直至这两个阶段都完成。UNIX 系统上的 socket 默认工作在阻塞模式下,经典的阻塞式网络 IO 模型如图 6-5 所示。

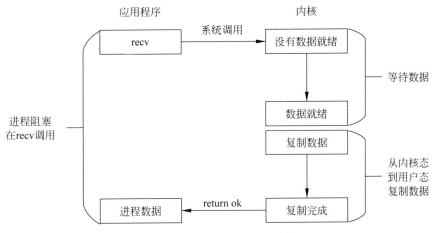

图 6-5　经典的阻塞式网络 IO 模型

　　如果想要启用非阻塞式 IO,需要在代码中使用 fcntl() 函数将对应 socket 的描述符设置成 O_NONBLOCK 模式。非阻塞式网络 IO 模型如图 6-6 所示,与阻塞模式的不同之处主要体现在第一阶段,即等待数据阶段。在非阻塞模式下,线程等待数据的时候不会阻塞,从编程角度来看就是 recv() 函数会立即返回,并返回错误代码 EWOULDBLOCK(某些平台的 SDK 也可能是 EAGAIN),表明此时数据尚未就绪,可以先去执行别的任务。程序一般会以合适的频率重复调用 recv() 函数,也就是进行轮询操作。在数据就绪之前,recv() 函数会一直返回错误代码 EWOULDBLOCK。等到数据就绪后,再进入复制数据阶段,从内核空间到用户空间。因为非阻塞模式下的数据复制也是同步进行的,所以可以认为第二阶段也是阻塞的。总之,与阻塞式 IO 相比,这里只有第二阶段是阻塞的。

　　非阻塞式 IO 看起来比阻塞式要强多了,因为网络的延迟相对比较高,与计算机执行一两个函数花费的时间根本不在一个数量级,因此在整个 IO 操作过程中,第二阶段的耗时跟第一阶段相比几乎是无足轻重的。那么有了非阻塞式 IO 是不是就万事大吉了呢?实则不然,从图 6-6 就可以看出来,虽然第一阶段不会阻塞,但是需要频繁地进行轮询。一次轮询就是一次系统调用,如果轮询的频率过高就会空耗 CPU,造成大量的额外开销,如果轮询频率过低,就会造成数据处理不及时,进而使任务的整体耗时增加。

　　IO 多路复用技术就是为解决上述问题而诞生的,如图 6-7 所示,IO 多路复用集阻塞式与非阻塞式之所长。与非阻塞式 IO 相似,从 socket 读写数据不会造成线程挂起。在此基础之上把针对单个 socket 的轮询改造成了批量的 poll 操作,可以通过设置超时时间选择是否阻塞等待。只要批量 socket 中有一个就绪了,阻塞挂起的线程就会被唤醒,进而去执行后续的数据复制操作。

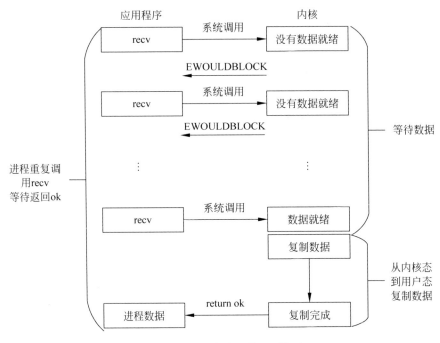

图 6-6　非阻塞式网络 IO 模型

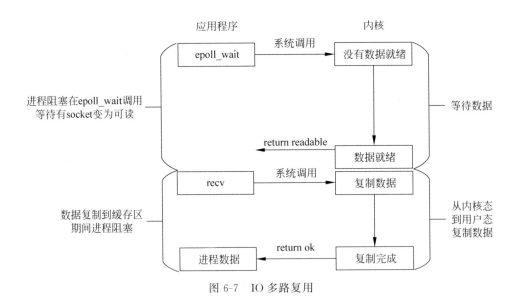

图 6-7　IO 多路复用

就拿 Linux 上的 epoll 来讲,在实际编程时,对指定的 socket 进行读或写操作之前,会先通过 epoll_ctl()函数把 socket 的描述符添加到 epoll 中,然后通过 epoll_wait()函数进行监听等待,等到其中的 socket 变成可读、可写时,epoll_wait()函数就会返回。因为 epoll 是批量监听的,所以要比阻塞式 IO 单个等待高效很多。至于是监听 socket 可读还是可写,要看 epoll_ctl()函数添加描述符时指定的事件参数,示例代码如下:

```
struct epoll_event evt = {0};
evt.events = EPOLLIN;
evt.data.fd = fd;
epoll_ctl(epfd, EPOLL_CTL_ADD, fd, &evt);
```

这里就是把描述符 fd 添加到 epfd 这个 epoll 实例中,其中的 EPOLLIN 表明要监听的是可读事件。把 EPOLLIN 换成 EPOLLOUT 就可以监听可写事件了。epoll_event 结构的代码如下:

```
typedef union epoll_data {
    void        * ptr;
    int         fd;
    uint32_t    u32;
    uint64_t    u64;
} epoll_data_t;

struct epoll_event {
    uint32_t      events;          /* Epoll events */
    epoll_data_t data;             /* User data variable */
};
```

其中 epoll_data_t 类型的 data 字段是给开发者用的,用来存放开发者自定义的数据。等到对应的 socket 有 IO 事件触发时,这些数据会被 epoll_wait()函数返回。epoll_wait()函数的原型如下:

```
int epoll_wait(int epfd, struct epoll_event * events, int maxevents, int timeout);
```

events 参数指向一段可以容纳 maxevents 个 epoll_event 结构的内存,这段内存是由开发者来分配的,epoll_wait()函数会利用这段内存返回一组 epoll_event 结构。返回的 epoll_event 结构的 events 字段代表具体发生的 IO 事件,data 字段是由开发者自定义的数据,开发者需要通过它来找到与 IO 事件关联的 socket。更多具体细节可参阅 Linux 开发者手册 Section 2。

这里需要注意的是,如何理解一个 socket 的可读、可写状态呢?就 TCP 通信来讲,每个 socket 都有自己配套的收、发缓冲区,发送数据的时候调用 send()函数,实际上先把数据写到了 socket 的发送缓冲区中,系统会在合适的时机把数据发送给远程的对端,然后清空 socket 的发送缓冲区。同理,对端发送过来的数据会被系统自动存放到 socket 的接收缓冲区,等待应用程序通过 recv()函数来读取。通俗地讲,当发送缓冲区被写满的时候,自然不能继续写入数据,此时的 socket 是不可写的。等到系统把数据发送出去并在发送缓冲区中腾出空间时，socket 就变成了可写的了。同理，当接收缓冲区中没有任何数据时，socket 是不可读的，等到系统收到了远程对端发送的数据并把数据存放到 socket 的接收缓冲区后，socket 就变成可读的了。通过 epoll 高效地监听批量 socket 的状态，避免了非阻塞式 IO 频繁轮询地空耗 CPU，又不会像阻塞式 IO 那样每个 socket 挂起一个线程，从而大大提高了服务器程序的运行效率。

下面就用一个简单的 HTTP GET 请求，来实际对比阻塞式 IO 和基于 epoll 的 IO 多路复用有什么差异。

6.2.2　示例对比

我们站在客户端的视角，去除掉不太相关的细节，从 TCP 连接的建立开始梳理。先来梳理阻塞式 IO。

1. 阻塞式 IO 下的 GET 请求

阻塞式网络 IO 的主要流程如下：

（1）客户端通过 connect()函数发起连接，此时线程会被挂起等待，直到三次握手完成、连接成功建立（或者出现错误）以后，connect()函数才会返回，线程继续执行。

（2）客户端通过 send()函数发送 HTTP 请求报文，因为 GET 请求报文一般很小，socket 的发送缓冲区足以装载这些数据，所以线程一般不会阻塞。

（3）通过 recv()函数读取服务器端返回的数据，因为网络通信的延迟与程序指令执行耗时根本不在一个数量级，所以在这时接收缓冲区内数据尚未就绪，线程一般会阻塞。

（4）等到数据从服务器端到达客户端后，recv()函数完成数据的复制（从内核空间到用户空间），并返回，然后上层的 HTTP 协议处理数据，判断传输是否完成，如果未完成，则重复执行第（3）步，直至传输完成，然后连接可能会被关闭或复用，这个我们就不关心了。

整体流程如图 6-8 所示，可以发现，阻塞式 IO 的逻辑非常清晰，只有单一的一条线，是平铺式的、顺序执行的。代码写起来很简单，后续也便于维护，只是执行效率不是很高，无法充分发挥服务器硬件的能力。

2. 应用 epoll 的 GET 请求

接下来再看一下运用 epoll 时，一个 GET 请求是如何执行的。整体流程如图 6-9 所示。

（1）先通过 fcntl()函数把要用来发起连接的 socket 设置成 O_NONBLOCK 模式，然后使用 connect()函数发起连接。因为 socket 是非阻塞的，所以 connect()函数会立即返回 EINPROGRESS，表示连接正在建立中。

（2）因为我们接下来要发送请求报文，要保证 socket 是可写的，所以就用 epoll_ctl()函数指定 EPOLLOUT 事件把 socket 描述符添加到 epoll 中，然后调用 epoll_wait()函数等待连接就绪。

（3）连接建立完成后，socket 的发送缓冲区是空的，也就是可写的，所以 epoll_wait()函数会成功返回，上层的 HTTP 协议负责完成请求报文的发送，假设报文较小，只需一次 send()函数调用。

（4）接下来需要接收服务器端返回的结果，要保证 socket 是可读的，将 epoll 中 socket 对应的描述符改为监听 EPOLLIN 事件。

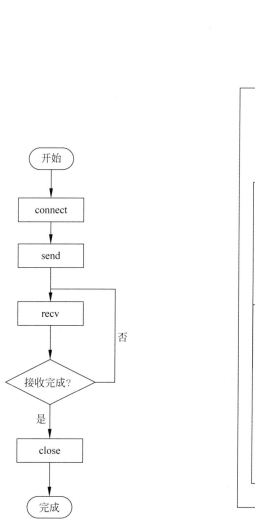

图 6-8　阻塞式 IO 下一个 HTTP GET 请求的处理流程

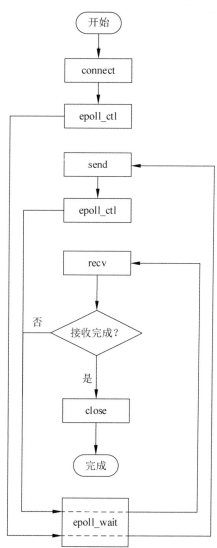

图 6-9　应用 epoll 的 GET 请求

（5）调用 epoll_wait()函数等待数据就绪，当服务器端的数据包到达客户端后，epoll_wait()函数会成功返回，程序通过 recv()函数读取接收缓冲区中的数据。HTTP 协议会判断传输是否完成，未完成则重复执行本步骤。

基于 epoll 的处理逻辑就不像阻塞式 IO 那样简明了，人们一般称之为 IO 事件循环。整个事件循环重复地执行 epoll_wait()函数，每次 epoll_wait()函数会返回一组已触发的 epoll_event 事件，其中有些是可读事件，有些是可写事件（还可能有一些错误事件，这里暂且忽略）。上层协议需要遍历每个 epoll_event 事件来处理与之关联的 socket，因此还要记录与 socket 关联的请求的处理状态，例如有的 socket 处于连接建立状态，接下来要发送请求报文，还有的 socket 读取服务器端返回的数据读到一半，等下次可读时还要继续读取。epoll_event 结构中的 data 字段用来存储这些信息，我们在通过 epoll_ctl( ) 函数向 epoll 中添加 socket 描述符的时候，会把该 socket 相关的状态数据都存储在一个结构体中，并把该结构体的地址赋值给 data.ptr，然后与 socket 的描述符一起添加到 epoll 中。于是，程序代码的逻辑就像状态机，状态的转移由 IO 事件与上层协议逻辑共同决定。

综上所述，IO 多路复用的出现确实大大提升了应用程序的网络 IO 效率，对于高并发量的服务器端程序来讲，改善尤为明显。带来的问题就是显著提升了编程的难度，按照事件循环的方式实现复杂的应用逻辑非常烦琐。虽然后来催生了一些事件库来方便开发者进行开发，形成了一种基于回调函数的编程风格，但还是不够直观和方便。能否有一种技术，让我们既能够像阻塞式 IO 那样平铺直叙地书写代码逻辑，又能兼得 IO 多路复用这样的高性能呢？

6.3　巧妙结合

6.2 节中不止一次地提到了 IO 事件循环，循环也就意味着每次执行之后都会回到原点，从程序执行的底层来看，也就是指令指针和栈指针的还原。因为一个 socket（请求）的生命周期往往要跨多轮循环，所以循环内部不能在栈上存储 socket 的状态信息。这其实很好理解，因为 IO 事件的触发是随机的，因此每次可读、写的一组 socket 也是随机的，而栈帧的分配与释放是有严格顺序的，所以无法把 socket 的状态存储到栈帧上。

如果为每个 socket（请求）分配一个独立的栈是不是就可以了呢？此时应该已经很自然地想到协程，把每个网络请求放到一个单独的协程中去处理，底层的 IO 事件循环在处理不同的 socket 时直接切换到与之关联的协程栈，如图 6-10 所示。

这样一来，就把 IO 事件循环隐藏到了 runtime 内部，开发者可以像阻塞式 IO 那样平铺直叙地书写代码逻辑，尽情地把数据存放在栈帧上的局部变量中，代码执行网络 IO 时直接触发协程切换，切换到下一个网络数据已经就绪的协程。当底层的 IO 事件循环完成本轮所有协程的处理后，再次执行 netpoll，如此循环往复，开发者不会有任何感知，程序却得以高效执行。

关于协程的分析就到这里，Go 语言中的协程调度并不只是基于 IO 事件的，只是笔者认为协程与 IO 多路复用这两种技术的结合确实非常巧妙，对于目前的服务器端编程语言、编程框架来讲，应该可以称得上是最关键的技术了。当然，读者也可以有不同的观点。本章接下来的内容，我们将会围绕 goroutine 的调度模型进行更加深入的探索。

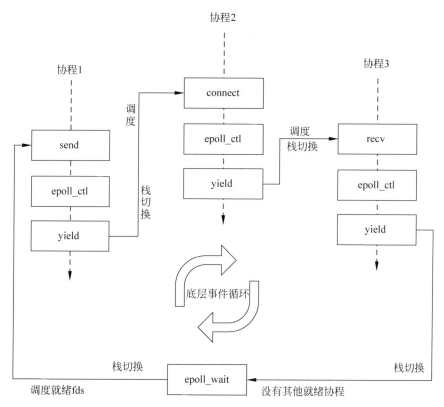

图 6-10　协程与 IO 多路复用的结合

6.4　GMP 模型

6.4.1　基本概念

说到 Go 语言的调度系统,GMP 调度模型经常被提起。其中的 G 指的就是 goroutine; M 是 Machine 的缩写,指的是工作线程;P 则是指处理器 Processor,代表了一组资源,M 要想执行 G 的代码,必须持有一个 P 才行。

简单来讲 GMP 就是 Task、Worker 和 Resource 的关系,G 和 P 都是 Go 语言实现的抽象度更高的组件,而对于工作线程而言,Machine 一词表明了它与具体的操作系统、平台密切相关,对具体平台的适配、特殊处理等大多在这一层实现。

6.4.2　从 GM 到 GMP

在早期版本的 Go 实现中(1.1 版本之前),是没有 P 的,只有 G 和 M,GM 模型如图 6-11 所示。

后来为什么要引入一个 P 呢? 主要因为 GM 调度模型有几个明显的问题:

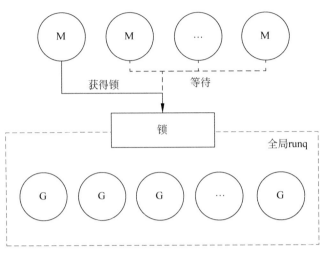

图 6-11　GM 调度模型

（1）用一个全局的 mutex 保护着一个全局的 runq（就绪队列），所有 goroutine 的创建、结束，以及调度等操作都要先获得锁，造成对锁的争用异常严重。根据 Go 官方的测试，在一台 CPU 使用率约为 70% 的 8 核心服务器上，锁的消耗占比约为 14%。

（2）G 的每次执行都会被分发到随机的 M 上，造成在不同 M 之间频繁切换，破坏了程序的局部性，主要原因也是因为只有一个全局的 runq。例如在一个 chan 上互相唤醒的两个 goroutine 就会面临这种问题。还有一点就是新创建的 G 会被创建它的 M 放入全局 runq 中，但是会被另一个 M 调度执行，也会造成不必要的开销。

（3）每个 M 都会关联一个内存分配缓存 mcache，造成了大量的内存开销，进一步使数据的局部性变差。实际上只有执行 Go 代码的 M 才真地需要 mcache，那些阻塞在系统调用中的 M 根本不需要，而实际执行 Go 代码的 M 可能仅占 M 总数的 1%。

（4）在存在系统调用的情况下，工作线程经常被阻塞和解除阻塞，从而增加了很多开销。

为了解决上述这些问题，新的调度器被设计出来。总体的优化思路就是将处理器 P 的概念引入 runtime，并在 P 之上实现工作窃取调度程序。M 仍旧是工作线程，P 表示执行 Go 代码所需的资源。当一个 M 在执行 Go 代码时，它需要有一个关联的 P，当 M 执行系统调用或者空闲时，则不需要 P。GMP 调度模型如图 6-12 所示。

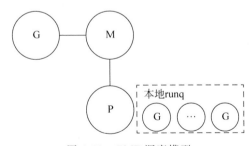

图 6-12　GMP 调度模型

通过 GOMAXPROCS 可以精确地控制 P 的个数，为了支持工作窃取机制，所有的 P 被放在同一个数组中，GOMAXPROCS 的变动需要 Stop/Start The World 来调整 P 数组的大小。原本在 sched 中的一些变量被移动到了 P 中以实现去中心化,例如 gfree list、runq,这样可以大幅减少全局锁争用。M 中的一些和 Go 代码执行相关的变量也被移动到了 P 中,例如 mcache、stackalloc,如此一来减小了不必要的资源浪费,也优化了局部性。

1. 本地 runq 和全局 runq

本地 runq 和全局 runq 的使用如图 6-13 和图 6-14 所示,当一个 G 从等待状态变成就绪状态后,或者新创建了一个 G 的时候,这个 G 会被添加到当前 P 的本地 runq。当 M 执行完一个 G 后,它会先尝试从关联的 P 的本地 runq 中取下一个,如果本地 runq 为空,则到全局 runq 中去取,如图 6-13 所示,如果全局 runq 也为空,如图 6-14 所示,就会去其他的 P 那里窃取一半的 G 过来。

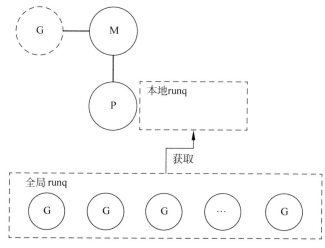

图 6-13　本地 runq 为空到全局 runq 获取 G

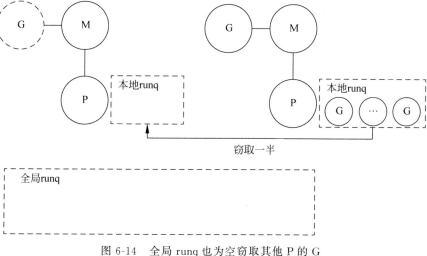

图 6-14　全局 runq 也为空窃取其他 P 的 G

2. M 的自旋

当一个 M 进入系统调用时,它必须确保有其他的 M 来执行 Go 代码。新的调度器设计引入了一定程度的自旋,就不用再像之前那样过于频繁地挂起和恢复 M 了,这会多消耗一些 CPU 周期,但是对整体性能的影响是正向的。

自旋分两种:第一种是一个有关联 P 的 M,自旋寻找可执行的 G;第二种是一个没有 P 的 M,自旋寻找可用的 P。这两种自旋的 M 的个数之和不超过 GOMAXPROCS,当存在第二种自旋的 M 时,第一种自旋的 M 不会被挂起。

当一个新的 G 被创建出来或者 M 即将进行系统调用,或者 M 从空闲状态变成忙碌状态时,它会确保至少有一个处于自旋状态的 M(除非所有的 P 都忙碌),这样保证了处于可执行状态的 G 都可以得到调度,同时还不会频繁地挂起、恢复 M。

这些理论主要节选自 Go 1.1 调度器的设计文档,添加了一些笔者自己的理解。所谓调度,简单来讲就是工作线程 M 如何执行 G 的问题,具体的实现则包含很多细节,接下来就基于源代码来梳理一下主要逻辑,先从相关的数据结构开始。

6min

6.5 GMP 主要数据结构

6.5.1 runtime. g

基于 Go 1. 14 版以后的源码,首先来看一下 G,也就是 goroutine 对应的数据结构 runtime. g,完整的结构定义字段较多,这里只从中摘选与调度实现较为密切的部分字段,代码如下:

```
type g struct {
    stack          stack
    stackguard0    uintptr
    stackguard1    uintptr
    m              * m
    sched          gobuf
    atomicstatus   uint32
    goid           int64
    schedlink      guintptr
    preempt        bool
    lockedm        muintptr
    waiting        * sudog
    timer          * timer
}
```

部分字段的用途如表 6-1 所示。

表 6-1　runtime.g 部分字段的用途

字　段	用　途
stack	描述了 goroutine 的栈空间
stackguard0	被正常的 goroutine 使用,编译器安插在函数头部的栈增长代码,用它来和 SP 比较,按需进行栈增长。它的值一般是 stack.lo+StackGuard,也可能被设置成 StackPreempt,以触发一次抢占
stackguard1	原理和 stackguard0 差不多,只不过是被 g0 和 gsignal 中的 C 代码使用
m	关联到正在执行当前 G 的工作线程 M
sched	被调度器用来保存 goroutine 的执行上下文
atomicstatus	用来表示当前 G 的状态
goid	当前 goroutine 的全局唯一 ID
schedlink	被调度器用于实现内部链表、队列,对应的 guintptr 类型从逻辑上讲等价于 * g,而底层类型却是个 uintptr,这样是为了避免写障碍
preempt	为 true 时,调度器会在合适的时机触发一次抢占
lockedm	关联到与当前 G 绑定的 M,可以参考一下 LockOSThread
waiting	主要用于实现 channel 中的等待队列,这个留到第 7 章再深入了解
timer	runtime 内部实现的计时器类型,主要用来支持 time.Sleep

其中很多字段被笔者精简了,例如之前讲过的_defer、_panic 链表,感兴趣的读者可以去看一看完整的源代码。以上有几个字段需要重点解释一下。

（1）stack 是个结构体类型,它的定义代码如下:

```
type stack struct {
    lo uintptr
    hi uintptr
}
```

它是用来描述 goroutine 的栈空间的,对应的内存区间是一个左闭右开区间[lo,hi)。

（2）用来存储 goroutine 执行上下文的 sched 字段需要格外注意,它与 goroutine 协程切换的底层实现直接相关,其对应的 gobuf 结构代码如下:

```
type gobuf struct {
    sp uintptr
    pc uintptr
    g guintptr
    ctxt unsafe.Pointer
    ret sys.Uintreg
    lr uintptr
    bp uintptr
}
```

sp 字段存储的是栈指针,pc 字段存储的是指令指针,g 用来反向关联到对应的 G。ctxt

指向闭包对象,也就是说用 go 关键字创建协程的时候传递的是一个闭包,这里会存储闭包对象的地址。ret 用来存储返回值,实际上是利用 AX 寄存器实现类似 C 函数的返回值,目前只发现 panic-recover 机制用到了该字段。lr 在 arm 等架构上用来存储返回地址,x86 没有用到该字段。bp 用来存储栈帧基址。

（3）atomicstatus 描述了当前 G 的状态,它主要有如表 6-2 所示几种取值（省略部分过时无用的状态）。

表 6-2　atomicstatus 的取值及其含义

取　　值	含　　义
_Gidle	goroutine 刚刚被分配,还没有被初始化
_Grunnable	goroutine 应该在某个 runq 中,当前并没有在运行用户代码,它的栈不归自己所有
_Grunning	goroutine 可能正在运行用户代码,它的栈归自己所有。运行中的 groutine 不在任何一个 runq 中,并且有关联的 M 和 P
_Gsyscall	goroutine 正在执行一个系统调用,而没有在执行用户代码。它的栈归自己所有,不在任何一个 runq 中,并且有关联的 M
_Gwaiting	goroutine 阻塞在 runtime 中,没有在执行用户代码。它不在任何 runq 中,但是应该被记录在其他地方,例如一个 channel 的等待队列中。它的栈不归自己所有,除非 channel 操作将会在 channel lock 的保护下读写栈上的部分数据。否则,当一个 goroutine 进入_Gwaiting 状态后,再去访问它的栈是不安全的
_Gdead	goroutine 当前没有被用到,它可能刚刚退出运行,在一个空闲链表中,或者刚刚完成初始化。它没有在执行用户代码,可能分配了栈,也可能没有。G 和它的栈(如果有)由退出 G 或从空闲列表中获得 G 的 M 所有
_Gcopystack	goroutine 的栈正在被移动。它没有在执行用户代码,也不在 runq 中。栈的所有权归把当前 goroutine 置为_Gcopystack 状态的 goroutine 所有
_Gpreempted	goroutine 因为 suspendG 抢占而停止。该状态和_Gwaiting 很像,但是没有谁负责将 goroutine 置为就绪状态。一些 suspendG 必须原子性地把该状态转换为_Gwaiting 状态,并且负责重新将该 goroutine 置为就绪状态

标志位_Gscan 与上述的一些状态组合,可以得到_Gscanrunnable、_Gscanrunning、_Gscansyscall、_Gscanwaiting 和_Gscanpreempted 这些组合状态。除_Gscanrunning 外,其他的组合状态都表示 GC 正在扫描 goroutine 的栈,goroutine 没有在执行用户代码,栈的所有权归设置了_GScan 标志位的 goroutine 所有。_Gscanrunning 有些特殊,在 GC 通知 G 扫描栈的时候,它被用来短暂地阻止状态变换,其他方面和_Grunning 一样。栈扫描完成后,goroutine 将会切换回原来的状态,移除_GScan 标志位。

（4）waiting 对应的 sudog 结构,留到第 7 章讲同步时再进行深入分析。

6.5.2　runtime.m

接下来讲解 GMP 中的 M,也就是工作线程 Machine。对应的数据结构是 runtime.m,仍然只摘选部分与调度相关的字段,代码如下:

```
type m struct {
    g0          * g
    gsignal     * g
    curg        * g
    p           puintptr
    nextp       puintptr
    oldp        puintptr
    id          int64
    preemptoff  string
    locks       int32
    spinning    bool
    park        note
    alllink     * m
    schedlink   muintptr
    lockedg     guintptr
    freelink    * m
}
```

部分字段的用途如表 6-3 所示。

表 6-3　runtime.m 部分字段的用途

字　段	用　途
g0	并不是一个真正的 goroutine,它的栈是由操作系统分配的,初始大小比普通 goroutine 的栈要大,被用作调度器执行的栈
gsignal	本质上是用来处理信号的栈,因为一些 UNIX 系统支持为信号处理器配置独立的栈
curg	指向的是 M 当前正在执行的 G
p	GMP 中的 P,即关联到当前 M 上的处理器
nextp	用来将 P 传递给 M,调度器一般是在 M 阻塞时为 m.nextp 赋值,等到 M 开始运行后会尝试从 nextp 处获取 P 进行关联
oldp	用来暂存执行系统调用之前关联的 P
id	M 的唯一 ID
preemptoff	不为空时表示要关闭对 curg 的抢占,字符串内容给出了相关的原因
locks	记录了当前 M 持有锁的数量,不为 0 时能够阻止抢占发生
spinning	表示当前 M 正处于自旋状态
park	用来支持 M 的挂起与唤醒,可以很方便地实现每个 M 单独挂起和唤醒
alllink	把所有的 M 连起来,构成 allm 链表
schedlink	被调度器用于实现链表,如空闲 M 链表
lockedg	关联到与当前 M 绑定的 G,可参考 LockOSThread
freelink	用来把已经退出运行的 M 连起来,构成 sched.freem 链表,方便下次分配时复用

6.5.3　runtime.p

再来看一下 GMP 中的 P,也就是 Processor 对应的数据结构 runtime.p,这里只摘选我们感兴趣的部分字段,代码如下:

```
type p struct {
    id                int32
    status            uint32
    link              puintptr
    schedtick         uint32
    syscalltick       uint32
    sysmontick        sysmontick
    m                 muintptr
    goidcache         uint64
    goidcacheend      uint64
    runqhead          uint32
    runqtail          uint32
    runq              [256]guintptr
    runnext           guintptr
    gFree struct {
        gList
        n int32
    }
    preempt           bool
}
```

各个字段的主要用途如表 6-4 所示。

表 6-4　runtime.p 各个字段的主要用途

字　　　段	主　要　用　途
id	P 的唯一 ID,等于当前 P 在 allp 数组中的下标
status	表示 P 的状态,具体的取值和含义稍后再讲解
link	是一个没有写屏障的指针,被调度器用来构造链表
schedtick	记录了调度发生的次数,实际上在每发生一次 goroutine 切换且不继承时间片的情况下,该字段会加一
syscalltick	每发生一次系统调用就会加一
sysmontick	被监控线程用来存储上一次检查时的调度器时钟嘀嗒,用以实现时间片算法
m	本质上是个指针,反向关联到当前 P 绑定的 M
goidcache	用来从全局 sched.goidgen 处申请 goid 分配区间,批量申请以减少全局范围的锁争用
goidcacheend	
runqhead	当前 P 的就绪队列,用一个数组和一头一尾两个下标实现了一个环形队列
runqtail	
runq	
runnext	如果不为 nil,则指向一个被当前 G 准备好(就绪)的 G,接下来将会继承当前 G 的时间片开始运行。该字段存在的意义在于,假如有一组 goroutine 中有生产者和消费者,它们在一个 channel 上频繁地等待、唤醒,那么调度器会把它们作为一个单元来调度。每次使用 runnext 比添加到本地 runq 尾部能大幅减少延迟
gFree	用来缓存已经退出运行的 G,方便再次分配时进行复用
preempt	在 Go 1.14 版本被引入,以支持新的异步抢占机制

status 字段有 5 种不同的取值,分别表示 P 所处的不同状态,如表 6-5 所示。

表 6-5　P 的不同状态

状　态	含　义
_Pidle	空闲状态。此时的 P 没有被用来执行用户代码或调度器代码,通常位于空闲链表中,能够被调度器获取,它的状态可能正在由空闲转变成其他状态。P 的所有权归空闲链表或某个正在改变它状态的线程所有,本地 runq 为空
_Prunning	运行中状态。当前 P 正被某个 M 持有,并且用于执行用户代码或调度器代码。只有持有 P 所有权的 M,才被允许将 P 的状态从_Prunning 转变为其他状态。在任务都执行完以后,M 会把 P 设置为_Pidle 状态。在进入系统调用时,M 会把 P 设置为_Psyscall 状态。挂起以执行 GC 时,会设置为_Pgcstop 状态。某些情况下,M 还可能会直接把 P 的所有权交给另一个 M
_Psyscall	系统调用状态。此时的 P 没有执行用户代码,它和一个处于 syscall 中的 M 间存在弱关联关系,可能会被另一个 M 窃取走
_Pgcstop	GC 停止状态。P 被 STW 挂起以执行 GC,所有权归执行 STW 的 M 所有,执行 STW 的 M 会继续使用处于_Pgcstop 状态的 P。当 P 的状态从_Prunning 转变成_Pgcstop 时,会造成关联的 M 释放 P 的所有权,然后进入阻塞状态。P 会保留它的本地 runq,然后 Start The World 会重新启动这些本地 runq 不为空的 P
_Pdead	停用状态。因为 GOMAXPROCS 收缩,会造成多余的 P 被停用,当 GOMAXPROCS 再次增大时还会被复用。一个停用的 P,大部分资源被剥夺,只有很少量保留

6.5.4　schedt

还有最后一个数据结构需要关注,也就是用来保存调度器全局数据的 sched 变量对应的 schedt 类型。就像这个结构的类型名字一样,其中的字段大多数和调度相关,所以就不再进行删减了。摘取 Go 1.16 版源代码中的 schedt 结构定义,代码如下:

```
type schedt struct {
    goidgen        uint64
    lastpoll       uint64
    pollUntil      uint64
    lock mutex
    midle          muintptr
    nmidle         int32
    nmidlelocked   int32
    mnext          int64
    maxmcount      int32
    nmsys          int32
    nmfreed        int64
    ngsys          uint32
    pidle          puintptr
    npidle         uint32
```

```
    nmspinning uint32
    runq      gQueue
    runqsize int32
    disable struct {
        user      bool
        runnable gQueue
        n         int32
    }
    gFree struct {
        lock      mutex
        stack    gList
        noStack gList
        n        int32
    }

    sudoglock   mutex
    sudogcache * sudog

    deferlock mutex
    deferpool [5] * _defer

    freem  * m

    gcwaiting   uint32
    stopwait    int32
    stopnote    note
    sysmonwait uint32
    sysmonnote note

    sysmonStarting uint32

    safePointFn    func( * p)
    safePointWait int32
    safePointNote note

    profilehz int32

    procresizetime int64
    totaltime       int64
    sysmonlock mutex
}
```

其中部分字段的主要用途如表 6-6 所示。

表 6-6　schedt 部分字段的主要用途

字　段	主　要　用　途
goidgen	用作全局的 goid 分配器,以保证 goid 的唯一性。P 中的 goidcache 就是从这里批量获取 goid 的
lastpoll	记录的是上次执行 netpoll 的时间,如果等于 0,则表示某个线程正在阻塞式地执行 netpoll
pollUntil	表示阻塞式的 netpoll 将在何时被唤醒。Go 1.14 版重构了 Timer,引入该字段,唤醒 netpoller 以处理 Timer
lock	全局范围的调度器锁,访问 sched 中的很多字段需要提前获得该锁
midle	空闲 M 链表的链表头,nmidle 记录的是空闲 M 的数量,即链表的长度
nmidlelocked	统计的是与 G 绑定(LockOSThread)且处于空闲状态的 M,绑定的 G 没有在运行,相应的 M 不能用来运行其他 G,只能挂起,以便进入空闲状态
mnext	记录了共创建了多少个 M,同时也被用作下一个 M 的 ID
maxmcount	限制了最多允许的 M 的个数,除去那些已经释放的
nmsys	统计的是系统 M 的个数,这些 M 不在检查死锁的范围内
nmfreed	统计的是累计已经释放了多少 M
ngsys	记录的是系统 goroutine 的数量,会被原子性地更新
pidle	空闲 P 链表的表头,npidle 记录了空闲 P 的个数,也就是链表的长度
nmspinning	记录的是处于自旋状态的 M 的数量
runq	全局就绪队列
runqsize	记录的是全局就绪队列的长度
disable	用来禁止调度用户 goroutine,其中的 user 变量被置为 true 后,调度器将不再调度执行用户 goroutine,系统 goroutine 不受影响。期间就绪的用户 goroutine 会被临时存放到 disable. runnable 队列中,变量 n 记录了队列的长度
gFree	用来缓存已退出运行的 G,lock 是本结构单独的锁,避免争用 sched. lock。stack 和 noStack 这两个列表分别用来存储有栈和没有栈的 G,因为在 G 结束运行被回收的时候,如果栈大小超过了标准大小,就会被释放,所以有一部分 G 是没有栈的。变量 n 是两个列表长度之和,也就是总共缓存了多少个 G
sudoglock sudogcache	构成了 sudog 结构的中央缓存,供各个 P 存取
deferlock deferpool	构成了_defer 结构的中央缓存,关于 defer 的详情可阅读 3.4 节的相关内容
freem	一组已经结束运行的 M 构成的链表的表头,通过 m. freelink 链接到下一项,链表中的内容在分配新的 M 时会被复用
gcwaiting	表示 GC 正在等待运行,和 stopwait、stopnote 一同被用于实现 STW。stopwait 记录了 STW 需要停止的 P 的数量,发起 STW 的线程会先把 GOMAXPROCS 赋值给 stopwait,也就是需要停止所有的 P。再把 gcwaiting 置为 1,然后在 stopnote 上睡眠等待被唤醒。其他正在运行的 M 检测到 gcwaiting 后会释放关联 P 的所有权,并把 P 的状态置为_Pgcstop,再把 stopwait 的值减 1,然后 M 把自己挂起。M 在自我挂起之前如果检测到 stopwait=0,也就是所有 P 都已经停止了,就会通过 stopnote 唤醒发起 STW 的线程

续表

字　　段	主　要　用　途
sysmonwait	不为 0 时表示监控线程 sysmon 正在 sysmonnote 上睡眠,其他的 M 会在适当的时机将 sysmonwait 置为 0,并通过 sysmonnote 唤醒监控线程
sysmonStarting	表示主线程已经创建了监控线程 sysmon,但是后者尚未开始运行,某些操作需要等到 sysmon 启动之后才能进行
safePointFn	是个 Function Value,safePointWait 和 safePointNote 的作用有些类似于 stopwait 和 stopnote,被 runtime.forEachP 用来确保每个 P 都在下一个 GC 安全点执行了 safePointFn
profilehz	用来设置性能分析的采样频率
procresizetime	统计了改变 GOMAXPROCS 所花费的时间
totaltime	
sysmonlock	监控线程 sysmon 访问 runtime 数据时会加上的锁,其他线程可以通过它和监控线程进行同步

与调度相关的数据结构的介绍就到这里,从其中一些字段的用途就能够大致感受到调度器实现的思路。接下来,尝试按照不同的阶段或不同的功能模块逐步了解整个调度器。

8min

6.6　调度器初始化

6.6.1　调度器初始化过程

Go 程序代码经过 build 之后,生成的是系统原生的可执行文件。可执行文件一般会有个执行入口,也就是被加载到内存后指令开始执行的地址。如图 6-15 所示,这个执行入口在不同平台上不尽相同。在 amd64＋linux 平台上,使用-buildmode＝exe 模式构建出来的可执行文件,其对外暴露的执行入口是_rt0_amd64_linux,对应 runtime 源码中的汇编函数 _rt0_amd64_linux(),该函数只有一条 JMP 指令,用于跳转到汇编函数_rt0_amd64()。汇编函数_rt0_amd64()只有 3 条指令,用于立刻调用 runtime.rt0_go()函数。rt0_go()函数也是个汇编函数,该函数包含了 Go 程序启动的大致流程。

接下来我们就从可执行文件的执行入口开始讲解,一直讲解到程序中的 main()函数,看一看 Go 程序是如何开始执行的。以下是 rt0_go()函数的主要逻辑:

(1) 初始化 g0 的栈区间,检测 CPU 厂商及型号,按需调用_cgo_init()函数,设置和检测 TLS,将 m0 和 g0 相互关联,并将 g0 设置到 TLS 中,如图 6-16 所示。

(2) 调用 runtime.args()函数来暂存命令行参数以待后续解析。部分系统会在这里获取与硬件相关的一些参数,例如物理页面大小。

(3) 调用 runtime.osinit()函数,所有的系统都会在这里获取 CPU 核心数,如果上一步没有成功获取物理页面大小,则部分系统会再次获取。Linux 系统会在这里获取 Huge 物理页面的大小。

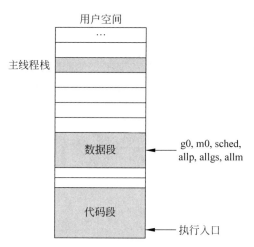

图 6-15　可执行文件的内存布局

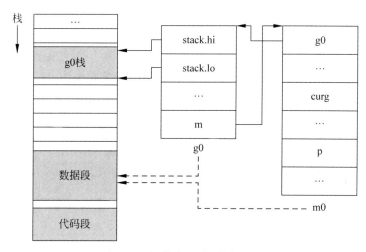

图 6-16　初始化 g0 栈并关联 m0

（4）调用 runtime.schedinit()函数，就像它的名字那样，这个函数会初始化调度系统，函数的逻辑较为复杂，相关细节稍后再展开介绍。

（5）调用 runtime.newproc()函数，创建主 goroutine，指定的入口函数是 runtime.main()函数，这是程序启动后第 1 个真正的 goroutine，如图 6-17 所示。

（6）调用 runtime.mstart()函数，当前线程进入调度循环。一般情况下线程调用 mstart()函数进入调度循环后不会再返回。进入调度循环的线程会去执行上一步创建的 goroutine，如图 6-18 所示。

主 goroutine 得到执行后，runtime.main()函数会设置最大栈大小、启动监控线程 sysmon、初始化 runtime 包、开启 GC，最后初始化 main 包并调用 main.main()函数。main.main()函数是用户代码的主函数，整个初始化过程至此彻底结束。

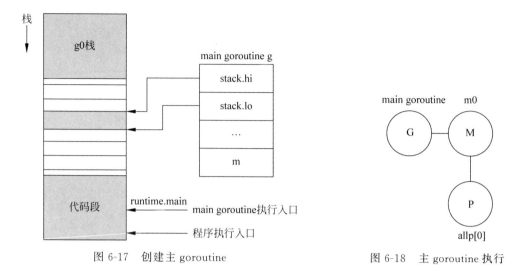

图 6-17　创建主 goroutine　　　　　　　图 6-18　主 goroutine 执行

6.6.2　runtime. schedinit()函数

在上述整个流程中,调用 runtime. schedinit()函数实际上做了很多事情,需要把这个函数的逻辑梳理一下,该函数也是通过调用多个其他函数完成操作的,调用的函数及其用途如表 6-7 所示。

表 6-7　runtime. schedinit()函数调用的函数及其用途

调 用 函 数	用　　　　途
moduledataverify()	校验程序的各个模块,因为 golang 支持 shared、plugin 等 build 模式,可能会有多个二进制模块,这里会校验各个模块的符号、ABI 等,确保模块间一致
stackinit()	初始化栈分配。goroutine 的栈是动态分配、动态增长的,这一步会初始化用于栈分配的全局缓冲池,以及相关的锁
mallocinit()	初始化堆分配
fastrandinit()	初始化 fastrandseed,后者会被接下来的 mcommoninit()函数用到
mcommoninit()	为当前工作线程 M 分配 ID、初始化 gsignal,并把 M 添加到 allm 链表中
cpuinit()	进行与 CPU 相关的初始化工作,检测 CPU 是否支持某些指令集,以及根据 GODEBUG 环境变量来启用或禁用某些硬件特性
alginit()	根据 CPU 对 AES 相关指令的支持情况,选择不同的 Hash 算法
modulesinit()	基于所有的已加载模块,构造一个活跃模块切片 modulesSlice,并初始化 GC 需要的 Mask 数据
typelinksinit()	基于活跃模块列表构建模块级的 typemap,实现全局范围内对类型元数据进行去重,第 5 章中进行过详细介绍
itabsinit()	遍历活跃模块列表,将编译阶段生成的所有 itab 添加到 itabTable 中
goargs()	解析命令行参数,程序中通过 os. Args 得到的参数是在这里初始化的(Windows 除外)

续表

调 用 函 数	用　　途
goenvs()	解析环境变量,程序中通过 os. Getenv 获取的环境变量是在这里初始化的(Windows 除外)
parsedebugvars()	解析环境变量 GODEBUG,为 runtime 各个调试参数赋值
gcinit()	初始化与 GC 相关的参数,根据环境变量 GOGC 设置 gcpercent
procresize()	根据 CPU 的核数或环境变量 GOMAXPROCS 确定 P 的数量,调用 procresize 进行调整

直至 runtime. schedinit()函数执行完,P 都已经初始化完毕,此时还没有创建任何 goroutine,所有 P 的 runq 都是空的。根据 procresize()函数的逻辑,函数返回后当前线程会和第 1 个 P 关联,也就是 allp[0]。接下来的 runtime. newproc()函数会创建第 1 个 goroutine,并把它放到 P 的本地 runq 中,如图 6-19 所示。

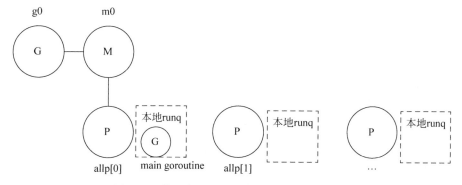

图 6-19　第 1 个 goroutine 创建后的 GMP 模型

6.7　G 的创建与退出

12min

跟线程类似,goroutine 的创建与退出是两个比较关键的操作。在分析用来创建 goroutine 的 runtime. newproc()函数之前,需要先了解几个重要的底层汇编函数。

6.7.1　相关汇编函数

1. runtime. systemstack()函数

首先是 runtime. systemstack()函数,该函数被设计用来临时性地切换至当前 M 的 g0 栈,完成某些操作后再切换回原来 goroutine 的栈。该函数主要用于执行 runtime 中一些会触发栈增长的函数,因为 goroutine 的栈是被 runtime 管理的,所以 runtime 中这些逻辑就不能在普通的 goroutine 上执行,以免陷入递归。g0 的栈是由操作系统分配的,可以认为空间足够大,被 runtime 用来执行自身逻辑非常安全。runtime. systemstack()函数的代码如下:

```
//func systemstack(fn func())
TEXT runtime·systemstack(SB), NOSPLIT, $0-8
    MOVQ    fn+0(FP), DI                //把 fn 存入 DI 寄存器
    get_tls(CX)
    MOVQ    g(CX), AX                   //从 TLS 获取当前 g,存入 AX 中
    MOVQ    g_m(AX), BX                 //将 g.m 存入 BX 中

    CMPQ    AX, m_gsignal(BX)           //比较当前 g 是否是 m.gsignal
    JEQ     noswitch                    //gsignal 也是系统栈,不切换

    MOVQ    m_g0(BX), DX                //将 m.g0 存入 DX 中
    CMPQ    AX, DX                      //比较当前 g 是不是 g0
    JEQ     noswitch                    //已经在 g0 上,不需要切换

    CMPQ    AX, m_curg(BX)
    JNE     bad                         //当前 g 与 m.curg 不一致

    //将当前 g 的状态保存至 g->sched
    MOVQ    $runtime·systemstack_switch(SB), SI
    MOVQ    SI, (g_sched+gobuf_pc)(AX)
    MOVQ    SP, (g_sched+gobuf_sp)(AX)
    MOVQ    AX, (g_sched+gobuf_g)(AX)
    MOVQ    BP, (g_sched+gobuf_bp)(AX)

    //将 g0 设置到 TLS
    MOVQ    DX, g(CX)
    MOVQ    (g_sched+gobuf_sp)(DX), BX //g0.sched.sp => BX
    //使 g0 的调用栈看起来像 mstart 调用的 systemstack,以停止 traceback
    SUBQ    $8, BX
    MOVQ    $runtime·mstart(SB), DX
    MOVQ    DX, 0(BX) //构造一个 mstart 的栈帧
    MOVQ    BX, SP

    //调用目标函数,用 DX 传递闭包上下文
    MOVQ    DI, DX
    MOVQ    0(DI), DI
    CALL    DI

    //切换回原来的 g
    get_tls(CX)
    MOVQ    g(CX), AX
    MOVQ    g_m(AX), BX
    MOVQ    m_curg(BX), AX
    MOVQ    AX, g(CX)
    MOVQ    (g_sched+gobuf_sp)(AX), SP
```

```
        MOVQ      $ 0, (g_sched + gobuf_sp)(AX)
        RET

noswitch:
        //已经在系统栈了,直接跳转到目标函数,省略掉 systemstack 的栈帧
        MOVQ      DI, DX
        MOVQ      0(DI), DI
        JMP       DI

bad:
        //出错:g 不是 gsignal,不是 g0,也不是 curg
        MOVQ      $ runtime·badsystemstack(SB), AX
        CALL      AX
        INT       $ 3
```

函数接收一个没有参数和返回值的 Function Value 作为参数,静态的函数和闭包都能支持。如果当前已经处于 gsignal 或 g0 的栈上,则 systemstack() 函数没有任何作用,就像调用者不使用 systemstack() 函数而直接调用 fn() 函数一样,所以是可以嵌套使用的。需要注意的是,当从 g0 切换回 g 的时候,并没有将 g0 的状态保存到 g0.sched 中,也就是说每次从 g0 切换至其他的 goroutine 后,g0 栈上的内容就被抛弃了,下次切换至 g0 还是从头开始。

2. runtime.mcall() 函数

runtime.mcall() 函数和 systemstack() 函数很像,也是切换到系统栈去执行某个 Function Value,但是也有些不同,mcall() 函数不能在 g0 栈上调用,而且也不会再切换回来,函数的代码如下:

```
//func mcall(fn func( * g))
TEXT runtime·mcall(SB), NOSPLIT, $ 0 - 8
    MOVQ      fn + 0(FP), DI

    get_tls(CX)
    MOVQ      g(CX), AX                      //将当前 g 的状态保存到 g->sched
    MOVQ      0(SP), BX                      //调用者的指令指针位置,PC
    MOVQ      BX, (g_sched + gobuf_pc)(AX)
    LEAQ      fn + 0(FP), BX                 //调用者的栈指针,SP
    MOVQ      BX, (g_sched + gobuf_sp)(AX)
    MOVQ      AX, (g_sched + gobuf_g)(AX)
    MOVQ      BP, (g_sched + gobuf_bp)(AX)

    //切换至 m->g0 的栈,然后调用 fn
    MOVQ      g(CX), BX
    MOVQ      g_m(BX), BX
    MOVQ      m_g0(BX), SI
```

```
    CMPQ     SI, AX                             //如果当前 g 就是 m->g0,则调用 badmcall
    JNE      3(PC)
    MOVQ     $ runtime·badmcall(SB), AX
    JMP      AX
    MOVQ     SI, g(CX)                          //将 m->g0 设置到 TLS
    MOVQ     (g_sched+gobuf_sp)(SI), SP         //切换至 g0 的栈
    PUSHQ    AX
    MOVQ     DI, DX                             //传递闭包上下文
    MOVQ     0(DI), DI
    CALL     DI
    POPQ     AX
    MOVQ     $ runtime·badmcall2(SB), AX
    JMP      AX
    RET
```

函数会先把当前 g 的状态保存到 g.sched,然后切换至 g0 栈,用当前 g 的指针作为参数调用 fn() 函数。这个流程非常适合 goroutine 将自己挂起,fn() 函数中执行调度逻辑对 g 进行后续处理。需要注意该函数预期 fn() 函数不会返回,也就是说 fn() 函数中的调度逻辑需要选择下一个可执行的 g,并完成切换。如何切换到新的 g 去执行呢? 这就是接下来要介绍的 runtime.gogo() 函数。

3. runtime.gogo() 函数

runtime.gogo() 函数的代码如下:

```
//func gogo(buf *gobuf)
//从 gobuf 恢复 goroutine 的状态,类似 C 语言的 longjmp
TEXT runtime·gogo(SB), NOSPLIT, $16-8
    MOVQ     buf+0(FP), BX              //gobuf
    MOVQ     gobuf_g(BX), DX
    MOVQ     0(DX), CX                  //确保 buf.g 不等于 nil
    get_tls(CX)
    MOVQ     DX, g(CX)
    MOVQ     gobuf_sp(BX), SP           //恢复栈指针 SP
    MOVQ     gobuf_ret(BX), AX
    MOVQ     gobuf_ctxt(BX), DX
    MOVQ     gobuf_bp(BX), BP
    MOVQ     $0, gobuf_sp(BX)           //清零以优化 GC
    MOVQ     $0, gobuf_ret(BX)
    MOVQ     $0, gobuf_ctxt(BX)
    MOVQ     $0, gobuf_bp(BX)
    MOVQ     gobuf_pc(BX), BX
    JMP      BX
```

函数有一个 *gobuf 类型的参数,buf.g 是要恢复运行的 goroutine,gogo() 函数利用 gobuf 中保存的状态来还原对应的寄存器,再跳转到 buf.pc 地址处去执行指令。

既然有 longjmp，自然也有与之对应的 setjmp，也就是 runtime. gosave() 函数。

4. runtime. gosave() 函数

runtime. gosave() 函数用来把当前 goroutine 的执行状态保存到 gobuf 中，代码如下：

```
//func gosave(buf  * gobuf)
//将执行状态保存到 gobuf 中,类似 C 语言的 setjmp
TEXT runtime·gosave(SB), NOSPLIT, $0 - 8
    MOVQ    buf + 0(FP), AX       //gobuf 地址  => AX
    LEAQ    buf + 0(FP), BX       //调用者 SP  => BX
    MOVQ    BX, gobuf_sp(AX)
    MOVQ    0(SP), BX             //调用者 PC  => BX
    MOVQ    BX, gobuf_pc(AX)
    MOVQ    $0, gobuf_ret(AX)
    MOVQ    BP, gobuf_bp(AX)
    //断言 ctxt 是 0,只有初创尚未运行时不为 0
    MOVQ    gobuf_ctxt(AX), BX
    TESTQ   BX, BX
    JZ      2(PC)
    CALL    runtime·badctxt(SB)
    get_tls(CX)
    MOVQ    g(CX), BX
    MOVQ    BX, gobuf_g(AX)
    RET
```

函数取的 SP 和 PC 的值就像是刚从 gosave() 函数返回，后续如果使用 gogo() 函数进行 longjmp，程序会从调用者调用 gosave() 函数的下一条指令继续执行。关于 gobuf. ctxt，因为创建 goroutine 时 go 关键字后面的 Function Value 可能是个闭包，所以要依靠 ctxt 来传递闭包对象。一旦使用 gogo() 函数来恢复执行，gobuf. ctxt 就会被清零。

了解了上述几个底层函数之后，阅读与调度相关的源码就会比较方便了。下面就来看一下负责创建新 goroutine 的 runtime. newproc() 函数。

6.7.2　runtime. newproc() 函数

先来看一个 Hello World 示例，代码如下：

```
//第 6 章/code_6_1.go
package main
func hello(name string){
    println("Hello ", name)
}
func main(){
    name : = "Goroutine"
    go hello(name)
}
```

通过 6.6 节关于初始化的介绍,我们已经了解了从程序执行入口开始,到 main. main() 函数执行的大致过程。main. main()函数执行时会通过 go 关键字创建一个协程,我们姑且把它记为 hello goroutine,这里的 go 关键字实际上会被编译器转换成对 runtime. newproc()函数的调用。函数的代码如下:

```
//go:nosplit
func newproc(siz int32, fn * funcval) {
    argp := add(unsafe.Pointer(&fn), sys.PtrSize)
    gp := getg()
    pc := getcallerpc()
    systemstack(func() {
        newg := newproc1(fn, argp, siz, gp, pc)
        _p_ := getg().m.p.ptr()
        runqput(_p_, newg, true)

        if mainStarted {
            wakep()
        }
    })
}
```

我们先绘制创建 hello goroutine 的 newproc()函数调用栈,如图 6-20 所示,其中有几个要点需要分别进行说明:

(1) argp 指针所指向的位置在栈上位于参数 fn 之后,就像是 newproc()函数的第 3 个参数。从 argp 开始 siz 字节的数据实际上是 fn()函数的参数,被编译器追加在了栈上参数 fn

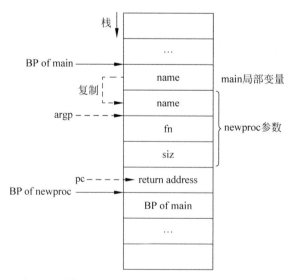

图 6-20 创建 hello goroutine 的 newproc()函数调用栈

的后面,这一点与 defer 机制的 runtime. deferproc() 函数一致。从 newproc() 函数的原型来看,这些被追加的参数是不可见的,所以 newproc() 函数必须是 nosplit,以免移动栈时丢失这些参数。

(2) 通过 getcallerpc() 函数获取的是创建者的指令指针,主要被新的 goroutine 用于记录自己是在哪里被创建的。

(3) 实际上真正的创建工作是在 runtime. newproc1() 函数中完成的,该函数有些复杂,可能会造成栈增长,同时又有 nosplit 的限制,所以要通过 systemstack() 函数切换至系统栈执行。

(4) 新创建的 newg 通过 runqput() 函数被放置在当前 P 的本地 runq 中。mainStarted 表示 runtime. main() 函数,即主 goroutine 已经开始执行,此后才会通过 wakep() 函数启动新的工作线程,以保证 main() 函数总会被主线程调度执行。

对于新 goroutine 的分配及初始化工作,都是在 runtime. newproc1() 函数中完成的,该函数的代码篇幅较大,此处就不将整段代码贴出来了,只在必要的地方节选一些。函数的主要逻辑包含以下几部分:

(1) 分配新的 g,先尝试 gfget() 函数从空闲队列中获取,如果没有,再用 malg() 函数分配新的 g。

(2) 计算栈上所需空间的大小,用参数的大小加额外预留的空间,还要经过对齐。

(3) 根据上一步的计算确定 SP 的位置,把参数复制到新 g 的栈上,需要用到写屏障。

(4) 初始化执行上下文,这里用到 gostartcallfn() 函数,稍后会进一步展开介绍。

(5) 将 G 的状态设置为_Grunnable,并根据当前 P 的 goidcache 为 g 分配 ID。

关于新 goroutine 执行上下文的初始化比较关键,因为初始化过的 g 会先被放入 P 的本地 runq 中,等到接下来的调度循环中才会被执行。切换到新的 goroutine 执行会用到 runtime. gogo() 函数,也就是基于 g. sched 的 gobuf 来恢复执行现场,所以初始化的时候要在 g. sched 中模拟出一个执行现场,关键代码如下:

```
newg.sched.sp = sp
newg.sched.pc = funcPC(goexit) + sys.PCQuantum
newg.sched.g = guintptr(unsafe.Pointer(newg))
gostartcallfn(&newg.sched, fn)
```

创建 hello goroutine 时 newproc1() 函数模拟的执行现场如图 6-21 所示。其中的 sp 就是从栈底留出参数及额外空间后的位置,pc 的位置比较有意思,是 runtime. goexit() 函数的起始地址加上 1 字节(sys. PCQuantum 在 amd64 上是 1 字节)。这样初始化 pc 是为了让调用栈看起来像是起始于 goexit() 函数,然后 goexit() 函数调用了 fn() 函数,也就是 hello() 函数。如此一来,当 fn() 函数执行完毕后,会返回 goexit() 函数中,goexit() 函数中实现了 goroutine 结束后退出的标准逻辑。pc 的值之所以需要是 goexit() 函数的地址加 1,是因为这样才像是 goexit() 函数调用了 fn() 函数,如果指向 goexit() 函数的起始地址就不合适了,那样 goexit()函数看起来还没有执行。

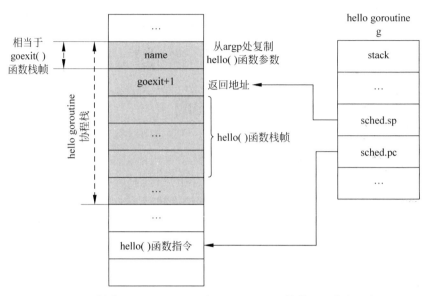

图 6-21　创建 hello goroutine 时 newproc1()函数模拟的执行现场

读者可能会担心 goexit()函数地址加 1 会造成指令错乱，实际不会有问题，因为 goexit()函数的代码已经考虑到这一层了，代码如下：

```
TEXT runtime·goexit<ABIInternal>(SB),NOSPLIT, $0-0
    BYTE    $0x90      //NOP
    CALL    runtime·goexit1(SB)
    BYTE    $0x90      //NOP
```

首尾各有一条 NOP 指令占位，所以入口地址加 1 后不会有什么影响，正好对齐到了接下来的 CALL 指令，而且还可以发现 goexit()函数真正的逻辑是在 goexit1()函数中实现的，这个暂不展开介绍。接下来继续看 goroutine 执行上下文的初始化，gostartcallfn()函数内部调用了 gostartcall()函数实现了主要功能，x86 对应的 gostartcall()函数的源代码如下：

```
func gostartcall(buf *gobuf, fn, ctxt unsafe.Pointer) {
    sp := buf.sp
    if sys.RegSize > sys.PtrSize {
        sp -= sys.PtrSize
        *(*uintptr)(unsafe.Pointer(sp)) = 0
    }
    sp -= sys.PtrSize
    *(*uintptr)(unsafe.Pointer(sp)) = buf.pc
```

```
    buf.sp = sp
    buf.pc = uintptr(fn)
    buf.ctxt = ctxt
}
```

寄存器大小不等于指针大小的情况可直接忽略,函数的主要逻辑是:先把 SP 向下移动一个指针大小,然后把 PC 的值写入 SP 指向的内存,这相当于在栈上压入了一个新的栈帧,原 PC 成为返回地址。最后更新 gobuf 的 sp 和 pc 字段,新的 pc 是 fn,最终构造的执行现场就像是 goexit()函数刚刚调用了 fn()函数,刚刚完成跳转还没来得及执行 fn()函数的指令。

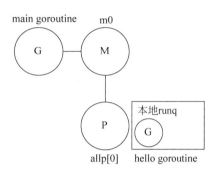

图 6-22 hello goroutine 创建后的 GMP

至此,runtime. newproc( ) 函数创建新 goroutine 的流程大致梳理完了,新 goroutine 已经被放置到了 P 的本地 runq 中,会在后续的调度循环中得到执行,hello goroutine 创建完成后 GMP 模型如图 6-22 所示。

main goroutine 在 main. main()函数返回后就会调用 exit()函数结束进程,所以示例代码中的 hello goroutine 还没来得及得到调度执行,整个进程就结束了。可以通过等待 timer 或 channel 的方式拖延 main. main()函数的返回时间,这样就可以等到 hello goroutine 退出后再结束进程了。

至于 goroutine 的退出,相对而言就比较简单了,runtime. goexit1()函数实际上也不是主要逻辑实现的地方,该函数只不过通过 mcall()函数调用了 goexit0()函数。为什么要通过 mcall()函数调用呢?因为当前 goroutine 即将退出了,不能继续执行,必须切换至系统栈来完成收尾处理。goexit0()函数中才是真正进行收尾的地方,该函数的逻辑比较简单,主要包括以下几个步骤:

(1)将 g 的状态置为_Gdead。

(2)g 的一些字段需要做清零处理。

(3)通过 dropg()函数将 g 与当前 M 解绑。

(4)调用 gfput()函数将 g 放入空闲队列,以便于复用。

(5)调用 schedule()函数,调度执行其他已经就绪的 goroutine。

其中最后一步调用的 runtime. schedule()函数就是我们通常所讲的调度循环,确切地说应该是调度循环中的一次循环,工作线程通过不断地调用 schedule()函数来调度执行下一个 goroutine。6.8 节将从 schedule()函数入手,梳理一下调度的主要逻辑。

6.8 调度循环

6.8.1 runtime.schedule()函数

工作线程通过调用 runtime.schedule() 函数进行一次调度,该函数就是调度逻辑的主要实现。源代码稍微有点多,下面分成几部分进行梳理。

第一部分代码如下:

```
_g_ := getg()
if _g_.m.locks != 0 {
    throw("schedule: holding locks")
}
if _g_.m.lockedg != 0 {
    stoplockedm()
    execute(_g_.m.lockedg.ptr(), false)
}
if _g_.m.incgo {
    throw("schedule: in cgo")
}
```

函数开始处先通过 getg() 函数获得了当前正在运行的 g,执行 schedule() 函数时一般都是系统栈 g0。接下来的第 1 个 if 语句校验当前线程没持有锁,不允许在持有锁的情况下进行调度,以免造成 runtime 内部错误,这里的锁是 runtime 底层的锁,与 sync 包中的 Mutex 等不是一个级别。第 2 个 if 判断当前 M 有没有和 G 绑定,如果有,这个 M 就不能用来执行其他的 G 了,只能挂起等待绑定的 G 得到调度。第 3 个 if 判断线程是不是正在进行 cgo 函数调用,这种情况下 g0 栈正在被 cgo 使用,所以也不允许调度。

第二部分代码如下:

```
top:
    pp := _g_.m.p.ptr()
    pp.preempt = false

    if sched.gcwaiting != 0 {
        gcstopm()
        goto top
    }
    if pp.runSafePointFn != 0 {
        runSafePointFn()
    }
    if _g_.m.spinning && (pp.runnext != 0 || pp.runqhead != pp.runqtail){
        throw("schedule: spinning with local work")
    }
```

从 top 标签开始就是真正的调度逻辑了,设置这个标签的目的,是为了后面某些情况下需要 goto 这里重来一遍。通过把 preempt 设置为 false,来禁止对 P 的抢占。检测 sched.gcwaiting,挂起自己,以便及时响应 STW,调度逻辑中多个地方都有对 gcwaiting 的检测。runSafePointFn() 函数被 GC 用来在安全点执行清空工作队列之类的操作。最后对 spinning 的判断属于一致性校验,在 P 本地 runq 有任务的情况下,M 不应该处于 spinning 状态。

第三部分代码如下:

```
checkTimers(pp, 0)

var gp *g
var inheritTime bool

tryWakeP : = false
if trace.enabled || trace.shutdown {
    gp = traceReader()
    if gp != nil {
        casgstatus(gp, _Gwaiting, _Grunnable)
        traceGoUnpark(gp, 0)
        tryWakeP = true
    }
}
if gp == nil && gcBlackenEnabled != 0 {
    gp = gcController.findRunnableGCWorker(_g_.m.p.ptr())
    tryWakeP = tryWakeP || gp != nil
}
```

通过 checkTimers() 函数处理当前 P 上的定时器,关于定时器会在 6.10 节中详细讲解。接下来的两个 if 语句块尝试获得待运行的 Trace Reader 和 GC Worker,一般的 goroutine 切换至就绪状态时会通过 wakep() 函数按需启动新的线程,但是这两者不会,所以通过 tryWakeP 记录是否需要 wakep() 函数。

第四部分代码如下:

```
if gp == nil {
    if _g_.m.p.ptr().schedtick % 61 == 0 && sched.runqsize > 0 {
        lock(&sched.lock)
        gp = globrunqget(_g_.m.p.ptr(), 1)
        unlock(&sched.lock)
    }
}
if gp == nil {
    gp, inheritTime = runqget(_g_.m.p.ptr())
}
if gp == nil {
    gp, inheritTime = findrunnable()
}
if _g_.m.spinning {
    resetspinning()
}
```

在 schedtick 能够被 61 整除的时候,优先尝试从全局 runq 中获取任务,其他情况则只从本地 runq 中获取。大致相当于每调度 60 次本地 runq,就会调度一次全局 runq。这样做是为了在保证效率的基础上兼顾公平性,否则本地队列上的两个持续唤醒的 goroutine 会造成全局队列一直得不到调度。如果前面所有的步骤都没有找到一个待运行的 goroutine,就会调用 findrunnable() 函数来找任务执行,该函数会一直阻塞,直到找到可运行的 goroutine,而且 findrunnable() 函数是个十足的质量级函数,稍后再进行介绍。代码执行到这里,gp 肯定已经不是 nil 了,如果 M 处于 spinning 状态,就要调用 resetspinning() 函数来脱离 spinning 状态,resetspinning() 函数会调用 wakep() 函数按需启动新的线程。

第五部分代码如下:

```
if sched.disable.user && !schedEnabled(gp) {
    lock(&sched.lock)
    if schedEnabled(gp) {
        unlock(&sched.lock)
    } else {
        sched.disable.runnable.pushBack(gp)
        sched.disable.n++
        unlock(&sched.lock)
        goto top
    }
}
```

至此,虽然已经找到了待运行的 g,还要确定目前是否处于禁止调度用户协程的状态。在禁止调度用户协程的状态下,gp 如果是系统协程就可以正常执行,用户协程需要先通过 disable 队列暂存起来,调度逻辑跳转到 top 重新寻找可执行的 g。等到允许调度用户协程时,disable 队列中的 g 会被重新加入 runq 中。

最后一部分代码如下:

```
if tryWakeP {
    wakep()
}
if gp.lockedm != 0 {
    startlockedm(gp)
    goto top
}
execute(gp, inheritTime)
```

第 1 个 if 根据 tryWakeP 来尝试唤醒新的线程,以保证有足够的线程来调度 Trace Reader 和 GC Worker。第 2 个 if 判断 gp 是否有绑定的线程,如果有就必须唤醒绑定的线程来执行 gp,而且当前线程也要回到 top 再来一遍。若 gp 没有绑定的 M,就通过 execute() 函数来执行 gp。executre()函数会关联 gp 和当前的 M，将 gp 的状态设置为_Grunning，并通过 gogo()函数恢复执行上下文，这里不再展开介绍，感兴趣的读者可自行阅读源码。

　　至此，schedule()函数就梳理完了，主要逻辑如图 6-23 所示，整体还算简单明了。我们并没有看到传说中的任务窃取等逻辑，这些逻辑在哪里呢？那就是接下来要梳理的 findrunnable()函数了。

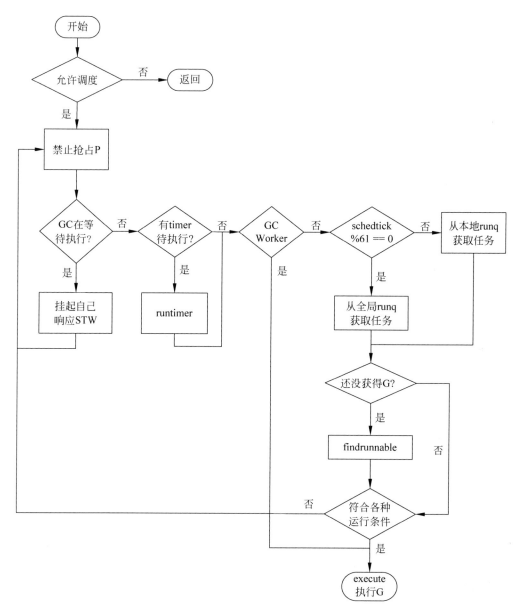

图 6-23　schedule 调度循环主要逻辑

6.8.2 runtime. findrunnable()函数

findrunnable()函数的逻辑可以分成前后两部分,前半部分完成了 timer 触发、netpoll 和任务窃取,后半部分针对的是没有找到任务的情况,会处理 GC 后台标记任务、按需执行 netpoll,实在没有任务就会挂起等待。findrunnable()函数的主要逻辑如图 6-24 所示。

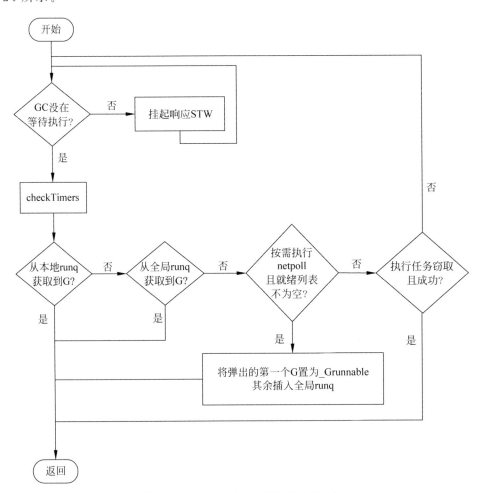

图 6-24　findrunnable()函数的主要逻辑

由于 findrunnable()函数的整体代码量比较大,在这里我们就不全部贴出来了,只把前一半的代码分几部分进行分析。

第一部分代码如下:

```
    _g_ := getg()

top:
    _p_ := _g_.m.p.ptr()
    if sched.gcwaiting != 0 {
        gcstopm()
        goto top
    }
    if _p_.runSafePointFn != 0 {
        runSafePointFn()
    }
```

函数的开头处也是要先检测 gcwaiting 及 runSafePointFn，后续逻辑有可能会阻塞，为了避免 GC 等待太长时间，检测逻辑被放在了 top 标签的内部，每次跳转回来都会进行检测。

第二部分代码如下：

```
now, pollUntil, _ := checkTimers(_p_, 0)

if fingwait && fingwake {
    if gp := wakefing(); gp != nil {
        ready(gp, 0, true)
    }
}
if *cgo_yield != nil {
    asmcgocall(*cgo_yield, nil)
}

if gp, inheritTime := runqget(_p_); gp != nil {
    return gp, inheritTime
}

if sched.runqsize != 0 {
    lock(&sched.lock)
    gp := globrunqget(_p_, 0)
    unlock(&sched.lock)
    if gp != nil {
        return gp, false
    }
}
```

调用 checkTimers() 函数会运行当前 P 上所有已经达到触发时间的计时器，这可能会使一些 goroutine 从_Gwaiting 变成_Grunnable 状态。接下来按需唤醒 finalizer goroutine，然后检查本地 runq 和全局 runq 中是否有可运行的任务，找到任务就可以直接返回了。

第三部分代码如下：

```
if netpollinited() && atomic.Load(&netpollWaiters) > 0 &&
    atomic.Load64(&sched.lastpoll) != 0 {
    if list := netpoll(0); !list.empty() {
        gp := list.pop()
        injectglist(&list)
        casgstatus(gp, _Gwaiting, _Grunnable)
        if trace.enabled {
            traceGoUnpark(gp, 0)
        }
        return gp, false
    }
}
```

按需执行一次非阻塞的 netpoll，如果返回的列表非空，就把第 1 个 g 从列表中 pop 出来，将剩余的插入全局 runq，把这个 g 的状态置为_Grunnable，然后返回。

第四部分代码如下：

```
procs := uint32(gomaxprocs)
ranTimer := false
if !_g_.m.spinning && 2 * atomic.Load(&sched.nmspinning) >= procs -
    atomic.Load(&sched.npidle) {
    goto stop
}
if !_g_.m.spinning {
    _g_.m.spinning = true
    atomic.Xadd(&sched.nmspinning, 1)
}
const stealTries = 4
for i := 0; i < stealTries; i++ {
    stealTimersOrRunNextG := i == stealTries - 1

    for enum := stealOrder.start(fastrand()); !enum.done(); enum.next() {
        if sched.gcwaiting != 0 {
            goto top
        }
        p2 := allp[enum.position()]
        if _p_ == p2 {
            continue
        }

        if stealTimersOrRunNextG && timerpMask.read(enum.position()) {
            tnow, w, ran := checkTimers(p2, now)
            now = tnow
```

```
                    if w != 0 && (pollUntil == 0 || w < pollUntil) {
                        pollUntil = w
                    }
                    if ran {
                        if gp, inheritTime := runqget(_p_); gp != nil {
                            return gp, inheritTime
                        }
                        ranTimer = true
                    }
                }

                if !idlepMask.read(enum.position()) {
                    if gp := runqsteal(_p_, p2, stealTimersOrRunNextG); gp != nil {
                        return gp, false
                    }
                }
            }
        }
    }
    if ranTimer {
        goto top
    }
```

这一大段代码实现了核心的任务窃取逻辑,第 1 个 if 判断的含义是,如果当前处于 spinning 状态的 M 的数量大于忙碌的 P 的数量的一半,就让当前 M 阻塞。目的是避免在 GOMAXPROCS 较大而程序实际的并发性很低的情况下,造成不必要的 CPU 消耗。

任务窃取逻辑会循环尝试 4 次,最后一次才会窃取 runnext 和 timer,也就是说前 3 次 只会从其他 P 的本地 runq 中窃取。stealOrder 用来实现一个公平的随机窃取顺序, timerpMask 和 idlepMask 用来快速判断指定位置的 P 是否有 timer 或者是否空闲。如果 ran 为 true,表示 checkTimers() 执行了其他 P 的 timer,可能会使某些 goroutine 变成 _Grunnable 状态,所以先检查当前 P 的本地 runq,如果没有找到就跳转回 top 重来一次。

调度相关的逻辑中会频繁地对 runq 进行操作,runtime 为此专门提供了一组函数,常 见的函数例如 runqget() 函数、runqput() 函数等,还有上面的 runqsteal() 函数也是其中的 一个。这些函数的逻辑都比较简明,这里只把 runqget() 函数的源码分析一下,目的是看一 看 P 的本地队列如何支持继承时间片,代码如下:

```
func runqget(_p_ * p) (gp * g, inheritTime bool) {
    for {
        next := _p_.runnext
        if next == 0 {
            break
        }
        if _p_.runnext.cas(next, 0) {
```

```
                    return next.ptr(), true
            }
    }

    for {
        h : = atomic.LoadAcq(&_p_.runqhead)
        t : = _p_.runqtail
        if t == h {
            return nil, false
        }
        gp : = _p_.runq[h % uint32(len(_p_.runq))].ptr()
        if atomic.CasRel(&_p_.runqhead, h, h + 1) {
            return gp, false
        }
    }
}
```

原来是通过 runnext 字段实现的,只有取自 runnext 的 g 对应的 inheritTime 才是 true,其他本地 runq 中的 g 的返回值都为 false,也就是不会继承时间片。相应地,如果某个 g 需要继承时间片,runqput()函数就会把它设置到 runnext,感兴趣的读者可以自行查看源代码。

本节就讲解到这里,主要对 schedule()函数和 findrunnable()函数进行了简要梳理,基本了解了每一轮调度循环都会做些什么。应该说 schedule()函数就是调度循环的实现,但是当 goroutine 开始执行用户代码后,执行流是如何再回到 runtime 中去调用 schedule()函数的呢? 这就是 6.9 节中要探索的抢占式调度。

▶ 10min

6.9 抢占式调度

就像操作系统要负责线程的调度一样,Go 的 runtime 要负责 goroutine 的调度。现代操作系统调度线程都是抢占式的,我们不能依赖用户代码主动让出 CPU,或者因为 IO、锁等待而让出,这样会造成调度的不公平。基于经典的时间片算法,当线程的时间片用完之后,会被时钟中断给打断,调度器会将当前线程的执行上下文进行保存,然后恢复下一个线程的上下文,分配新的时间片,令其开始执行。这种抢占对于线程本身是无感知的,由系统底层支持,不需要开发人员特殊处理。

基于时间片的抢占式调度有个明显的优点,能够避免 CPU 资源持续被少数线程占用,从而使其他线程长时间处于饥饿状态。goroutine 的调度器也用到了时间片算法,但是和操作系统的线程调度还是有些区别的,因为整个 Go 程序都运行在用户态,所以不能像操作系统那样利用时钟中断来打断运行中的 goroutine。也得益于完全在用户态实现,goroutine 的调度切换更加轻量。

本节就来实际研究一下,runtime 到底是如何抢占运行中的 goroutine 的。为了避免过于枯燥乏味,先不直接解读源码,而是先做个实验,准备的示例代码如下:

```
//第6章/code_6_2.go
package main

import "fmt"
func main() {
    go func(n int) {
        for {
            n++
            fmt.Println(n)
        }
    }(0)
    for {}
}
```

6.9.1　Go 1.13 的抢占式调度

5min

　　笔者使用的是 Go 1.13.15 版,build 完成后运行得到的可执行文件。程序会如你所料地运行起来,飞快地打印出一行行递增的数字。不要着急,让程序多运行一会儿,用不了太长时间你就会发现程序突然停了,不再继续打印了。在笔者测试的 64 位 Linux 系统上,最大数字没有超过 500000,程序似乎就停住了。是真的停住了吗? 如果用 top 命令查看,就会发现 CPU 占用达到 100%。也就是说程序还在运行中,并且占满了一个 CPU 核心。

　　为了弄清楚程序到底在做什么,我们使用调试器 delve 查看一下当前所有的 goroutine 的状态,执行的命令如下:

```
(dlv) grs
* Goroutine 1 - User: ./main.go:12 main.main (0x48cf9e) (thread 17835)
  Goroutine 2 - User: /root/go1.13/src/runtime/proc.go:305 runtime.gopark (0x42b4e0) [force
gc (idle)]
  Goroutine 3 - User: /root/go1.13/src/runtime/proc.go:305 runtime.gopark (0x42b4e0) [GC
sweep wait]
  Goroutine 4 - User: /root/go1.13/src/runtime/proc.go:305 runtime.gopark (0x42b4e0) [GC
scavenge wait]
  Goroutine 5 - User: /root/go1.13/src/runtime/proc.go:305 runtime.gopark (0x42b4e0) [GC
worker (idle)]
  Goroutine 6 - User: /root/go1.13/src/runtime/proc.go:305 runtime.gopark (0x42b4e0) [GC
worker (idle)]
  Goroutine 17 - User: /root/go1.13/src/runtime/proc.go:305 runtime.gopark (0x42b4e0)
[finalizer wait]
  Goroutine 18 - User: ./main.go:9 main.main.func1 (0x48cfe7) (thread 17837)
[8 goroutines]
```

可以看到一共有 8 个 goroutine，除了 1 号和 18 号是在执行用户代码外，其他都与 GC 相关且都处于空闲或等待状态。1 号 goroutine 正在执行 main()函数，main. go 的第 12 行就是 main()函数最后空的 for 循环，说明它一直在这里循环，占满一个 CPU 核心的应该就是它。18 号 goroutine 执行的位置在 func1()函数中，对照源码行号来看就是协程中的 fmt. Println()函数。我们通过调试器切换到 18 号 goroutine，然后查看它的调用栈，执行的命令如下：

```
(dlv) gr 18
Switched from 1 to 18 (thread 17837)
(dlv) bt
0  0x0000000000455553 in runtime.futex
   at /root/go1.13/src/runtime/sys_linux_amd64.s:536
1  0x0000000000451700 in runtime.systemstack_switch
   at /root/go1.13/src/runtime/asm_amd64.s:330
2  0x0000000000417457 in runtime.gcStart
   at /root/go1.13/src/runtime/mgc.go:1287
3  0x000000000040b026 in runtime.mallocgc
   at /root/go1.13/src/runtime/malloc.go:1115
4  0x0000000000408f8b in runtime.convT64
   at /root/go1.13/src/runtime/iface.go:352
5  0x000000000048cfe7 in main.main.func1
   at ./main.go:9
6  0x0000000000453651 in runtime.goexit
   at /root/go1.13/src/runtime/asm_amd64.s:1357
```

按照这个调用栈，结合我们看到的现象进行分析：协程中要调用 fmt. Println()函数，该函数的参数类型是 interface{}，所以要先调用 runtime. convT64()函数来把一个 int64（amd64 平台上的 int 本质上是 int64）转换为 interface{}类型，而 convT64()函数内部需要分配内存，经过多次循环之后达到了 GC 阈值，要先进行 GC 才能继续执行，所以 mallocgc()函数调用 gcStart()函数开始执行 GC。后续能够看出 gcStart()函数内部切换至了系统栈，然后发生了等待阻塞。

我们通过源码看一下 mgc. go 的 1287 行到底在干什么，代码如下：

```
systemstack(stopTheWorldWithSema)
```

原来是通过 systemstack()函数切换至系统栈，然后调用 stopTheWorldWithSema()函数，看来是要 STW，但为什么会阻塞呢？这就要讲讲 STW 的实现原理了。6.5.4 节在解释 schedt 的 gcwaiting 字段时有过简单介绍，这里摘选了该函数的核心代码来看一下，代码如下：

```
lock(&sched.lock)
sched.stopwait = gomaxprocs
atomic.Store(&sched.gcwaiting, 1)
```

```
preemptall()

_g_.m.p.ptr().status = _Pgcstop
sched.stopwait--

for _, p := range allp {
    s := p.status
    if s == _Psyscall && atomic.Cas(&p.status, s, _Pgcstop) {
        if trace.enabled {
            traceGoSysBlock(p)
            traceProcStop(p)
        }
        p.syscalltick++
        sched.stopwait--
    }
}

for {
    p := pidleget()
    if p == nil {
        break
    }
    p.status = _Pgcstop
    sched.stopwait--
}
wait := sched.stopwait > 0
unlock(&sched.lock)

if wait {
    for {
        if notetsleep(&sched.stopnote, 100 * 1000) {
            noteclear(&sched.stopnote)
            break
        }
        preemptall()
    }
}
```

先根据 gomaxprocs 的值设置 stopwait，实际上就是 P 的个数，然后把 gcwaiting 置为 1，并通过 preemptall() 函数去抢占所有运行中的 P。preemptall() 函数会遍历 allp 这个切片，调用 preemptone() 函数逐个抢占处于_Prunning 状态的 P。接下来把当前 M 持有的 P 置为_Pgcstop 状态，并把 stopwait 减去 1，表示当前 P 已经被抢占了，然后遍历 allp，把所有处于_Psyscall 状态的 P 置为_Pgcstop 状态，并把 stopwait 减去对应的数量。再循环通过 pidleget() 函数取得所有空闲的 P，都置为_Pgcstop 状态，从 stopwait 减去相应的数量。最后通过判断 stopwait 是否大于 0,也就是是否还有没被抢占的 P,来确定是否需要等待。如果需要等待,就以 $100\mu m$ 为超时时间,在 sched.stopnote 上等待,超时后再次通过 preemptall()函数抢占所有 P。因为 preemptall()函数不能保证一次就成功,所以需要循环。最后一个响应 gcwaiting 的工作线程在自我挂起之前,会通过 stopnote 唤醒当前线程,STW 也就完成了。

实际用来执行抢占的 preemptone()函数的代码如下:

```go
func preemptone(_p_ * p) bool {
    mp := _p_.m.ptr()
    if mp == nil || mp == getg().m {
        return false
    }
    gp := mp.curg
    if gp == nil || gp == mp.g0 {
        return false
    }

    gp.preempt = true

    gp.stackguard0 = stackPreempt
    return true
}
```

第 1 个 if 判断是为了避开当前 M,不能抢占自己。第 2 个 if 用于避开处于系统栈的 M,不能打断调度器自身,而所谓的抢占,就是把 g 的 preempt 字段设置成 true,并把 stackguard0 这个栈增长检测的下界设置成 stackPreempt。这样就能实现抢占了吗?

还记不记得之前反编译很多函数的时候,都会看到编译器安插在函数头部的栈增长代码? 例如对于一个递归式的斐波那契函数,代码如下:

```go
//第 6 章/code_6_3.go
func fibonacci(n int) int {
    if n < 2 {
        return 1
    }
    return fibonacci(n-1) + fibonacci(n-2)
}
```

经过反编译后,可以看到最终生成的汇编指令如下:

```
TEXT main.fibonacci(SB) /root/work/sched/main.go
func fibonacci(n int) int {
  0x4526e0      64488b0c25f8ffffff    MOVQ FS:0xfffffff8, CX
  0x4526e9      483b6110              CMPQ 0x10(CX), SP
```

```
0x4526ed       766e                    JBE 0x45275d
0x4526ef       4883ec20                SUBQ $ 0x20, SP
0x4526f3       48896c2418              MOVQ BP, 0x18(SP)
0x4526f8       488d6c2418              LEAQ 0x18(SP), BP
        if n < 2 {
0x4526fd       488b442428              MOVQ 0x28(SP), AX
0x452702       4883f802                CMPQ $ 0x2, AX
0x452706       7d13                    JGE 0x45271b
          return 1
0x452708       48c744243001000000      MOVQ $ 0x1, 0x30(SP)
0x452711       488b6c2418              MOVQ 0x18(SP), BP
0x452716       4883c420                ADDQ $ 0x20, SP
0x45271a       c3                      RET
      return fibonacci(n − 1) + fibonacci(n − 2)
0x45271b       488d48ff                LEAQ − 0x1(AX), CX
0x45271f       48890c24                MOVQ CX, 0(SP)
0x452723       e8b8ffffff              CALL main.fibonacci(SB)
0x452728       488b442408              MOVQ 0x8(SP), AX
0x45272d       4889442410              MOVQ AX, 0x10(SP)
0x452732       488b4c2428              MOVQ 0x28(SP), CX
0x452737       4883c1fe                ADDQ $ − 0x2, CX
0x45273b       48890c24                MOVQ CX, 0(SP)
0x45273f       e89cffffff              CALL main.fibonacci(SB)
0x452744       488b442410              MOVQ 0x10(SP), AX
0x452749       4803442408              ADDQ 0x8(SP), AX
0x45274e       4889442430              MOVQ AX, 0x30(SP)
0x452753       488b6c2418              MOVQ 0x18(SP), BP
0x452758       4883c420                ADDQ $ 0x20, SP
0x45275c       c3                      RET
func fibonacci(n int) int {
0x45275d       e85e7affff              CALL runtime.morestack_noctxt(SB)
0x452762       e979ffffff              JMP main.fibonacci(SB)
```

还是转换成等价的 Go 风格的伪代码更容易理解，也更直观，伪代码如下：

```
func fibonacci(n int) int {
entry:
    gp : = getg()
    if SP < = gp.stackguard0 {
        goto morestack
    }
    return fibonacci(n − 1) + fibonacci(n − 2)
morestack:
    runtime.morestack_noctxt()
    goto entry
}
```

实际上,编译器安插在函数开头的检测代码会有几种不同的形式,具体用哪种形式是根据函数栈帧的大小来定的。不管怎样检测,最终目的都是一样的,就是避免当前函数的栈帧超过已分配栈空间的下界,也就是通过提前分配空间来避免栈溢出。

执行抢占的时候,preemptone()函数设置的那个 stackPreempt 是个常量,将其赋值给 stackguard0 之后,就会得到一个很大的无符号整数,在 64 位系统上是 0xfffffffffffffade,在 32 位系统上是 0xfffffade。实际的栈不可能位于这个地方,也就是说 SP 寄存器始终会小于这个值,因此,只要代码执行到这里,肯定就会去执行 runtime. morestack_noctxt()函数,而 morestack_noctxt()函数只是直接跳转到 runtime. morestack()函数,而后者又会调用 runtime. newstack()函数。newstack()函数内部检测到如果 stackguard0=stackPreempt 这个常量,就不会真正进行栈增长操作,而是去调用 gopreempt_m,后者又会调用 goschedImpl()函数。最终 goschedImpl()函数会调用 schedule()函数,还记得 schedule()函数开头检测 gcwaiting 的 if 语句吗?工作线程就是在那些地方响应 STW 的。执行流能够一路走到 schedule()函数,这就是通过栈增长检测代码实现 goroutine 抢占的原理。

现在就比较容易理解我们实验程序停住的原因了,执行 fmt. Println()函数的 goroutine 需要执行 GC,进而发起了 STW,而 main()函数中的空 for 循环因为没有调用任何函数,所以没有机会执行栈增长检测代码,也就不能被抢占了。

如图 6-25 所示,Go 1.13 版本及之前的抢占依赖于 goroutine 检测到 stackPreempt 标识而自动让出,并不算是真正意义上的抢占。一个空的 for 循环就让程序挂起了,这可真是个隐患。虽然我们不会在生产环境写出这种代码,但是对于调度器来讲,毕竟是个缺陷,所以在 Go 1.14 版本中,这个问题被解决了。

6.9.2 Go 1.14 的抢占式调度

🔲 5min

Go 1.14 实现了真正的抢占式调度,从现象来看,还是采用第 6 章/code_6_2.go 那个实验代码,用 Go 1.14 版生成可执行文件,再运行就不会阻塞了。从 Go 1.14 版开始,空的 for 循环这类代码也能被抢占了,就像操作系统通过中断打断运行中的线程一样。

这种真正的抢占是如何实现的呢? 在 UNIX 系操作系统上是基于信号实现的,所以也称为异步抢占。接下来就以 Linux 系统为例,实际研究一下。这次需要先从源码开始,对比一下 Go 1.14 版与 Go 1.13 版有哪些不同,了解了具体的细节之后再通过调试等手段进行相关实践。

下面就是 Go 1.14 版 runtime. preemptone()函数的源码,可以看到比之前的 Go 1.13 版多出来了最后的那个 if 语句块,代码如下:

```
func preemptone(_p_ * p) bool {
    mp := _p_.m.ptr()
    if mp == nil || mp == getg().m {
```

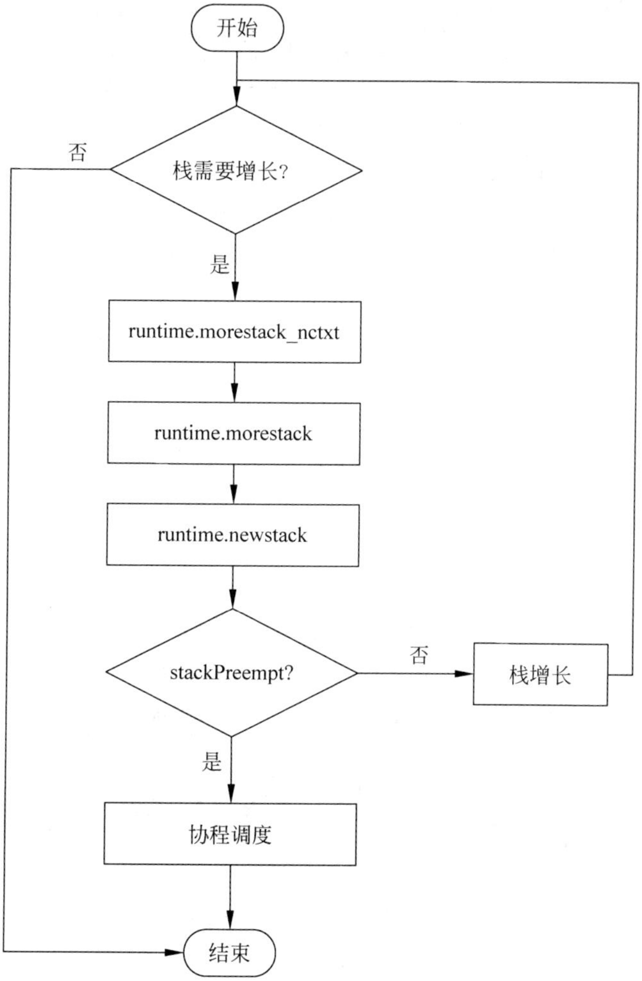

图 6-25 Go 1.13 版本中的抢占式调度流程

```
        return false
}
gp : = mp.curg
if gp == nil || gp == mp.g0 {
        return false
}
gp.preempt = true
gp.stackguard0 = stackPreempt
if preemptMSupported && debug.asyncpreemptoff == 0 {
        _p_.preempt = true
```

```
            preemptM(mp)
    }
    return true
}
```

其中的 preemptMSupported 是个常量,因为受硬件特性的限制,在某些平台上是无法支持这种抢占的。debug. asyncpreemptoff 则是让用户可以通过 GODEBUG 环境变量来禁用异步抢占,默认情况下是被启用的。在 P 的数据结构中也新增了一个 preempt 字段,这里会把它设置为 true。实际的抢占操作是由 preemptM()函数完成的。

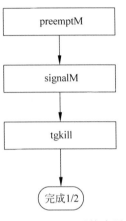

preemptM()函数的主要逻辑就是通过 runtime. signalM() 函数向指定 M 发送 sigPreempt 信号。至于 signalM()函数,就是调用操作系统的信号相关系统调用,将指定信号发送给目标线程。至此,异步抢占逻辑的主要工作就算完成了前一半,如图 6-26 所示,信号已经发出去了。

图 6-26　Linux 系统中异步抢占的前一半工作

异步抢占工作的后一半就要由接收到信号的工作线程来完成了。还是先定位到相应的源码,runtime. sighandler()函数就是负责处理接收的信号的,其中有这样一个 if 语句,代码如下:

```
if sig == sigPreempt {
    doSigPreempt(gp, c)
}
```

如果收到的信号是 sigPreempt,就调用 doSigPreempt()函数。doSigPreempt()函数的代码如下:

```
func doSigPreempt(gp * g, ctxt * sigctxt) {
    if wantAsyncPreempt(gp) && isAsyncSafePoint(gp, ctxt.sigpc(), ctxt.sigsp(), ctxt.siglr())
    {
        ctxt.pushCall(funcPC(asyncPreempt))
    }

    atomic.Xadd(&gp.m.preemptGen, 1)
    atomic.Store(&gp.m.signalPending, 0)

    if GOOS == "darwin" {
        atomic.Xadd(&pendingPreemptSignals, -1)
    }
}
```

重点就在于第 1 个 if 语句块,它先通过 wantAsyncPreempt()函数确认 runtime 确实想要对指定的 G 实施异步抢占,再通过 isAsyncSafePoint()函数确认 G 当前执行上下文是能够安全地进行异步抢占的。实际看一下 wantAsyncPreempt()函数的源码,代码如下:

```
func wantAsyncPreempt(gp * g) bool {
    return (gp.preempt || gp.m.p != 0 && gp.m.p.ptr().preempt) && readgstatus (gp) &^_Gscan =
= _Grunning
}
```

它会同时检查 G 和 P 的 preempt 字段,并且 G 当前需要处于_Grunning 状态。在每轮调度循环中,P 和 G 的 preempt 字段都会被置为 false,所以这个检测能够避免刚刚切换至一个新的 G 后马上又被抢占。isAsyncSafePoint()函数的代码比较复杂且涉及较多其他细节,这里就不展示源码了。它从以下几个方面来保证在当前位置进行异步抢占是安全的:

(1)可以挂起 G 并安全地扫描它的栈和寄存器,没有潜在的隐藏指针,而且当前并没有打断一个写屏障。

(2)G 还有足够的栈空间来注入一个对 asyncPreempt()函数的调用。

(3)可以安全地和 runtime 进行交互,例如未持有 runtime 相关的锁,因此在尝试获得锁时不会造成死锁。

以上两个函数都确认无误后,才通过 pushCall 向 G 的执行上下文中注入一个函数调用,要调用的目标函数是 runtime.asyncPreempt()函数。这是一个汇编函数,它会先把各个寄存器的值保存在栈上,也就是先将现场保存到栈上,然后调用 runtime.asyncPreempt2()函数。asyncPreempt2()函数的代码如下:

```
func asyncPreempt2() {
    gp := getg()
    gp.asyncSafePoint = true
    if gp.preemptStop {
        mcall(preemptPark)
    } else {
        mcall(gopreempt_m)
    }
    gp.asyncSafePoint = false
}
```

其中 preemptStop 主要在 GC 标记时被用来挂起运行中的 goroutine,preemptPark()函数会把当前 g 切换至_Gpreempted 状态,然后调用 schedule()函数,而通过 preemptone()函数发起的异步抢占会调用 gopreempt_m()函数,它最终也会调用 schedule()函数。至此,整个抢占过程就完整地实现了。

关于如何在执行上下文中注入一个函数调用,我们在这里结合 AMD64 架构做一下更细致的说明。runtime 源码中与 AMD64 架构对应的 pushCall()函数的代码如下:

```
func (c * sigctxt) pushCall(targetPC uintptr) {
    pc := uintptr(c.rip())
    sp := uintptr(c.rsp())
    sp -= sys.PtrSize
    * ( * uintptr)(unsafe.Pointer(sp)) = pc
    c.set_rsp(uint64(sp))
    c.set_rip(uint64(targetPC))
}
```

先把 SP 向下移动一个指针大小的位置,把 PC 的值存入栈上 SP 指向的位置,然后将 PC 的值更新为 targetPC。这样就模拟了一条 CALL 指令的效果,如图 6-27 所示,栈上存入的 PC 的旧值就相当于返回地址。此时整个执行上下文的状态就像是 goroutine 在被信号打断的位置额外执行了一条 CALL targetPC 指令,由于执行流刚刚跳转到 targetPC 地址处,所以还没来得及执行目标地址处的指令。

当 sighandler() 函数处理完信号并返回之后,被打断的 goroutine 得以继续执行,会立即调用被注入的 asyncPreempt() 函数。经过一连串的函数调用,最终执行到 schedule() 函数。异步抢占的后一半工作流程如图 6-28 所示。

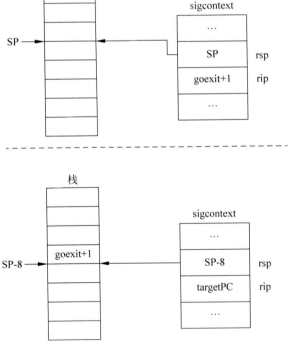

图 6-27　AMD64 架构下注入一个函数调用

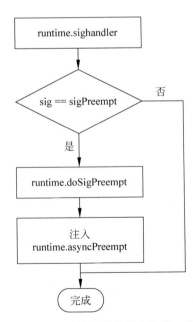

图 6-28　Linux 系统中异步抢占的后一半工作

了解了整个流程之后,我们再来做一个很简单的实验。还是采用第 6 章/code_6_2.go 文件中的代码,用 Go 1.14 版编译之后再运行,可以发现程序会一直输出,不再阻塞。这时,用 dlv 调试器附加到目标进程,并且在 runtime.asyncPreempt2()函数中设置断点,然后让程序继续运行。等到命中断点后,查看调用栈的回溯,命令如下:

```
(dlv) bt
0   0x00000000004302f0 in runtime.asyncPreempt2
    at /root/go1.14/src/runtime/preempt.go:302
1   0x000000000045d91b in runtime.asyncPreempt
    at /root/go1.14/src/runtime/preempt_amd64.s:50
2   0x0000000000491daf in main.main
    at ./main.go:12
3   0x00000000004318ea in runtime.main
    at /root/go1.14/src/runtime/proc.go:203
4   0x000000000045bff1 in runtime.goexit
    at /root/go1.14/src/runtime/asm_amd64.s:1373
```

从栈回溯来看是 main()函数调用了 asyncPreempt()函数,而 main.go 的 12 行正是那个空的 for 循环,它没有调用任何函数,这个调用就是被 pushCall()函数注入的。

还有一种方式,可以通过 GODEBUG 环境变量来禁用异步抢占,此时会发现 Go 1.14 版编译的程序运行一段时间后也会阻塞,命令如下:

```
$ GODEBUG = 'asyncpreemptoff = 1' ./code_6_2
```

另外还有一点,如果把协程中用来打印的 fmt.Println()函数换成 println()函数,则会发现运行很久都不会阻塞,即使是 Go 1.13 版编译的程序也是如此。这是因为 println()函数不需要额外分配内存,感兴趣的读者可以自行尝试。本节关于抢占式调度的探索就讲解到这里。

6.10 timer

6.10.1 一个示例

在 6.7.2 节介绍协程创建时我们使用了一个 hello goroutine 的例子,其中 main goroutine 创建的 hello goroutine 还没执行,main.main()函数就返回了,然后 exit()函数就结束了进程。下面我们让 main goroutine 在 timer 中等待一下,让 hello goroutine 有时间得以运行,代码如下:

```
//第 6 章/code_6_4.go
package main
import "time"
```

```go
func hello(name string){
    println("Hello ", name)
}
func main(){
    name : = "Goroutine"
    go hello(name)
    time.Sleep(time.Second)
}
```

当 main goroutine 执行到 time.Sleep()函数时,会创建一个 timer 对象,timer 对象会记录 timer 的触发时间和时间到达时需要执行的回调函数,以及是哪个协程在等待 timer 等信息。

设置好 timer 对象后,就会调用 gopark()函数,使当前 goroutine 挂起,让出 CPU。main goroutine 的状态会从_Grunning 改为_Gwaiting,不会进入当前 P 的本地 runq,而是进到刚刚创建的那个 timer 中等待,随后 hello goroutine 有机会得到调度执行,如图 6-29 所示。

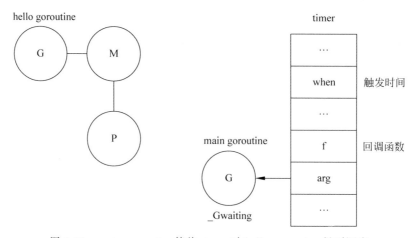

图 6-29 main goroutine 等待 timer 时 hello goroutine 得到调度

等到 timer 触发时间到达后,回调函数 timer.f()得以执行,对于 time.Sleep()函数而言,timer.f 被设置为 goroutineReady()函数,函数的代码如下:

```go
func goroutineReady(arg interface{}, seq uintptr) {
    goready(arg.(*g), 0)
}
```

goroutineReady()函数直接调用 goready()函数,它会切换到 g0 栈,并执行 runtime.ready()函数。待 ready 的协程自然是 main goroutine,此时它的状态是_Gwaiting,接下来会被修改为_Grunnable,表示它又可以被调度执行了,然后,它会被放到当前 P 的本地 runq

中,所以,timer 等待的时间到达后,main goroutine 又可以得到调度执行了。接下来,在 main goroutine 恢复执行后,main. main()函数执行后返回,进程退出。

通过这个修改后的例子,我们初步了解了协程等待 timer 时让出与恢复的大致过程,接下来我们展开一些细节。

6.10.2　数据结构

在 runtime 中,每个计时器都用一个 timer 对象表示。在 Go 1.14 版本及后续的版本中,timer 的结构定义代码如下:

```
type timer struct {
    pp        puintptr
    when      int64
    period    int64
    f         func(interface{}, uintptr)
    arg       interface{}
    seq       uintptr
    nextwhen int64
    status    uint32
}
```

其中各个字段的用途如表 6-8 所示。

表 6-8　timer 数据结构各个字段的用途

字　　段	用　　途
pp	从 Go 1.14 版本开始,runtime 使用堆结构来管理 timer,而每个 P 中都有一个最小堆。这个 pp 字段本质上是个指针,表示当前 timer 被放置在哪个 P 的堆中
when	时间戳,精确到纳秒级别,表示 timer 何时会触发
period	表示周期性 timer 的触发周期,单位也是纳秒
f	回调函数,当 timer 触发的时候会调用它,它就是要定时完成的任务
arg	调用 f 时传给它的第 1 个参数
seq	起到一个序号的作用,主要被 netpoller 使用
nextwhen	时间戳,在修改 timer 时用来记录修改后的触发时间。修改 timer 时不会直接修改 when 字段,这样会打乱堆的有序状态,所以先更新 nextwhen 并将 status 设置为已修改状态,等到后续调整 timer 在堆中位置时再更新 when 字段
status	表示 timer 当前的状态,取值自 runtime 中一组预定义的常量

针对 status 字段,runtime 源码中定义了 10 种状态,如表 6-9 所示。

表 6-9   status 不同状态的含义

状 态	含 义
timerNoStatus	表示没有状态,一般是刚分配还没添加到堆中的 timer
timerWaiting	表示处于等待状态的 timer,已经被添加到某个 P 的堆中等待触发
timerRunning	表示运行中的 timer,是一个短暂的状态,也就是触发后 timer.f 执行期间
timerDeleted	表示已删除但还未被移除的 timer,仍位于某个 P 的堆中,但是不会触发
timerRemoving	表示正在被从堆中移除,也是一个短暂的状态
timerRemoved	表示已经被从堆中移除了,一般是从 Deleted 到 Removing 最终到 Removed
timerModifying	表示 timer 当前正在被修改,也是一个短暂的状态
timerModifiedEarlier	表示 timer 被修改到一个更早的时间,新时间存在于 nextwhen 中
timerModifiedLater	表示 timer 被修改到一个更晚的时间,新时间存在于 nextwhen 中
timerMoving	表示一个被修改过的 timer 正在被移动,也是一个短暂的状态

在 runtime.p 中也有一组专门用来支持 timer 的字段,节选的相关代码如下:

```
type p struct {
    timer0When             uint64
    timerModifiedEarliest uint64
    timersLock            mutex
    timers                [] * timer
    numTimers             uint32
    adjustTimers          uint32
    deletedTimers         uint32
}
```

其中各个字段的用途如表 6-10 所示,timerModifiedEarliest 是在 Go 1.16 版本中新增的,其余字段都是在 Go 1.14 版本中重构 timer 时引入的。

表 6-10   runtime.p 中支持 timer 的字段及其用途

字 段	用 途
timer0When	表示位于最小堆堆顶的 timer 的触发时间,也就是复制其 when 字段
timerModifiedEarliest	表示所有已知的处于 timerModifiedEarlier 状态的 timer 中,nextwhen 值最小的那个 timer 的 nextwhen 值。和 timer0When 相同,都是通过 atomic 函数来操作的,两者之间更小的那个被认为是接下来第 1 个要触发的 timer 的触发时间
timersLock	主要用来保护 P 中的 timer 堆,也就是 timers 切片
timers	timers 切片就是用来存放 timer 的最小堆,这是一个 4 叉堆,与传统 2 叉堆相比有着更少的层数,也能更好地利用缓存的局部性原理
numTimers	记录的是堆中 timer 的总数,应该与 timers 切片的长度一致
adjustTimers	记录的是堆中处于 timerModifiedEarlier 状态的 timer 的总数
deletedTimers	记录的是堆中已删除但还未被移除的 timer 的总数

6.10.3　操作函数

runtime 中有一组与 timer 相关的函数,其中有最底层的 siftupTimer() 函数和 siftdownTimer() 函数,它们用来在最小堆中根据 when 字段的值上下移动 timer,以维持堆的有序性。doaddtimer() 函数、dodeltimer() 函数及 dodeltimer0() 函数用来将指定的 timer 添加到堆中,或者将其从堆中移除,这也是偏底层一些的函数,不会被 runtime 中除 timer 以外的其他模块直接调用。像 addtimer()、deltimer()、modtimer() 和 resettimer() 这几个函数就属于 timer 模块提供的接口了,runtime 中的其他模块可以直接调用这些函数,例如 6.11 节要讲解的 netpoller 就会用到这组函数。至于 startTimer()、stopTimer() 和 resetTimer() 这些函数,只是对这组接口函数进行了简单包装,并通过 linkname 机制链接到 time 包,提供给标准库使用。最后,还有被调度器调用的 adjusttimers() 函数、runtimer() 函数和 clearDeletedTimers() 函数,它们会对 timer 堆进行维护,以及运行那些到达触发时间的 timer。

在上述函数中,像 addtimer()、deltimer() 和 modtimer() 这些函数还是比较简单的,接下来我们就逐一看一下 Go 1.14 版本中它们的源码。

1. 添加

addtimer() 函数的源码如下:

```
func addtimer(t * timer) {
    if t.when < 0 {
        t.when = maxWhen
    }
    if t.status != timerNoStatus {
        throw("addtimer called with initialized timer")
    }
    t.status = timerWaiting

    when := t.when

    pp := getg().m.p.ptr()
    lock(&pp.timersLock)
    cleantimers(pp)
    doaddtimer(pp, t)
    unlock(&pp.timersLock)

    wakeNetPoller(when)
}
```

先对 t 的 when 和 status 字段进行校验及修正,然后对 pp 的 timersLock 加锁,在锁的保护下调用 cleantimers() 函数清理堆顶,可能存在已被删除的 timer,再调用 doaddtimer() 函数把 t 添加到堆中。添加操作至此就完成了,然后进行解锁操作。最后调用的 wakeNetPoller()

函数会根据 when 的值按需唤醒阻塞中的 netpoller,目的是让调度线程能够及时处理 timer。

2. 删除

deltimer()函数用来删除一个 timer,这里的删除操作主要是修改 timer 的状态,并不是从堆中移除,函数的代码如下:

```go
func deltimer(t * timer) bool {
    for {
        switch s : = atomic.Load(&t.status); s {
        case timerWaiting, timerModifiedLater:
            mp : = acquirem()
            if atomic.Cas(&t.status, s, timerModifying) {
                tpp : = t.pp.ptr()
                if !atomic.Cas(&t.status, timerModifying, timerDeleted) {
                    badTimer()
                }
                releasem(mp)
                atomic.Xadd(&tpp.deletedTimers, 1)
                return true
            } else {
                releasem(mp)
            }
        case timerModifiedEarlier:
            mp : = acquirem()
            if atomic.Cas(&t.status, s, timerModifying) {
                tpp : = t.pp.ptr()
                atomic.Xadd(&tpp.adjustTimers, -1)
                if !atomic.Cas(&t.status, timerModifying, timerDeleted) {
                    badTimer()
                }
                releasem(mp)
                atomic.Xadd(&tpp.deletedTimers, 1)
                return true
            } else {
                releasem(mp)
            }
        case timerDeleted, timerRemoving, timerRemoved:
            return false
        case timerRunning, timerMoving:
            osyield()
        case timerNoStatus:
            return false
        case timerModifying:
            osyield()
        default:
```

```
                badTimer()
            }
        }
}
```

该函数不会改动 timer 堆,所以不需要对 timersLock 加锁。正常的处理流程是对处在 timerWaiting、timerModifiedLater 和 timerModifiedEarlier 这 3 种状态的 timer 用原子操作函数 Cas()先把 status 改为 timerModifying,再进一步改为 timerDeleted,同时要原子性地将相关计数减 1。调用 acquirem()函数是为了避免操作过程中被抢占,可能会造成死锁问题。对于 timerDeleted、timerRemoving、timerRemoved 和 timerNoStatus 这几种状态的 timer,要么不会再触发,要么根本不在堆中,所以不需要进行处理。至于 timerRunning、timerMoving 和 timerModifying,分别表示 timer 正在运行、正在被移动,以及正在被修改,这种时候不能对 timer 进行删除操作,必须等到 timer 脱离当前状态以后再进一步操作,这 3 种状态都是比较短暂的,所以使用 osyield()函数暂时让出 CPU 即可。

3. 修改

modtimer()函数的代码稍微多一些,我们将代码分成上下两部分来分析。第一部分代码如下:

```
func modtimer(t * timer, when, period int64, f func(interface{}, uintptr), arg interface{},
seq uintptr) {
    if when < 0 {
        when = maxWhen
    }

    status := uint32(timerNoStatus)
    wasRemoved := false
    var mp * m
loop:
    for {
    switch status = atomic.Load(&t.status); status {
        case timerWaiting, timerModifiedEarlier, timerModifiedLater:
            mp = acquirem()
            if atomic.Cas(&t.status, status, timerModifying) {
                break loop
            }
            releasem(mp)
        case timerNoStatus, timerRemoved:
            mp = acquirem()
            if atomic.Cas(&t.status, status, timerModifying) {
                wasRemoved = true
                break loop
            }
```

```
            releasem(mp)
        case timerDeleted:
            mp = acquirem()
            if atomic.Cas(&t.status, status, timerModifying) {
                atomic.Xadd(&t.pp.ptr().deletedTimers, -1)
                break loop
            }
            releasem(mp)
        case timerRunning, timerRemoving, timerMoving:
            osyield()
        case timerModifying:
            osyield()
        default:
            badTimer()
        }
    }
```

这个 for 加 switch 语句结构跟 deltimer()函数有些类似,凡是以 ing 结尾的状态都表示需要等待。值得注意的是 wasRemoved 用来表示指定的 timer 已经不在堆中,后面需要与还在堆中的 timer 分别进行处理。

第二部分代码如下:

```
    t.period = period
    t.f = f
    t.arg = arg
    t.seq = seq

    if wasRemoved {
        t.when = when
        pp := getg().m.p.ptr()
        lock(&pp.timersLock)
        doaddtimer(pp, t)
        unlock(&pp.timersLock)
        if !atomic.Cas(&t.status, timerModifying, timerWaiting) {
            badTimer()
        }
        releasem(mp)
        wakeNetPoller(when)
    } else {
        t.nextwhen = when

        newStatus := uint32(timerModifiedLater)
        if when < t.when {
            newStatus = timerModifiedEarlier
```

```
    }

    adjust := int32(0)
    if status == timerModifiedEarlier {
        adjust--
    }
    if newStatus == timerModifiedEarlier {
        adjust++
    }
    if adjust != 0 {
        atomic.Xadd(&t.pp.ptr().adjustTimers, adjust)
    }

    if !atomic.Cas(&t.status, timerModifying, newStatus) {
        badTimer()
    }
    releasem(mp)

    if newStatus == timerModifiedEarlier {
        wakeNetPoller(when)
    }
}
}
```

可以看到,对于 wasRemoved 的 timer,需要被添加到堆中,所以对应分支的逻辑与 addtimer() 函数很相似,改动 timer 堆需要对 timersLock 加锁。对于原本就在堆中的 timer,需要把新的触发时间 when 赋值给它的 nextwhen 字段,而不能直接改动它的 when 字段,因为在这里不打算改动它在堆里的位置。新的触发时间如果比原来更早,就把状态设为 timerModifiedEarlier,否则状态为 timerModifiedLater。经过这次改动,堆中处于 timerModifiedEarlier 状态的 timer 可能增加了一个,也可能减少了一个,还可能不增不减,如果有变化,就把 adjustTimers 相应地增加或减少 1。最后,如果新的触发时间比原来更早,还要调用 wakeNetPoller() 函数,为的是更早地唤醒调度线程,以便处理 timer。

在 Go 1.16 版中,modtimer() 函数会返回一个 bool 值,表示被修改的 timer 是否在运行前完成了修改,并且会更新 p 中的 timerModifiedEarliest 字段。在 Go 1.14 版中,p 中的 timer0When 用来存储最小堆堆顶的 timer 的 when 字段,表示最早要触发的 timer,但是对于修改过的 timer,触发时间可能会被修改成一个更早的时间,却没有相应的字段来记录这个修改后的最早时间。直到 Go 1.16 版才新增了这个 timerModifiedEarliest 字段,用来存储修改后的最早时间。这样一来,在调度器处理 timer 时,通过这两个时间中更小的那个就能直接确定最早的触发时间,而不需要对堆进行重排序。

至此,我们已经知道 timer 是存储在最小堆中的,以及是如何被添加、删除和修改的。接下来看一下调度器是如何运行 timer 的。

4. 运行

先来看两个会被调度器用到的函数，首先是用来调整 timer 堆的 adjusttimers()函数，代码如下：

```go
func adjusttimers(pp * p) {
    if len(pp.timers) == 0 {
        return
    }
    if atomic.Load(&pp.adjustTimers) == 0 {
        if verifyTimers {
            verifyTimerHeap(pp)
        }
        return
    }
    var moved [] * timer
loop:
    for i := 0; i < len(pp.timers); i++{
        t := pp.timers[i]
        if t.pp.ptr() != pp {
            throw("adjusttimers: bad p")
        }
        switch s := atomic.Load(&t.status); s {
        case timerDeleted:
            if atomic.Cas(&t.status, s, timerRemoving) {
                dodeltimer(pp, i)
                if !atomic.Cas(&t.status, timerRemoving, timerRemoved) {
                    badTimer()
                }
                atomic.Xadd(&pp.deletedTimers, -1)
                i--
            }
        case timerModifiedEarlier, timerModifiedLater:
            if atomic.Cas(&t.status, s, timerMoving) {
                t.when = t.nextwhen
                dodeltimer(pp, i)
                moved = append(moved, t)
                if s == timerModifiedEarlier {
                    if n := atomic.Xadd(&pp.adjustTimers, -1); int32(n) <= 0 {
                        break loop
                    }
                }
                i--
            }
        case timerNoStatus, timerRunning, timerRemoving, timerRemoved, timerMoving:
            badTimer()
```

```
        case timerWaiting:
            //nothing to do
        case timerModifying:
            osyield()
            i--
        default:
            badTimer()
        }
    }
    if len(moved) > 0 {
        addAdjustedTimers(pp, moved)
    }
    if verifyTimers {
        verifyTimerHeap(pp)
    }
}
```

如果 p. adjustTimers 等于 0,也就说明没有触发时间比 p. timer0When 更早的 timer,该函数就会直接返回。因为 p. adjustTimers 记录的是堆中状态为 timerModifiedEarlier 的 timer 的数量,也就是修改后触发时间被提前的 timer 的数量。

在接下来的 for 循环中,会顺便清理掉已删除的 timer,因为最小堆的结构特点,删除下标 i 位置的元素不会影响前面元素的顺序,所以每次删除后只需将 i 减 1,再继续遍历就不会漏掉内容了。同理,timerModifiedEarlier 和 timerModifiedLater 两种状态的 timer 也是先从堆中移除,然后追加到 moved 切片中,遍历完成后再由 addAdjustedTimers() 函数统一添加回去,这样就可避免中途对整个堆重新排序,所以只需遍历一次就可以了。addAdjustedTimers() 函数的逻辑很简单,代码如下:

```
func addAdjustedTimers(pp * p, moved [] * timer) {
    for _, t := range moved {
        doaddtimer(pp, t)
        if !atomic.Cas(&t.status, timerMoving, timerWaiting) {
            badTimer()
        }
    }
}
```

接下来讲解 runtimer() 函数,调度器就是通过它来运行 timer 的,函数的代码如下:

```
//go:systemstack
func runtimer(pp * p, now int64) int64 {
    for {
        t := pp.timers[0]
        if t.pp.ptr() != pp {
```

```
            throw("runtimer: bad p")
        }
        switch s : = atomic.Load(&t.status); s {
        case timerWaiting:
            if t.when > now {
                return t.when
            }
            if !atomic.Cas(&t.status, s, timerRunning) {
                continue
            }
            runOneTimer(pp, t, now)
            return 0
        case timerDeleted:
            if !atomic.Cas(&t.status, s, timerRemoving) {
                continue
            }
            dodeltimer0(pp)
            if !atomic.Cas(&t.status, timerRemoving, timerRemoved) {
                badTimer()
            }
            atomic.Xadd(&pp.deletedTimers, - 1)
            if len(pp.timers) == 0 {
                return - 1
            }
        case timerModifiedEarlier, timerModifiedLater:
            if !atomic.Cas(&t.status, s, timerMoving) {
                continue
            }
            t.when = t.nextwhen
            dodeltimer0(pp)
            doaddtimer(pp, t)
            if s == timerModifiedEarlier {
                atomic.Xadd(&pp.adjustTimers, - 1)
            }
            if !atomic.Cas(&t.status, timerMoving, timerWaiting) {
                badTimer()
            }
        case timerModifying:
            osyield()
        case timerNoStatus, timerRemoved:
            badTimer()
        case timerRunning, timerRemoving, timerMoving:
            badTimer()
        default:
            badTimer()
        }
    }
}
```

该函数必须在系统栈上运行，for 循环中始终取堆顶的那个 timer。如果 t 处于 timerWaiting 状态，则进一步比较 t.when 和当前时间，如果时间还没到就返回 t.when，否则就通过 runOneTimer() 函数来运行 t，并返回 0。如果 t 处于 timerDeleted 状态，就会通过 dodeltimer0() 函数把它从堆中移除，如果堆的大小变成 0 就返回 −1，否则继续循环。如果 t 处于 timerModifiedEarlier 或 timerModifiedLater 状态，则先把它从堆中移除，然后重新添加进去。整体来看，只要函数的返回值不为 0，就表示暂时没有 timer 可以运行。

再来看一下 runOneTimer() 函数的逻辑，简单起见省略了部分代码，只保留了主要逻辑，代码如下：

```
//go:systemstack
func runOneTimer(pp * p, t * timer, now int64) {
    f : = t.f
    arg : = t.arg
    seq : = t.seq

    if t.period > 0 {
        delta : = t.when − now
        t.when += t.period * (1 + − delta/t.period)
        siftdownTimer(pp.timers, 0)
        if !atomic.Cas(&t.status, timerRunning, timerWaiting) {
            badTimer()
        }
        updateTimer0When(pp)
    } else {
        dodeltimer0(pp)
        if !atomic.Cas(&t.status, timerRunning, timerNoStatus) {
            badTimer()
        }
    }

    unlock(&pp.timersLock)
    f(arg, seq)
    lock(&pp.timersLock)
}
```

如果 t.period 字段大于 0，也就说明 t 是个周期性的 timer，此时需要把 t.when 设置为下次触发的时间，并调整 t 在堆中的位置，还要按需更新 p 的 timer0When 字段。如果是一次性的 timer，就将其从堆中移除。最后，在解锁的情况下调用回调函数 f()，完成后重新加锁，这样能够避免因 f() 函数中调用 timer 相关函数造成死锁的情况。

至此，timer 模块的主要函数就梳理得差不多了，接下来看一看调度器是如何处理 timer 的。还记得 schedule() 函数和 findrunnable() 函数都会调用的那个 checkTimers() 函数吗？它就是联接调度循环与 timer 模块的纽带，函数的代码如下：

```
func checkTimers(pp * p, now int64) (rnow, pollUntil int64, ran bool) {
    if atomic.Load(&pp.adjustTimers) == 0 {
        next := int64(atomic.Load64(&pp.timer0When))
        if next == 0 {
            return now, 0, false
        }
        if now == 0 {
            now = nanotime()
        }
        if now < next {
            if pp != getg().m.p.ptr() || int(atomic.Load(&pp.deletedTimers)) <= int
(atomic.Load(&pp.numTimers)/4) {
                return now, next, false
            }
        }
    }
    lock(&pp.timersLock)
    adjusttimers(pp)
    rnow = now
    if len(pp.timers) > 0 {
        if rnow == 0 {
            rnow = nanotime()
        }
        for len(pp.timers) > 0 {
            if tw := runtimer(pp, rnow); tw != 0 {
                if tw > 0 {
                    pollUntil = tw
                }
                break
            }
            ran = true
        }
    }
    if pp == getg().m.p.ptr() && int(atomic.Load(&pp.deletedTimers)) > len(pp.timers)/4 {
        clearDeletedTimers(pp)
    }
    unlock(&pp.timersLock)
    return rnow, pollUntil, ran
}
```

函数会先处理 p.adjustTimers 为 0 的情况，这意味着堆中不存在触发时间被提前的 timer，所以 p.timer0When 就是最早的触发时间了。p.timer0When＝0，表示堆是空的，所以不需要进一步处理了。如果 p.timer0When 大于当前时间，就表示还没有到达任何 timer 的触发时间，这时候如果堆中处于 timerDeleted 状态的 timer 数量没有达到总数的 1/4，就直接返回。

接下来先对 p.timersLock 加锁,再通过 adjusttimers 调整 timer 堆,这样就能把那些被修改过的 timer 放到正确的位置。后续的 for 循环会一直调用 runtimer() 函数,直到 timer 堆为空或者 runtimer() 函数的返回值不等于 0。如果 runtimer() 函数的返回值大于 0,此返回值就是下个 timer 的触发时间,作为 pollUntil 返回,让阻塞式的 netpoll 能够在适当的时间超时返回。最后的 clearDeletedTimers() 函数保证 timer 堆能够得到清理,因为 adjusttimers() 函数在 p.adjustTimers 为 0 时不会进行任何操作,所以这个清理操作是必要的,避免太多已删除的 timer 影响堆性能。

6.11 netpoller

在 Go 语言的 runtime 中,netpoller 是负责把 IO 多路复用和协程调度结合起来的模块。如果 goroutine 执行网络 IO 时需要等待,则 netpoller 就会自动将其挂起,等到数据就绪以后再将其唤醒,用户代码对这一切都是无感知的,所以对于开发者来讲非常方便。本节还是从源码入手,分析并探索 netpoller 实现的原理。Go 语言的源码包含对多平台架构的支持,我们主要研究 Linux 系统上的 netpoller 实现,并且假设大家对 epoll 已经有了最基本的了解。

6.11.1 跨平台的 netpoller

为了支持多个平台,Go 的开发者对 netpoller 的源码进行了抽象,各个平台共用的逻辑被放置在 netpoll.go 文件中,分别适配各个平台的代码都有自己单独的文件,例如 netpoll_epoll.go 是针对 Linux 系统的,netpoll_kqueue.go 是针对 macOS 和 BSD 系统的。这些适配不同平台的代码被抽象成一组标准函数,这样一来 netpoller 的绝大部分代码就不用考虑具体的平台了。在 Go 1.14 版本中,这组函数一共有 7 个,函数的原型如下:

```
func netpollinit()
func netpollIsPollDescriptor(fd uintptr) bool
func netpollopen(fd uintptr, pd * pollDesc) int32
func netpollclose(fd uintptr) int32
func netpollarm(pd * pollDesc, mode int)
func netpollBreak()
func netpoll(delay int64) gList
```

接下来就结合 netpoll_epoll.go 中与 Linux 系统对应的一组实现,逐个梳理各个函数的用途,源代码摘选自 Go 1.14 版本的 runtime。

1. netpollinit()函数

netpollinit() 函数用来初始化 poller,只会被调用一次。在 Linux 系统上主要用来创建 epoll 实例,还会创建一个非阻塞式 pipe,用来唤醒阻塞中的 netpoller,代码如下:

```go
func netpollinit() {
    epfd = epollcreate1(_EPOLL_CLOEXEC)
    if epfd < 0 {
        epfd = epollcreate(1024)
        if epfd < 0 {
        println("runtime: epollcreate failed with", -epfd)
            throw("runtime: netpollinit failed")
        }
        closeonexec(epfd)
    }
    r, w, errno := nonblockingPipe()
    if errno != 0 {
        println("runtime: pipe failed with", -errno)
        throw("runtime: pipe failed")
    }
    ev := epollevent{
        events: _EPOLLIN,
    }
    *(**uintptr)(unsafe.Pointer(&ev.data)) = &netpollBreakRd
    errno = epollctl(epfd, _EPOLL_CTL_ADD, r, &ev)
    if errno != 0 {
        println("runtime: epollctl failed with", -errno)
        throw("runtime: epollctl failed")
    }
    netpollBreakRd = uintptr(r)
    netpollBreakWr = uintptr(w)
}
```

其中，epfd、netpollBreakRd 和 netpollBreakWr 都是包级别的变量。efpd 是 epoll 实例的文件描述符，netpollBreakRd 和 netpollBreakWr 是非阻塞管道两端的文件描述符，分别被用作读取端和写入端。读取端 netpollBreakRd 被添加到 epoll 中监听 EPOLLIN 事件，后续从写入端 netpollBreakWr 写入数据就能唤醒阻塞中的 poller。

2. netpollIsPollDescriptor()函数

netpollIsPollDescriptor()函数用来判断文件描述符 fd 是否被 poller 使用，在 Linux 对应的实现中，只有 epfd、netpollBreakRd 和 netpollBreakWr 属于被 poller 使用的描述符，函数的代码如下：

```go
func netpollIsPollDescriptor(fd uintptr) bool {
    return fd == uintptr(epfd) || fd == netpollBreakRd || fd == netpollBreakWr
}
```

3. netpollopen()函数

netpollopen()函数用来把要监听的文件描述符 fd 和与之关联的 pollDesc 结构添加到

poller 实例中,在 Linux 上就是添加到 epoll 中,代码如下:

```
func netpollopen(fd uintptr, pd * pollDesc) int32 {
    var ev epollevent
    ev.events = _EPOLLIN | _EPOLLOUT | _EPOLLRDHUP | _EPOLLET
    * ( ** pollDesc)(unsafe.Pointer(&ev.data)) = pd
    return - epollctl(epfd, _EPOLL_CTL_ADD, int32(fd), &ev)
}
```

文件描述符是以 EPOLLET(监听边缘触发模式)被添加到 epoll 中的,同时监听读、写事件。pollDesc 类型的数据结构 pd 作为与 fd 关联的自定义数据会被一同添加到 epoll 中。

4. netpollclose()函数

netpollclose()函数用来把文件描述符 fd 从 poller 实例中移除,也就是从 epoll 中删除,代码如下:

```
func netpollclose(fd uintptr) int32 {
    var ev epollevent
    return - epollctl(epfd, _EPOLL_CTL_DEL, int32(fd), &ev)
}
```

5. netpollarm()函数

netpollarm()函数只有在应用水平触发的系统上才会被用到,Linux 不会用到该函数,只是为了通过编译而用来凑数的,代码如下:

```
func netpollarm(pd * pollDesc, mode int) {
    throw("runtime: unused")
}
```

6. netpollBreak()函数

netpollBreak()函数用来唤醒阻塞中的 netpoll,它实际上就是向 netpollBreakWr 描述符中写入数据,这样一来 epoll 就会监听到 netpollBreakRd 的 EPOLLIN 事件,代码如下:

```
func netpollBreak() {
    for {
        var b byte
        n := write(netpollBreakWr, unsafe.Pointer(&b), 1)
        if n == 1 {
            break
        }
        if n == - _EINTR {
            continue
        }
        if n == - _EAGAIN {
```

```
            return
        }
        println("runtime: netpollBreak write failed with", -n)
        throw("runtime: netpollBreak write failed")
    }
}
```

因为 write 调用可能会被打断，所以在遇到 EINTR 错误的时候，netpollBreak() 函数会通过 for 循环持续尝试向 netpollBreakWr 中写入一字节数据。

7. netpoll() 函数

还剩最后一个函数，也是最为关键的，那就是 netpoll() 函数。在 6.8 节分析调度循环的时候，我们知道该函数会返回一个 gList，里面是因为 IO 数据就绪而能够恢复运行的一组 g。我们把函数的源码分成 3 部分分别进行梳理。

第一部分代码如下：

```
if epfd == -1 {
    return gList{}
}
var waitms int32
if delay < 0 {
    waitms = -1
} else if delay == 0 {
    waitms = 0
} else if delay < 1e6 {
    waitms = 1
} else if delay < 1e15 {
    waitms = int32(delay / 1e6)
} else {
    waitms = 1e9
}
```

epfd 的初始值是-1，而有效的文件描述符不会小于 0。epfd 仍旧等于-1，表明 epoll 尚未初始化，此时 netpoll() 函数就会返回一个空的 gList。接下来的 if 语句块把纳秒级的 delay 转换成了毫秒级的 waitms。

第二部分代码如下：

```
    var events [128]epollevent
retry:
    n := epollwait(epfd, &events[0], int32(len(events)), waitms)
    if n < 0 {
        if n != -_EINTR {
            println("runtime: epollwait on fd", epfd, "failed with", -n)
```

```
            throw("runtime: netpoll failed")
        }
        if waitms > 0 {
            return gList{}
        }
        goto retry
    }
```

通过 epollwait()函数等待 IO 事件,缓冲区大小为 128 个 epollevent,超时时间是
waitms。如果 epollwait()函数被中断打断,就通过 goto 来重试。waitms>0 时不会重试,
因为需要返回调用者中去重新计算超时时间。

第三部分代码如下:

```
var toRun gList
for i := int32(0); i < n; i++{
    ev := &events[i]
    if ev.events == 0 {
        continue
    }

    if *(**uintptr)(unsafe.Pointer(&ev.data)) == &netpollBreakRd {
        if ev.events != _EPOLLIN {
            println("runtime: netpoll: break fd ready for", ev.events)
            throw("runtime: netpoll: break fd ready for something unexpected")
        }
        if delay != 0 {
            var tmp [16]Byte
            read(int32(netpollBreakRd), noescape(unsafe.Pointer(&tmp[0])),
int32(len(tmp)))
        }
        continue
    }

    var mode int32
    if ev.events&(_EPOLLIN|_EPOLLRDHUP|_EPOLLHUP|_EPOLLERR) != 0 {
        mode += 'r'
    }
    if ev.events&(_EPOLLOUT|_EPOLLHUP|_EPOLLERR) != 0 {
        mode += 'w'
    }
    if mode != 0 {
        pd := *(**pollDesc)(unsafe.Pointer(&ev.data))
        pd.everr = false
        if ev.events == _EPOLLERR {
```

```
            pd.everr = true
        }
        netpollready(&toRun, pd, mode)
    }
}
return toRun
```

通过 for 循环遍历所有 IO 事件。对于文件描述符 netpollBreakRd 而言,只有 EPOLLIN
事件是正常的,其他都会被视为异常。只有在 delay 不为 0,也就是阻塞式 netpoll 时,才读
取 netpollBreakRd 中的数据。根据 epoll 返回的 IO 事件标志位为 mode 赋值:r 表示可读,
w 表示可写,r+w 表示既可读又可写。mode 不为 0,表示有 IO 事件,需要从 ev.data 字段
得到与 IO 事件关联的 pollDesc,检测 IO 事件中的错误标志位,并相应地为 pd.everr 赋值,
最后调用 netpollready() 函数。netpollready() 函数的代码如下:

```
func netpollready(toRun * gList, pd * pollDesc, mode int32) {
    var rg, wg * g
    if mode == 'r' || mode == 'r' + 'w' {
        rg = netpollunblock(pd, 'r', true)
    }
    if mode == 'w' || mode == 'r' + 'w' {
        wg = netpollunblock(pd, 'w', true)
    }
    if rg != nil {
        toRun.push(rg)
    }
    if wg != nil {
        toRun.push(wg)
    }
}
```

该函数的作用是,根据 mode 的值从 pollDesc 中取出 IO 需求被满足的 goroutine,然后
添加到 toRun 列表中。例如 mode 的值是可读或可读可写,而 pollDesc 中也有等待读事件
的 goroutine,那么这个 goroutine 就该被唤醒继续运行了,所以就会把这个 goroutine 添加
到 toRun 中。从 pollDesc 中获得对应 G 指针的操作是由 netpollunblock() 函数完成的。

在进一步探索之前,需要先弄清楚 pollDesc 结构中各个字段的含义,每个文件描述符
被添加到 netpoller 中之后,都由一个 pollDesc 来表示,该结构的定义代码如下:

```
//go:notinheap
type pollDesc struct {
    link    * pollDesc
    lock    mutex
    fd      uintptr
```

```
        closing bool
        everr   bool
        user    uint32
        rseq    uintptr
        rg      uintptr
        rt      timer
        rd      int64
        wseq    uintptr
        wg      uintptr
        wt      timer
        wd      int64
}
```

通过 notinheap 注释可以知道,该数据结构不允许被分配在堆上,runtime 会使用持久化分配器来为该结构分配内存,并且实现了专用的 pollCache 进行缓存。pollDesc 各字段的用途如表 6-11 所示。

表 6-11　pollDesc 各字段的用途

字　　段	用　　途
link	用于实现 pollCache 缓存,将空闲的 pollDesc 串成一个链表
lock	用来保护 pollDesc 结构中 seq 和 timer 相关字段
fd	要监听的文件描述符
closing	表示文件描述符 fd 正在被从 poller 中移除
everr	表示 poller 返回的 IO 事件中包含错误标志位
user	在 Linux 下没有被用到,aix、solaris 等会利用它存储一些扩展信息
rseq	一直自增的序列号,因为 pollDesc 结构会被复用,通过增加 rseq 的值,能够避免复用后的 pollDesc 被旧的读超时 timer 干扰
rg	有 4 种可能的取值,常量 pdReady、pdWait,一个 G 的指针,以及 nil。pdReady 表示 fd 的数据已经就绪,可供读取,某个 goroutine 消费掉这些数据后会把 rg 置为 nil。pdWait 表示某个 goroutine 即将挂起并等待 fd 的可读事件,goroutine 挂起后 rg 会被改成该 g 的指针,或者一个并发的可读事件会把 rg 置为 pdReady,抑或一个并发的读取超时或 close 操作会把 rg 置为 nil
rt	用于实现读超时的 timer,它会在超时时间到达时唤醒等待读的 goroutine
rd	设置的读超时时间
wseq	与 rseq、rg、rt 及 rd 类似,只不过针对的是写操作
wg	
wt	
wd	

在了解了 pollDesc 的结构后,继续看 netpollunblock() 函数的代码,代码如下:

```
func netpollunblock(pd * pollDesc, mode int32, ioready bool) * g {
    gpp := &pd.rg
    if mode == 'w' {
        gpp = &pd.wg
    }

    for {
        old := * gpp
        if old == pdReady {
            return nil
        }
        if old == 0 && ! ioready {
            return nil
        }
        var new uintptr
        if ioready {
            new = pdReady
        }
        if atomic.Casuintptr(gpp, old, new) {
            if old == pdWait {
                old = 0
            }
            return ( * g)(unsafe.Pointer(old))
        }
    }
}
```

首先要讲解的是函数的参数,mode 可以是字符 r 或 w,分别表示要取得 pd 中等待读或等待写的 g,ioready 表示与 mode 相对应的 IO 事件是否已触发,也就是 fd 是否可读或可写。

变量 gpp,也就是 g 指针的指针,默认获取的是 pd.rg 的地址。如果 mode 是 w,则是pd.wg 的地址。在接下来的 for 循环中,先处理的是 old 值为 pdReady 的情况,也就是说 IO已经就绪,却没有等待 IO 的协程,那么无论本次 ioready 的值如何,都不需要更新 * gpp 的值,于是直接返回 nil。如果 old 值为 0,并且 ioready 为 false,表示既没有协程在等待,也没有已就绪的 IO 事件,所以不需要做任何处理,直接返回 nil。接下来声明了变量 new,其默认值为 0,对应指针类型的 nil。如果 ioready 为真,则 new 会被赋值为 pdReady。接下来的CAS 函数会把新的状态 new 赋给 * gpp,并修正 old 的值。因为 old 最终会被强转换为 * g类型,所以必须是一个有效的指针或 nil。

综上所述,netpollunblock()函数不会阻塞,它会根据 mode 和 ioready 的值从 pd 中取出等待 IO 的 g,如果没有,则返回 nil。该函数还可能会更新 rg 或 wg 的值,新的值为 0 或pdReady。

回过头来看,从 netpoll()函数到 netpollready()函数,再到这里的 netpollunblock()函数,就是一步步把 epollwait()函数返回的 IO 事件存储到了对应的 pollDesc 中。如果有正在等待该事件的协程,就会被添加到 gList 中返回,继而被添加到 runq 中。

　　至此,我们已经了解了等待 IO 的协程是如何被 netpoller 唤醒的,但是协程又是如何因 IO 等待而挂起的呢? 这可以从标准库中与网络 IO 相关的函数和方法入手,接下来就以 TCP 连接的 Read 方法为入口,逐层深入分析源码。

6.11.2　TCP 连接的 Read()方法

　　net. TCPConn 通过嵌入 net. conn 类型而继承了后者的 Read()方法,而 net. (*conn). Read()方法会调用 net. (*netFD). Read()方法,后者又会调用 internal/poll. (*FD). Read()方法,后者又会调用 internal/poll. (*pollDesc). waitRead()方法,waitRead()方法会调用 internal/poll. (*pollDesc). wait()方法。wait()方法通过调用 internal/poll. runtime_pollWait()函数实现功能,而后者则是通过 linkname 机制链接到 runtime. poll_runtime_pollWait()函数,该函数的代码如下:

```
func poll_runtime_pollWait(pd *pollDesc, mode int) int {
    err := netpollcheckerr(pd, int32(mode))
    if err != 0 {
        return err
    }
    if GOOS == "solaris" || GOOS == "illumos" || GOOS == "aix" {
        netpollarm(pd, mode)
    }
    for !netpollblock(pd, int32(mode), false) {
        err = netpollcheckerr(pd, int32(mode))
        if err != 0 {
            return err
        }
    }
    return 0
}
```

　　该函数最主要的逻辑就是通过 netpollblock()函数实现的,与它的名字一样, netpollblock()函数可能会造成调用它的 goroutine 阻塞而挂起,函数的代码如下:

```
func netpollblock(pd *pollDesc, mode int32, waitio bool) bool {
    gpp := &pd.rg
    if mode == 'w' {
        gpp = &pd.wg
    }

    for {
        old := *gpp
        if old == pdReady {
```

```
            * gpp = 0
            return true
        }
        if old != 0 {
            throw("runtime: double wait")
        }
        if atomic.Casuintptr(gpp, 0, pdWait) {
            break
        }
    }

    if waitio || netpollcheckerr(pd, mode) == 0 {
            gopark ( netpollblockcommit, unsafe. Pointer ( gpp ), waitReasonIOWait,
traceEvGoBlockNet, 5)
    }
    old := atomic.Xchguintptr(gpp, 0)
    if old > pdWait {
        throw("runtime: corrupted polldesc")
    }
    return old == pdReady
}
```

该函数与 netpollunblock()函数有些相似,不同的是 waitio 表示是否要挂起以等待 IO
就绪,返回值为 true,表示 IO 就绪,false 则可能是超时或 fd 被移除。如果 old 值为
pdReady,就表示当前 IO 已经处于就绪状态,所以直接返回 true。如果 old 为 0,就先通过
CAS 把它置为 pdWait,表示当前协程即将挂起等待 IO 就绪,然后当前协程会调用 gopark()
函数来挂起自己,netpollblockcommit()函数会把当前 g 的地址赋值给 * gpp。等到挂起的
协程被 netpoller 唤醒后,就会从 gopark 返回,从 gpp 中取得新的 IO 状态,继续执行后续
逻辑。

至此,我们就梳理完了 goroutine 是如何因为网络 IO 的原因而被挂起,以及又是如何
在 IO 就绪之后被 netpoller 唤醒的。本节关于 netpoller 的探索就到这里,更多有趣的细节
各位读者可自行阅读、分析源码。

6.12　监控线程

通过 6.6 节的介绍,我们已经知道监控线程是由 main goroutine 创建的。监控线程与
GMP 中的工作线程不同,并不需要依赖 P,也不由 GMP 模型调度。它会重复执行一系列
任务,只不过会视情况调整自己的休眠时间,接下来我们就简单介绍一下监控线程的主要
任务。

6.12.1 按需执行 timer 和 netpoll

在 6.10 节介绍 timer 时已经了解到每个 P 都持有一个最小堆,存储在 p. timers 中,用于管理自己的 timer,而堆顶的 timer 就是接下来要触发的那一个,而 timer 中持有一个回调函数 timer. f(),在指定时间到达后就会调用这个回调函数,但是谁负责在时间到达时调用回调函数呢?

在 6.8 节介绍调度程序的主要逻辑时,我们知道每次调度时都会调用 checkTimers() 函数,检查并执行已经到时间的那些 timer。不过这还不够稳妥,万一所有 M 都在忙,不能及时触发调度,可能会导致 timer 执行时间发生较大的偏差,所以还会通过监控线程来增加一层保障。

当监控线程检测到接下来有 timer 要执行时,不仅会按需调整休眠时间,还会在没有空闲 M 时创建新的工作线程,以保障 timer 可以顺利执行。

timer 有明确的触发时间,但是 IO 事件的就绪就没那么确定了,所以为了降低 IO 延迟,需要时不时地主动轮询,以及时获得就绪的 IO 事件,也就是执行 netpoll。

全局变量 sched 中会记录上次 netpoll 执行的时间(sched. lastpoll),如果监控线程检测到距离上次轮询已超过了 10ms,就会再执行一次 netpoll。实际上,不只是监控线程,第 6 章介绍过的调度器,以及第 8 章要介绍的 GC 在工作过程中都会按需执行 netpoll。

6.12.2 抢占 G 和 P

本着公平调度的原则,监控线程会对运行时间过长的 G 实行抢占操作,也就是告诉那些运行时间超过特定阈值(10ms)的 G,该让出了。

如何确定哪些 G 运行时间过长了呢? runtime. p 中有一个 schedtick 字段,每当调度执行一个新的 G 并且不继承上个 G 的时间片时,都会让它自增一,相关字段的代码如下:

```
type p struct {
    //......略去部分代码
    schedtick    uint32
    sysmontick   sysmontick
}
type sysmontick struct {
    schedtick    uint32
    schedwhen    int64
    syscalltick  uint32
    syscallwhen  int64
}
```

而 p. sysmontick. schedwhen 记录的是上一次调度的时间。监控线程如果检测到 p. sysmontick. schedtick 与 p. schedtick 不相等,说明这个 P 又发生了新的调度,就会同步这里的调度次数,并更新这个调度时间,相关代码如下:

```
pd := &_p_.sysmontick
//......略去部分代码
t := int64(_p_.schedtick)
//......略去部分代码
pd.schedtick = uint32(t)
pd.schedwhen = now
```

但是若 p.sysmontick.schedtick 与 p.schedtick 相等,就说明自 p.sysmontick. schedwhen 这个时间点之后,这个 P 并未发生新的调度,或者即使发生了新的调度,也继承了之前 G 的时间片,所以可以通过当前时间与 schedwhen 的差值,来判断当前 P 上的 G 是否运行时间过长了,代码如下:

```
pd.schedwhen + forcePreemptNS <= now
```

如果 G 真的运行时间过长了,要怎么通知它让出呢? 这自然要使用 6.9 节介绍过的两种抢占方式了,通过设置 stackPreempt 标识,或者进行异步抢占。

为了充分利用 CPU,监控线程还会抢占处在系统调用中的 P。因为一个协程要执行系统调用,就要切换到 g0 栈,在系统调用没执行完之前,这个 M 和这个 G 不能被分开,但是用不到 P,所以在陷入系统调用之前,当前 M 会让出 P,解除与当前 P 的强关联,只在 m.oldp 中记录这个 P。P 的数目毕竟有限,如果有其他协程在等待执行,则放任 P 如此闲置就着实浪费了。还是把它关联到其他 M,继续工作比较划算。

等到当前 M 从系统调用中恢复后,会先检测之前的 P 是否被占用,如果没有被占用就继续使用。否则再去申请一个,如果没申请到,就把当前 G 放到全局 runq 中去,然后当前线程就睡眠了。

6.12.3　强制执行 GC

在 runtime 包的 proc.go 中有一个 init()函数,它会以 forcegchelper()函数为执行入口创建一个协程,代码如下:

```
func init() {
    go forcegchelper()
}
```

也就是说在程序初始化时就会创建一个辅助执行 GC 的协程,只不过它在做完必要的初始化工作后便会主动让出。等到它恢复执行时,就可以通过 gcStart()函数发起新一轮的GC 了,代码如下:

```
var forcegc    forcegcstate
type forcegcstate struct {
```

```
        lock mutex
        g    *g
        idle uint32
    }
    func forcegchelper() {
        forcegc.g = getg()
        for {
            lock(&forcegc.lock)
            if forcegc.idle != 0 {
                throw("forcegc: phase error")
            }
            atomic.Store(&forcegc.idle, 1)
            goparkunlock(&forcegc.lock, waitReasonForceGGIdle, traceEvGoBlock, 1)
            //this goroutine is explicitly resumed by sysmon
            if debug.gctrace > 0 {
                println("GC forced")
            }
            //Time - triggered, fully concurrent.
            gcStart(gcTrigger{kind: gcTriggerTime, now: nanotime()})
        }
    }
```

而监控线程会创建 gcTriggerTime 类型的 gcTrigger,这种类型的 GC 触发器会检测距离上次执行 GC 的时间是否已经超过 runtime.forcegcperiod,默认为两分钟,代码如下:

```
var forcegcperiod int64 = 2 * 60 * 1e9
```

如果超过指定时间,同时 forcegc 还没有被开启,就需修改 forcegc 的状态信息,并把 forcegc.g 记录的协程(程序初始化时创建的那个辅助执行 GC 的协程)添加到全局 runq 中。这样等到它得到调度执行时,就会开启新一轮的 GC 工作了。

监控线程的主要任务就介绍到这里,保障计时器正常执行,执行网络轮询,抢占长时间运行的或处在系统调用的 P,以及强制执行 GC,监控线程的这些工作任务无不是为了保障程序健康高效地执行。

6.13 本章小结

本章内容较多,稍微有些复杂。开篇先简单分析了进程、线程和协程的不同,实际上就是越来越轻量。接下来又对比了传统的阻塞式 IO、非阻塞式 IO,还有近年来流行的 IO 多路复用,更重要的是协程和 IO 多路复用这两项技术的巧妙结合。有了这些铺垫之后,就可以开始深入 Go 语言的协程调度了。首先就是 GMP 模型,从基本概念到主要的数据结构,然后结合源码分析,逐步梳理了调度器的初始化、协程的创建与退出,还有最核心的调度循环。之后用一个实例,通过调试加源码分析的方式,深入对比了 Go 1.13 版本和 Go 1.14 版本中抢占式调度的不同实现,笔者认为 Go 1.14 版本以后才是真正的抢占。最后几节主要基于源码分析,梳理了 timer、netpoller 的实现细节,以及监控线程的主要工作。虽然整体有些繁杂,但是对于想要深入了解 goroutine 的读者,还是有一定的参考价值的。

第 7 章

同　　步

在一开始接触多线程编程的时候,我们就被告知同步有多么重要,那个经典的银行取款的例子也已经听过了很多遍。之所以称为同步,就是因为存在并发,不过大多数对于并发同步的讲解都太上层了。本章通过对编译、执行及一些硬件特性的探索,进一步加深大家对同步的理解,希望能够帮助大家写出更健壮的程序。

7.1　Happens Before

在多线程的环境中,多个线程或协程同时操作内存中的共享变量,如果不加限制,就会出现出乎意料的结果。想保证结果正确,就需要在时序上让来自不同线程的访问串行化,彼此之间不出现重叠。线程对变量的操作一般只有 Load 和 Store 两种,就是我们俗称的读和写。Happens Before 也可以认为是一种串行化描述或要求,目的是保证某个线程对变量的写操作,能够被其他的线程正确地读到。

按照字面含义,你可能会认为,如果事件 e2 在时序上于事件 e1 结束后发生,就可以说事件 e1 happens before e2 了。按照一般常识应该是这样的,在我们介绍内存乱序之前暂时可以这样理解,事实上这对于多核环境下的内存读写操作来讲是不够的。

如果 e1 happens before e2,则可以说成 e2 happens after e1。若要保证对变量 v 的某个读操作 r,能够读取到某个写操作 w 写入 v 的值,必须同时满足以下条件:

(1) w happens before r。

(2) 没有其他针对 v 的写操作 happens after w 且 before r。

如果 e1 既不满足 happens before e2,又不满足 happens after e2,就认为 e1 与 e2 之间存在并发,如图 7-1 所示。单个线程或协程内部访问某个变量是不存在并发的,默认能满足 happens before 条件,因此某个读操作总是能读到之前最近一次写操作写入的值,但是在多个线程或协程之间就不一样了,因为存在并发的原因,必须通过一些同步机制实现串行化,以确立 happens before 条件。

7.1.1　并发

我们知道现代操作系统是基于时间片算法来调度线程的,goroutine 也实现了基于时间片的抢占式调度。当线程的时间片用完时,可能会在任意两条机器指令间被打断。假设线程 t1 即将执行一个针对变量 v 的写操作 w,而线程 t2 即将执行一个针对变量 v 的读操作 r,我们想要让 r 读取 w 写入的值,也就是要让 w happens before r。暂定我们的执行环境只有一个 CPU 内核,所以任一时刻 t1 和 t2 只能有一个在执行。即使这样也依然有问题,t1 可能在执行 w 操作之前就被打断了,然后 t2 执行了 r 操作。如果不使用一些同步机制,我们无法保证 t2 的 r 操作执行时,t1 的 w 操作已经执行完了。最常用的同步工具就是锁,但是针对某些特定场景,我们不用锁也可以让程序得到正确的结果。

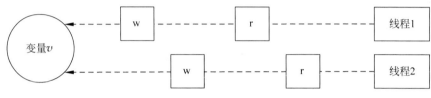

图 7-1　多线程并发事件示意图

例如经典的生产者、消费者场景,有两个线程分别是生产者和消费者,两者之间通过共享变量来传递数据。为了让程序能够像预期那样运行,消费者线程必须在生产者线程完成共享变量的写操作之后才去读,生产者线程也必须在消费者线程完成读取之后才能再次将新的值写入共享变量,两者需要一直交替地执行。

可以通过引入另外一个变量实现这个目的,接下来就尝试用 Go 语言实现,例如原本的共享变量是 int 类型的变量 data,我们再引入一个 bool 型变量 ok,用来表示 data 的所有权,代码如下:

```
var data int
var ok int
```

当变量 ok 为 false 时,data 的所有权归生产者所有,生产者首先为 data 赋值,完成之后再把 ok 设置为 true,从而把 data 的所有权传递给了消费者,代码如下:

```
//第 7 章/code_7_1.go
go func() {
    for {
        if !ok {
            data = someValue
            ok = true
        }
    }
}()
```

当变量 ok 为 true 时,data 的所有权归消费者所有,消费者读取完 data 的值后,再把 ok 的值设置为 false,也就是把 data 的所有权又回传给了生产者,代码如下:

```
//第 7 章/code_7_2.go
go func() {
    for {
        if ok {
            sum += data
            ok = false
        }
    }
}()
```

如果编译器生成的指令与源码中语句的顺序严格一致,上述生产者协程和消费者协程在单核 CPU 上并发执行是可以保证结果正确的。一旦编译器对生成指令的顺序进行优化调整,或者程序在多核 CPU 上执行,就不能保证结果正确了,具体原因接下来会逐步分析。

在单核 CPU 上分时交替运行的多个线程,可以认为是最经典的并发场景。宏观上看起来同时在运行的多个线程,微观上是以极短时间片交替运行在同一个 CPU 上的。在多核 CPU 出现以前,并发指的就是这种情况,但是在多核 CPU 出现以后,并发就不像以前那么简单了,不仅是微观上的分时运行,还包含了并行的情况。

7.1.2　并行

抽象地解释并发,指的是多个事件在宏观上是同时发生的,但是并不一定要在同一时刻发生,而并行就不一样了,从微观角度来看,并行的两个事件至少有某一时刻是同时发生的,所以在单核 CPU 上的多线程只存在并发,不存在并行。只有在多核 CPU 上,线程才有可能并行执行。

针对 7.1.1 节中的生产消费示例,我们说过,如果编译器不调整指令顺序,并且在单核 CPU 上执行程序,就可以保证结果的正确性。如果在多核 CPU 上运行,就不能保证结果正确了,这里不能简单地认为是受并行的影响,根本原因是运行在不同 CPU 核心上的线程间可能会存在内存乱序,从现象来看就像是 CPU 在运行阶段调整了某些指令的顺序一样。我们将在 7.2 节中对内存乱序展开更深入和全面的探索。

7.2　内存乱序

一般来讲,我们认为代码会按照编写的顺序来执行,也就是逐语句、逐行地按顺序执行,然而事实并非如此,编译器有可能对指令顺序进行调整,处理器普遍具有乱序执行的特性,目的都是为了更优的性能。操作内存的指令可以分成 Load 和 Store 两类,也就是按读和写划分。编译器和 CPU 都会考虑指令间的依赖关系,在不会改变当前线程行为的前提下进行顺序调整,因此在单个线程内依然是逻辑有序的,语句间原本满足的 happens before 条件不会被破坏,但这种有序性只是在单个线程内,并不会保证线程间的有序性。

程序中的共享变量都位于内存中,指令顺序的变化会让多个线程同时读写内存中的共享变量时产生意想不到的结果。这种因指令乱序造成的内存操作顺序与预期不一致的问题,就是所谓的内存乱序。

7.2.1 编译期乱序

所谓的编译期乱序,指的是编译器对最终生成的机器指令进行了顺序调整,一般是出于性能优化的目的。造成的影响就是,机器指令的顺序与源代码中语句的顺序并不严格一致。这种乱序在 C++ 中比较常见,尤其是在编译器的优化级别比较高的时候。

还是以生产者消费者为例,这次改成用 C++ 实现。源码中有个整型共享变量 data,它会被一对生产者、消费者线程操作,为了协调这两个线程,我们又加了一个 bool 型变量 ok,代码如下:

```
int data;
bool ok = false;
```

生产者和消费者分别运行在两个线程中,都循环执行处理逻辑。生产者每次循环开始时会先检查 ok 的值,一直等到 ok 为 false,也就表示 data 中没有数据,此时生产者就先为 data 赋值,再把 ok 设为 true,表示 data 中的数据已经就绪了,代码如下:

```
void producer() {
    while(true) {
        if(!ok) {
            data = someValue; //produce
            ok = true;
        }
    }
}
```

消费者每次循环开始时也会先检查 ok 的值,一直等到 ok 为 true 后才去消费 data 中的数据,完成后再把 ok 的值设为 false,这样生产者就可以生产新的数据了,代码如下:

```
void consumer() {
    while(true) {
        if(ok) {
            sum += data; //consume
            ok = false;
        }
    }
}
```

按照预期,这个程序应该能够正常运行,但是有时候结果可能会出乎意料,原因就是刚刚讲过的编译乱序问题。按照之前的设计,用 ok 来表示 data 当前的状态,生产者和消费者相互传递 data 的所有权,这非常依赖 data 和 ok 的内存访问顺序。生产者和消费者都要先检查 ok 的值,在条件允许,也就是获取到所有权的情况下,先操作 data,后为 ok 赋值。这个顺序是不能颠倒的,一旦改变了 ok 的值,就把 data 的所有权交给了对方。

编译器并不知道这些,它只要保证单个线程的行为不被改变就可以了。经过编译优化之后,生产者可能变成先把 ok 设置为 true,再为 data 赋值,消费者也可能先把 ok 设置为 false,再读取 data 的值,所以运行结果就会出现错误。

那么如何解决这种编译阶段的乱序问题呢? 最常用的方法就是使用 compiler barrier,俗称编译屏障。编译屏障会阻止编译器跨屏障移动指令,但是仍然可以在屏障的两侧分别移动。在 GCC 中,常用的编译屏障就是在两条语句之间嵌入一个空的汇编语句块,代码如下:

```
data = someValue;
asm volatile("" ::: "memory"); //compiler barrier
ok = true;
```

上面的示例加上编译屏障后,应该能够在 x86 平台上正常运行了,但是依然无法保证能够在其他平台上如预期地运行,原因就是 CPU 在执行期间也可能会对指令的顺序进行调整,也就是我们接下来要探索的执行期乱序。

7.2.2　执行期乱序

笔者已经不止一次地提到过,CPU 可能在执行期间对指令顺序进行调整,也就是这里所谓的执行期乱序。在进行枯燥的分析之前,先用一段代码来让大家亲自见证执行期乱序,这样更有助于后续内容的理解。示例代码使用 Go 语言实现,平台是 amd64,代码如下:

```go
//第 7 章/code_7_3.go
func main() {
    s := [2]chan struct{}{
        make(chan struct{}, 1),
        make(chan struct{}, 1),
    }
    f := make(chan struct{}, 2)
    var x, y, a, b int64
    go func() {
        for i := 0; i < 1000000; i++{
            <- s[0]
            x = 1
            b = y
            f <- struct{}{}
        }
    }()
```

```
go func() {
    for i := 0; i < 1000000; i++{
        <- s[1]
        y = 1
        a = x
        f <- struct{}{}
    }
}()
for i := 0; i < 1000000; i++{
    x = 0
    y = 0
    s[i % 2] <- struct{}{}
    s[(i + 1) % 2] <- struct{}{}
    <- f
    <- f
    if a == 0 && b == 0 {
        println(i)
    }
}
}
```

代码中一共有 3 个协程,4 个 int 类型的共享变量,3 个协程都会循环 100 万次,3 个 channel 用于同步每次循环。循环开始时先由主协程将 x、y 清零,然后通过切片 s 中的两个 channel 让其他两个协程开始运行。协程一在每轮循环中先把 1 赋值给 x,再把 y 赋值给 b。协程二在每轮循环中先把 1 赋值给 y,再把 x 赋值给 a。f 用来保证在每轮循环中都等到两个协程完成赋值操作后,主协程才去检测 a 和 b 的值,当两者同时为 0 时会打印出当前循环的次数。

从源码角度来看,无论如何 a 和 b 都不应该同时等于 0。如果协程一完成赋值后协程二才开始执行,结果就是 a=1 而 b=0,反过来就是 a 等于 0 而 b 等于 1。如果两个协程的赋值语句并行执行,则结果就是 a 和 b 都等于 1,然而实际运行时会发现大量打印输出,根本原因就是出现了执行期乱序。注意,执行期乱序要在并行环境下才能体现出来,单个 CPU 核心自己是不会体现出乱序的。Go 程序可以使用 GOMAXPROCS 环境变量来控制 P 的数量,针对上述示例代码,将 GOMAXPROCS 设置为 1 即使在多核心 CPU 上也不会出现乱序。

协程一和协程二中的两条赋值语句形式相似,对应到 x86 汇编就是三条内存操作指令,按照顺序及分类分别是 Store、Load、Store,如图 7-2 所示。

出现的乱序问题是由前两条指令造成的,称为 Store-Load 乱序,这也是当前 x86 架构 CPU 上能够观察到的唯一一种乱序。Store 和 Load 分别操作的是不同的内存地址,从现象来看就像是先执行了 Load 而后执行了 Store。

为什么会出现 Store-Load 乱序呢？我们知道现在的 CPU 普遍带有多级指令和数据缓

存,指令执行系统也是流水线式的,可以让多条指令同时在流水线上执行。一般的内存属于 write-back cacheable 内存,简称 WB 内存。对于 WB 内存而言,Store 和 Load 指令并不是直接操作内存中的数据的,而是先把指定的内存单元填充到高速缓存中,然后读写高速缓存中的数据。

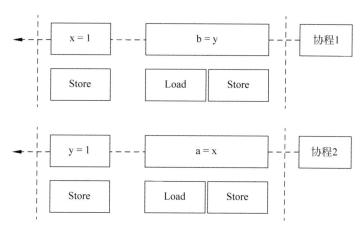

图 7-2　协程一和协程二的赋值语句对应的汇编指令

Load 指令的大致流程是,先尝试从高速缓存中读取,如果缓存命中,则读操作就完成了,如图 7-3(a)所示。如果缓存未命中,则先填充对应的 Cache Line,然后从 Cache Line 中读取,如图 7-3(b)所示。

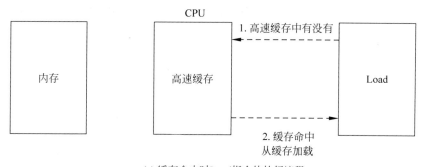

(a) 缓存命中时Load指令的执行流程

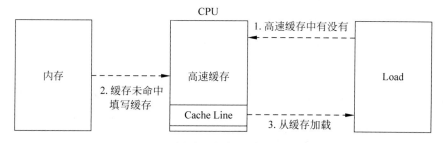

(b)缓存未命中时Load指令执行流程

图 7-3　Load 指令的执行流程

Store 指令的大致流程类似,先尝试写高速缓存,如果缓存命中,则写操作就完成了。如果缓存未命中,则先填充对应的 Cache Line,然后写到 Cache Line 中,如图 7-4 所示。

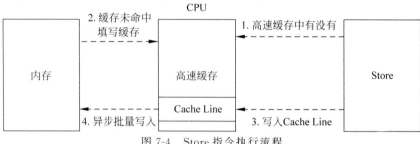

图 7-4　Store 指令执行流程

可能有些读者会对 Store 操作写之前要先填充 Cache Line 感到疑惑,这是因为高速缓存和内存之间的数据传输不是以字节为单位的,最小单位就是一个 Cache Line。Cache Line 大小因处理器的架构而异,常见的大小有 32、64 及 128 字节等。

在多核心的 CPU 上,Store 操作会变得更复杂一些。每个 CPU 核心都拥有自己的高速缓存,例如 x86 的 L1 Cache。写操作会修改当前核心的高速缓存,被修改的数据可能存在于多个核心的高速缓存中,CPU 需要保证各个核心间的缓存一致性。目前主流的缓存一致性协议是 MESI 协议,MESI 这个名字取自缓存单元可能的 4 种状态,分别是已修改的 Modified,独占的 Exclusive,共享的 Shared 和无效的 Invalid。

如图 7-5 所示,当一个 CPU 核心要对自身高速缓存的某个单元进行修改时,它需要先通知其他 CPU 核心把各自高速缓存中对应的单元置为 Invalid,再把自己的这个单元置为 Exclusive,然后就可以进行修改了。

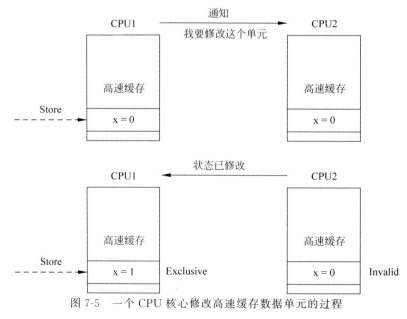

图 7-5　一个 CPU 核心修改高速缓存数据单元的过程

这个过程涉及多核间的内部通信,是一个相对较慢的过程,为了避免当前核心因为等待而阻塞,CPU在设计上又引入了 Store Buffer。当前核心向其他核心发出通知以后,可以先把要写的值放在 Store Buffer 中,然后继续执行后面的指令,等到其他核心完成响应以后,当前核心再把 Store Buffer 中的值合并到高速缓存中,如图7-6所示。

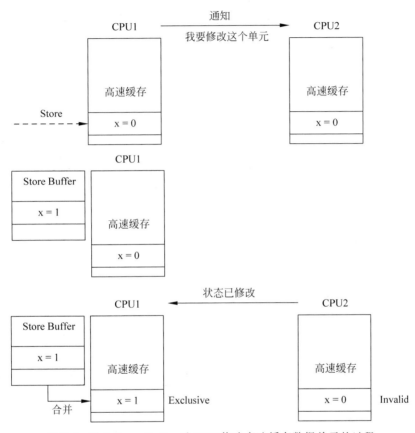

图7-6　引入 Store Buffer 后 CPU 修改高速缓存数据单元的过程

虽然高速缓存会保证多核一致性,但是 Store Buffer 却是各个核心私有的,因此对其他核心不可见。在 Store-Load 乱序中,从微观时序上,Load 指令可能是在另一个线程的 Store 之后执行,但此时多核间通信尚未完成,对应的缓存单元还没有被置为 Invalid,Store Buffer 也没有被合并到高速缓存中,所以 Load 读到的是修改前的值。

如图7-7所示,如果协程一执行了 Store 命令,x 的新值只是写入 CPU1 的 Store Buffer,尚未合并到高速缓存,则此时协程二执行 Load 指令获得的 x 就是修改前的旧值0,而不是1。同样地,协程二修改 y 的值也可能只写入了 CPU2 的 Store Buffer,所以协程一执行 Load 指令加载的 y 的值就是旧值0。

而当协程一执行最后一条 Store 指令时,b 就被赋值为0。同样地,协程二会将 a 赋值为0。即使 Store Buffer 合并到高速缓存,x 和 y 都被修改为新值,也已经晚了,如图7-8所示。

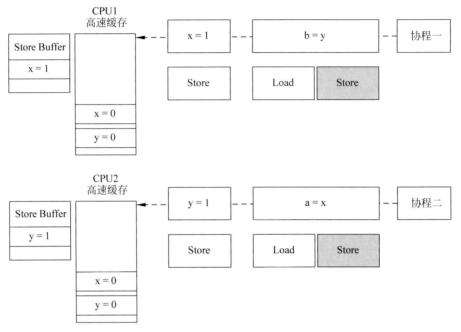

图 7-7　写入 Store Buffer 后合并到高速缓存前 Load 数据

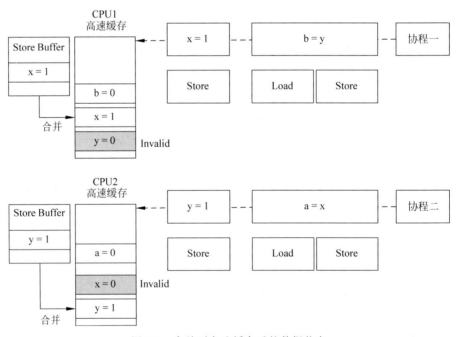

图 7-8　合并到高速缓存后的数据状态

我们通过代码示例见证了 x86 的 Store-Load 乱序,Intel 开发者手册上说 x86 只会出现这一种乱序。抛开固定的平台架构,理论上可能出现的乱序有 4 种:

(1) Load-Load,相邻的两条 Load 指令,后面的比前面的先读到数据。

(2) Load-Store,Load 指令在前,Store 指令在后,但是 Store 操作先变成全局可见,Load 指令在此之后才读到数据。

(3) Store-Load,Store 指令在前,Load 指令在后,但是 Load 指令先读到了数据,Store 操作在此之后才变成全局可见。这个我们已经在 x86 平台见证过了。

(4) Store-Store,相邻的两条 Store 指令,后面的比前面的先变成全局可见。

所谓的全局可见,指的是在多核 CPU 上对所有核心可见。因为笔者手边只有 amd64 架构的计算机,暂时无法验证其他几种乱序,有条件的读者可以在其他的架构上尝试一下。例如通过以下示例应该可以发现 Store-Store 乱序,代码如下:

```go
//第 7 章/code_7_4.go
func main() {
    var wg sync.WaitGroup
    var x, y int64
    wg.Add(2)
    go func() {
        defer wg.Done()
        for i := 0; i < 1000000000; i++{
            if x == 0 {
                if y != 0 {
                    println("1:", i)
                }
                x = 1
                y = 1
            }
        }
    }()
    go func() {
        defer wg.Done()
        for i := 0; i < 1000000000; i++{
            if y == 1 {
                if x != 1 {
                    println("2:", i)
                }
                y = 0
                x = 0
            }
        }
    }()
    wg.Wait()
}
```

7.2.3　内存排序指令

执行期乱序会给结果带来很大的不确定性,这对于应用程序来讲是不能接受的,完全按照指令顺序执行又会使性能变差。为了解决这一问题,CPU 提供了内存排序指令,应用程序在必要的时候能够通过这些指令来避免发生乱序。以目前的 Intel x86 处理器为例,提供了 LFENCE、SFENCE 和 MFENCE 这 3 条内存排序指令,接下来我们就逐一分析它们的作用。

LFENCE 是 Load Fence 的缩写,Fence 翻译成中文是栅栏,可以认为起到分隔的作用,它会对当前核心上 LFENCE 之前的所有 Load 类指令进行序列化操作。具体来讲,针对当前 CPU 核心,LFENCE 会在之前的所有指令都执行完后才开始执行,并且在 LFENCE 执行完之前,不会有后续的指令开始执行。特别是 LFENCE 之前的 Load 指令,一定会在 LFENCE 执行完成之前从内存接收到数据。LFENCE 不会针对 Store 指令,Store 指令之后的 LFENCE 可能会在 Store 写入的数据变成全局可见前执行完成。LFENCE 之后的指令可以提前被从内存中加载,但是在 LFENCE 执行完之前它们不会被执行,即使是推测性的。

以上主要是 Intel 开发者手册对 LFENCE 的解释,它原本被设计用来阻止 Load-Load 乱序。让所有后续的指令在之前的指令执行完后才开始执行,这是 Intel 对功能的一个扩展,因此理论上它应该也能阻止 Load-Store 乱序。考虑到目前的 x86 CPU 不会出现这两种乱序,所以编程语言中暂时没有用到 LFENCE 指令进行多核同步,未来也许会用到。Go 的 runtime 中用到了 LFENCE 的扩展功能来对 RDTSC 进行序列化,但是这并不属于同步的范畴。

SFENCE 是 Store Fence 的缩写,它能够分隔两侧的 Store 指令,保证之前的 Store 操作一定会在之后的 Store 操作变成全局可见前先变成全局可见。结合 7.2.2 节的高速缓存和 Store Buffer,笔者猜测 SFENCE 会影响到 Store Buffer 合并到高速缓存的顺序。

根据上述解释,SFENCE 应该主要用来应对 Store-Store 乱序,由于现阶段的 x86 CPU 也不会出现这种乱序,所以编程语言暂时也未用到它进行多核同步。

MFENCE 是 Memory Fence 的缩写,它会对之前所有的 Load 和 Store 指令进行序列化操作,这个序列化会保证 MFENCE 之前的所有 Load 和 Store 操作会在之后的任何 Load 和 Store 操作前先变成全局可见,所以上述 3 条指令中,只有 MFENCE 能够阻止 Store-Load 乱序。

我们对之前的示例代码稍做修改,尝试使用 MFENCE 指令来阻止 Store-Load 乱序,新的示例中用到了汇编语言,所以需要两个源码文件。首先是汇编代码文件 fence_amd64.s,代码如下:

```
//第 7 章/fence_amd64.s
#include "textflag.h"
```

```
//func mfence()
TEXT ·mfence(SB), NOSPLIT, $ 0 - 0
    MFENCE
    RET
```

接下来是修改过的 Go 代码，被放置在 fence.go 文件中，跟之前会发生乱序的代码只有一点不同，就是在 Store 和 Load 之间插入了 MFENCE 指令，代码如下：

```
//第 7 章/fence.go
package main

func main() {
    s := [2]chan struct{}{
        make(chan struct{}, 1),
        make(chan struct{}, 1),
    }
    f := make(chan struct{}, 2)
    var x, y, a, b int64
    go func() {
        for i := 0; i < 1000000; i++{
            <- s[0]
            x = 1
            mfence()
            b = y
            f <- struct{}{}
        }
    }()
    go func() {
        for i := 0; i < 1000000; i++{
            <- s[1]
            y = 1
            mfence()
            a = x
            f <- struct{}{}
        }
    }()
    for i := 0; i < 1000000; i++{
        x = 0
        y = 0
        s[i % 2] <- struct{}{}
        s[(i + 1) % 2] <- struct{}{}
        <- f
        <- f
        if a == 0 && b == 0 {
            println(i)
```

```
        }
      }
    }

func mfence()
```

编译执行上述代码,会发现之前的 Store-Load 乱序不见了,程序不会有任何打印输出。如果将 MFENCE 指令换成 LFENCE 或 SFENCE,就无法达到同样的目的了,感兴趣的读者可以自己尝试一下。

通过内存排序指令解决了执行期乱序造成的问题,但是这并不足以解决并发场景下的同步问题。要想结合代码逻辑轻松地实现多线程同步,就要用到专门的工具,这就是 7.3 节要介绍的锁。

4min

7.3 常见的锁

本书的测试代码都比较简单,实际编程时的业务逻辑往往要复杂得多,需要同步保护的临界区中通常会有数十数百条指令,甚至更多。锁需要将所有线程(或协程)对临界区的访问进行串行化处理,需要同时保证两点要求:

(1)同时只能有一个线程获得锁,持有锁才能进入临界区。

(2)当线程离开临界区释放锁后,线程在临界区内做的所有操作都要全局可见。

本节会介绍几种在编程中常见的锁,并简单分析它们各自的实现原理,在此过程中需留意各种锁是如何保证以上两点要求的。

7.3.1 原子指令

软件层面的锁通常被实现为内存中的一个共享变量,加锁的过程至少需要 3 个步骤,按顺序依次是 Load、Compare 和 Store。Load 操作从内存中读取锁的最新状态,Compare 操作用于检测是否处于未加锁状态,如果未加锁就通过 Store 操作进行修改,以便实现加锁。如果 Compare 发现已经处于加锁状态了,就不能执行后续的 Store 操作了。

如果用一般的 x86 汇编指令实现 Load-Compare-Store 操作,至少需要三条指令,例如 CMP、JNE 和 MOV。CMP 可以接收一个内存地址操作数,所以实质上包含了 Load 和 Compare 两步,JNE 作为 Compare 的一部分用于实现条件跳转,MOV 指令用来向指定内存地址写入数据,也就是 Store 操作,但是这样实现会有一个问题,我们知道线程用完时间片之后会被打断,假如线程 a 执行完 CMP 指令后发现未加锁,但是在执行 MOV 之前被打断了,然后线程 b 开始执行并获得了锁,接下来线程 b 在临界区中被打断,线程 a 恢复执行后也获得了锁,这样一来就会出现错误,如图 7-9 所示。

所以我们需要在一条指令中完成整个 Load-Compare-Store 操作,必须从硬件层面提供支持,例如 x86 就提供了 CMPXCHG 指令。

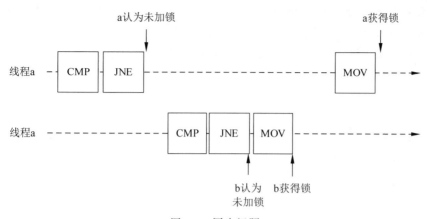

图 7-9　同步问题

CMPXCHG 是 Compare and Exchange 的缩写,该指令有两个操作数,用于实现锁的时候,第一操作数通常是个内存地址,也称为目的操作数,第二操作数是个通用寄存器。CMPXCHG 会将 AX 寄存器和第一操作数进行比较,如果相等就把第二操作数复制到目的操作数中,若不相等就把目的操作数复制到 AX 寄存器中。基于这个指令实现锁,一条指令是不会在中间被打断的,所以就解决了之前的问题。

在单核环境下,任何能够通过一条指令完成的操作都可以称为原子操作,但是这也只适用于单核场景,在多核环境下,运行在不同 CPU 核心上的线程可能会并行加锁,不同核心同时执行 CMPXCHG 又会造成多个线程同时获得锁。如何解决这个问题呢? 一种思路是,在当前核心执行 CMPXCHG 时,阻止其他核心执行 CMPXCHG,x86 汇编中的 LOCK 前缀用于实现这一目的。

LOCK 前缀能够应用于部分内存操作指令,最简单的解释就是 LOCK 前缀会让当前 CPU 核心在当前指令执行期间独占总线,这样其他的 CPU 核心就不能同时操作内存了。事实上,只有对于不在高速缓存中的数据才会这样,对于高速缓存中的数据,LOCK 前缀会通过 MESI 协议处理多核间缓存一致性。不管怎么说,加上 LOCK 前缀的 CMPXCHG 就无懈可击了。在多核环境下,这种带有 LOCK 前缀的指令也被称为原子指令。

至此,针对锁的两点要求,其中第 1 个可以通过原子指令实现了。那么如何做到第二点要求呢? 就是释放锁之后,临界区内所有的操作要全局可见。事实上,锁本身的状态变化就必须是全局可见的,而且必须很及时,以保证高性能,因此,在 x86 CPU 上,LOCK 前缀同时具有内存排序的作用,相当于在应用 LOCK 前缀的指令之后紧接着执行了一条 MFENCE 指令。综上所述,原子指令既能保证只允许一个线程进入临界区,又具有内存排序的作用,能够保证在锁的状态发生变化时,临界区中所有的修改随锁的状态一起变成全局可见。

7.3.2　自旋锁

5min

自旋锁得以实现的基础是原子性的 CAS 操作,CAS 即 Compare And Swap,在 x86 平台上对应带有 LOCK 前缀的 CMPXCHG 指令。之所以称作自旋锁,是因为它会一直循环尝试 CAS 操作直到成功,看起来就像是一直在自旋等待。

接下来我们就尝试一下用汇编语言基于 CMPXCHG 指令实现一把自旋锁,首先在 Go 语言中基于 int32 创建一个自定义类型 Spin,并为它实现 Lock()方法和 Unlock()方法,代码如下:

```go
//第 7 章/code_7_5.go
type Spin int32

func (l * Spin) Lock() {
    lock((* int32)(l), 0, 1)
}

func (l * Spin) Unlock() {
    unlock((* int32)(l), 0)
}

func lock(ptr * int32, o, n int32)
func unlock(ptr * int32, n int32)
```

实际的加锁和解锁操作在 lock()和 unlock()这两个函数中实现,Go 代码中只包含了这两个函数的原型声明,这两个函数是用汇编语言实现的,具体代码在 spin_amd64.s 文件中,代码如下:

```asm
//第 7 章/spin_amd64.s
# include "textflag.h"

//func lock(ptr * int32, old, new int32)
TEXT ·lock(SB), NOSPLIT, $ 0 - 16
    MOVQ   ptr + 0(FP), BX
    MOVL   old + 8(FP), DX
    MOVL   new + 12(FP), CX
again:
    MOVL DX, AX
    LOCK
    CMPXCHGL   CX, 0(BX)
    JE     ok
    JMP    again
ok:
    RET

//func unlock(ptr * int32, val int32)
TEXT ·unlock(SB), NOSPLIT, $ 0 - 12
    MOVQ   ptr + 0(FP), BX
    MOVL   val + 8(FP), AX
    XCHGL AX, 0(BX)
    RET
```

lock()函数把锁的地址放在了 BX 寄存器中,把用来比较的旧值 old 放到了 DX 寄存器中,把要写入的新值 new 放到了 CX 寄存器中。从标签 again 处开始是一个循环,每次循环开始前,把 DX 寄存器的值复制给 AX 寄存器,因为 CMPXCHG 隐含使用 AX 寄存器中的值作为比较用的旧值,并且可能会修改 AX 寄存器,所以每次循环需要重新赋值,这个循环不断尝试通过 CMPXCHG 进行加锁,成功后会通过 JE 指令跳出循环。因为 Go 的汇编风格有点类似于 AT&T 汇编,操作数书写顺序与 Intel 汇编相反,所以 CMPXCHG 的两个操作数中 BX 出现在 CX 右边。能够通过 JE 跳出循环,这是因为 CMP 操作会影响标志寄存器。

unlock()函数通过 XCHG 指令将锁清零,实现了解锁操作。细心的读者可能会注意到这里没有 LOCK 前缀,根据 Intel 开发者手册所讲,XCHG 指令隐含了 LOCK 前缀,所以代码中不用写,依然能够起到独占总线和内存排序的作用。

事实上,atomic 包中的 CompareAndSwapInt32()函数和 StoreInt32()函数是基于 CMPXCHG 和 XCHG 这两条汇编指令实现的,所以上述的自旋锁可以改成完全用 Go 实现,代码如下:

```
//第 7 章/code_7_6.go
import "sync/atomic"

type Spin int32

func (l * Spin) Lock() {
    for !atomic.CompareAndSwapInt32(( * int32)(l), 0, 1) {}
}

func (l * Spin) Unlock() {
    atomic.StoreInt32(( * int32)(l), 0)
}
```

这样一来,我们确实实现了自旋锁,但是这跟生产环境中实际使用的自旋锁比起来还是有些差距。在锁竞争比较激烈的场景下,这种自旋会造成 CPU 使用率很高,所以还要进行优化。x86 专门为此提供了 PAUSE 指令,它一方面能够提示处理器当前正处于自旋循环中,从而在退出循环的时候避免因检测到内存乱序而造成性能损失。另一方面,PAUSE 能够大幅度减小自旋造成的 CPU 功率消耗,从而达到节能和减少发热的效果。

可以把 PAUSE 指令加入我们汇编版本的 lock()函数实现中,修改后的代码如下:

```
//第 7 章/lock_amd64.s
//func lock(ptr * int32, old, new int32)
TEXT ·lock(SB), NOSPLIT, $ 0 - 16
    MOVQ  ptr + 0(FP), BX
    MOVL  old + 8(FP), DX
    MOVL  new + 12(FP), CX
again:
    MOVL  DX,AX
    LOCK
    CMPXCHGL  CX, 0(BX)
```

```
    JE      ok
    PAUSE
    JMP     again
ok:
    RET
```

也可以把 PAUSE 指令单独放在一个函数中,这样就能够跟 atomic 包中的函数结合使用了,代码如下:

```
//第 7 章/pause_amd64.s
# include "textflag.h"

//func pause()
TEXT pause(SB), NOSPLIT, $ 0 - 0
    PAUSE
    RET
```

然后就能对 Go 代码实现的自旋锁进行优化了,代码如下:

```
//第 7 章/code_7_7.go
func (l * Spin) Lock() {
    for !atomic.CompareAndSwapInt32(( * int32)(l), 0, 1) {
        pause()
    }
}
```

自旋锁的优点是比较轻量,不过它对适用的场景也是有要求的。首先,在单核心的环境下不适合使用自旋锁,因为单核系统上任一时刻只能有一个线程在运行,当前线程一直在自旋等待,而持有锁的线程得不到运行,锁就不可能被释放,等也是白等,纯属浪费 CPU 资源。这种情况下及时切换到其他可运行的线程会更高效一些,因此在单核环境下更适合用调度器对象。其次,即使是在多核环境下,也要考虑平均持有锁的时间,以及程序的并发程度等因素。在持有锁的时间占比很小,并且活跃线程数接近 CPU 核心数量时,自旋锁比较高效,也就是自旋的代价小于线程切换的代价。其他情况就不一定了,要结合实际场景分析再加上充分的测试。

7.3.3　调度器对象

笔者使用调度器对象这个名字,主要是受 Windows NT 内核的影响。更通俗地讲,应该说是操作系统提供的线程间同步原语,一般以一组系统调用的形式存在。例如 Win32 的 Event,以及 Linux 的 futex 等。基于这些同步原语,可以实现锁及更复杂的同步工具。

这些调度器对象与自旋锁的不同主要是有一个等待队列。当线程获取锁失败时不会一直在那里自旋,而是挂起后进入等待队列中等待,然后系统调度器会切换到下一个可运行的线程。等到持有锁的线程释放锁的时候,会按照一定的算法从等待队列中取出一个线程并唤醒它,被唤醒的线程会获得所有权,然后继续执行。这些同步原语是由内核提供的,直接与系统的调度器交互,能够挂起和唤醒线程,这一点是自旋锁做不到的。等待队列可以实现支持 FIFO、FILO,甚至支持某种优先级策略,但是也正是由于是在内核中实现的,所以应用程序需要以系统调用的方式来使用它,这就造成了一定的开销。在获取锁失败的情况下还会发生线程切换,进一步增大开销。调度器对象和自旋锁各自有适用的场景,具体如何选用还要结合具体场景来分析。

7.3.4　优化的锁

通过 7.3.2 节和 7.3.3 节,我们大致了解了自旋锁与调度器对象。前者主要适用于多核环境,并且持有锁的时间占比较小的情况。这种情况下,往往在几次自旋之后就能获得锁,比起发生一次线程切换的代价要小得多。后者主要适用于加锁失败就要挂起线程的场景,例如单核环境,或者持有锁的时间占比较大的情况,而在实际的业务逻辑中,持有锁的时间往往不是很确定,有可能较短也有可能较长,我们不好一概用一种策略进行处理,如果将两者结合,或许会有不错的效果。

将自旋锁和调度器对象结合,理论上就可以得到一把优化的锁了。加锁时首先经过自旋锁,但是需限制最大自旋次数,如果在有限次数内加锁成功也就成功了,否则就进一步通过调度器对象将当前线程挂起。等到持有锁的线程释放锁的时候,会通过调度器对象将挂起的线程唤醒。这样就结合了二者的优点,既避免了加锁失败立即挂起线程造成过多的上下文切换,又避免了无限制地自旋而空耗 CPU,这也是如今主流的锁实现思路。

7.4　Go 语言的同步

7.1~7.3 节用了很大的篇幅讲解了与同步相关的一些理论基础,本节就回归到 Go 语言上来,结合 runtime 源码,分析一下与同步相关的组件的实现原理。

7.4.1　runtime.mutex

在 Go 1.14 版本的 runtime 中,mutex 的定义代码如下:

```
type mutex struct {
    key uintptr
}
```

在 Go 1.15 及以后的版本中为了支持静态的 Lock Rank 而添加了 lockRankStruct,这里暂时不需要关心。

runtime.mutex 被 runtime 自身的代码使用,它是针对线程而设计的,不适用于协程。它本质上就是一个结合了自旋锁和调度器对象的优化过的锁,自旋锁部分没有什么特殊的,调度器对象部分在不同平台上需要使用不同的系统调用。在 Linux 上是基于 futex 实现的,该实现中把 mutex.key 作为一个 uint32 来使用,并且为其定义了 3 种状态,对应的 3 个常量的定义代码如下:

```
mutex_unlocked = 0
mutex_locked   = 1
mutex_sleeping = 2
```

unlocked 表示当前处于未加锁状态,locked 则表示已加锁状态,sleeping 比较特殊一点,表示当前有线程因未能获得锁而通过 futex 睡眠等待。加锁函数的源代码如下:

```go
func lock2(l * mutex) {
    gp := getg()

    if gp.m.locks < 0 {
        throw("runtime·lock: lock count")
    }
    gp.m.locks++

    v := atomic.Xchg(key32(&l.key), mutex_locked)
    if v == mutex_unlocked {
        return
    }

    wait := v

    spin := 0
    if ncpu > 1 {
        spin = active_spin
    }
    for {
        for i := 0; i < spin; i++{
            for l.key == mutex_unlocked {
                if atomic.Cas(key32(&l.key), mutex_unlocked, wait) {
                    return
                }
            }
            procyield(active_spin_cnt)
        }

        for i := 0; i < passive_spin; i++{
            for l.key == mutex_unlocked {
                if atomic.Cas(key32(&l.key), mutex_unlocked, wait) {
                    return
                }
            }
```

```
        }
        osyield()
    }

    v = atomic.Xchg(key32(&l.key), mutex_sleeping)
    if v == mutex_unlocked {
        return
    }
    wait = mutex_sleeping
    futexsleep(key32(&l.key), mutex_sleeping, -1)
    }
}
```

首先通过 atomic.Xchg() 函数将 l.key 替换成 mutex_locked，然后判断原始值 v，如果等于 mutex_unlocked，就说明原本处于未加锁状态，而我们现在已经通过原子操作加了锁，这样就可以返回了。

既然 v 不等于 mutex_unlocked，那就只能是 mutex_locked 和 mutex_sleeping 二者之一了，先把它的值暂存在 wait 中。接下来根据处理器核心数 ncpu 是否大于 1 来决定是否需要自旋，因为在单核心系统上自旋是没有意义的。active_spin 是个值为 4 的常量，表示主动自旋 4 次。

接下来就是尝试加锁的大循环了，大循环内部先经过两个小循环。第 1 个小循环是主动自旋的循环，它会循环 spin 次，也就是单核环境下循环 0 次，多核环境下循环 4 次。每次尝试之后都会通过 procyield() 函数来稍微拖延一下时间，procyield() 函数是汇编语言实现的函数，代码如下：

```
//func procyield(cycles uint32)
TEXT runtime·procyield(SB),NOSPLIT, $ 0 - 0
    MOVL    cycles + 0(FP), AX
again:
    PAUSE
    SUBL    $ 1, AX
    JNZ     again
    RET
```

实际上就是循环执行 PAUSE 指令。active_spin_cnt 是个值为 30 的常量，所以就是循环执行 30 次 PAUSE。

第 2 个小循环是个被动自旋循环。passive_spin 是个值为 1 的常量，所以只会循环一次。之所以称为被动自旋，是因为它调用了 osyield() 函数来等待，这也是它与主动自旋的唯一一点不同。osyield() 函数也是个用汇编语言实现的函数，它通过执行系统调用来切换至其他线程，代码如下：

```
TEXT runtime·osyield(SB),NOSPLIT, $ 0
    MOVL      $ SYS_sched_yield, AX
    SYSCALL
    RET
```

上述两个循环的主要工作都是检测锁是否已经被释放了，假如有一个锁l，线程b尝试加锁，进入加锁的大循环，经过主动自旋和被动自旋两个小循环，如果自旋过程中发现锁被释放了，并且锁的原始状态为 mutex_locked，则表示在 b 加锁之前有其他线程持有锁，却没有线程在等待它，所以就将 l 置为 mutex_locked。若是锁的原始状态为 mutex_sleeping，则表示已经有其他线程在等待这个锁了，那么现在即使线程 b 获得了锁，也应该将锁置为 mutex_sleeping。

总而言之，只要自旋过程中加锁成功，就得将锁置为其原始值，也就是源码中保存到 wait 中的状态，如图 7-10 所示。

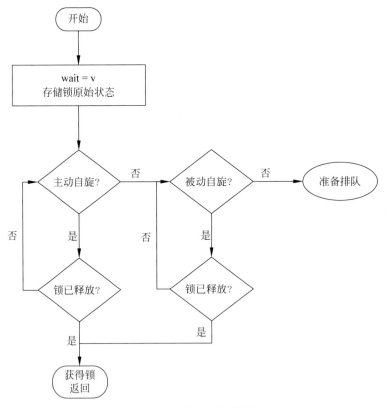

图 7-10　自旋过程中获得锁

这里需要注意一下，如果持有锁的线程在释放的时候发现锁的状态为 mutex_sleeping，就会通过 futex 唤醒睡眠等待的线程。假如线程 a 持有锁 l，线程 b 在睡眠等待这个锁，接下来线程 c 尝试加锁,它首先通过 atomic.Xchg() 函数把锁的状态替换为 mutex_locked,然后进入自旋。恰巧,在线程 c 自旋过程中线程 a 要释放锁,但此时锁的状态为 mutex_locked,释放锁时不会去唤醒等待的线程,而线程 c 却会获得锁,不过会将锁恢复为 mutex_sleeping 状态。这一过程中锁 l 的状态变化如图 7-11 所示。

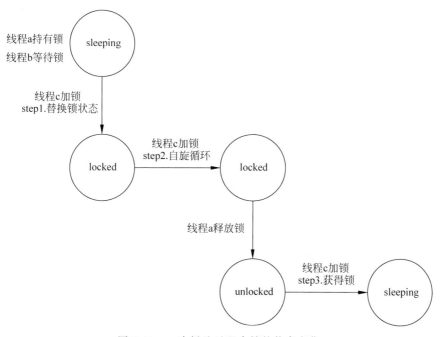

图 7-11　一次插队过程中锁的状态变化

整个过程下来,相当于线程 c 跳过了 futex 排队,直接从锁的上一个持有者线程 a 那里接收了所有权,通过 futex 唤醒睡眠线程的操作被推后了,但是并没有被忘记。这样相当于发生了一次插队,但是避免了一次线程切换,从整体上来看会提升性能。

然而,若是经过上述两个自旋循环都没能获得锁,就可以通过 atomic.Xchg() 函数把 l.key 替换为 mutex_sleeping,因为当前线程准备要去睡眠等待了,但是仍要在真正去睡眠之前,检查一下锁是否被释放了,若已经释放,则当前线程仍可以加锁成功,然后就可以直接返回了。不过直接将 mutex_sleeping 状态保留在锁中,可能会有点小问题。

因为,可能锁的原始状态为 mutex_locked,并没有线程在 futex 上睡眠等待这个锁,因而在释放锁的时候可能会有多余的唤醒操作。不过没有关系,这样的小问题会被忽略,只要保证不丢失应有的唤醒就可以了。

在大循环的最后,如果来到这里就表示之前所有尝试都没能获得锁,所以就调用 futexsleep 让当前线程挂起,超时时间 −1 表示会一直睡眠直到被唤醒。

解锁函数的逻辑比较简单,主要通过 atomic.Xchg() 函数将 l.key 替换成 mutex_unlocked,然后检查替换前的旧值,如果等于 mutex_sleeping,就通过 futexwakeup 唤醒一

4min

个线程。感兴趣的读者可自行查看源码,这里不再赘述。

7.4.2 semaphore

runtime 中的 semaphore 是可供协程使用的信号量实现,预期用它来提供一组 sleep 和 wakeup 原语,目标与 Linux 的 futex 相同。也就是说,不要把它视为信号量,而是应把它当成实现睡眠和唤醒的一种方式。每个 sleep 都与一次 wakeup 对应,即使因为竞争的关系, wakeup 发生在 sleep 之前。

semaphore 的核心逻辑是通过 semacquire1() 函数和 semrelease1() 函数实现的, semacquire1()函数用来执行获取操作,函数的原型如下:

```
func semacquire1(addr * uint32, lifo bool, profile semaProfileFlags, skipframes int)
```

参数 addr 是用作信号量的 uint32 型变量的地址,lifo 表示是否采用 LIFO 的排队策略。 profile 与性能分析相关,表示要进行哪些种类的采样,目前有 semaBlockProfile 和 semaMutexProfile 两种。skipframes 用来指示栈回溯跳过 runtime 自身的栈帧。

semrelease1()函数用来执行释放操作,函数的原型如下:

```
func semrelease1(addr * uint32, handoff bool, skipframes int)
```

handoff 参数表示是否立即切换到被唤醒的协程。被唤醒的协程会设置到当前 P 的 runnext,如果 handoff 为 true,则当前协程会通过 goyield()让出 CPU,被唤醒的协程会立刻得到调度。

runtime 内部会通过一个大小为 251 的 semtable 来管理所有的 semaphore,semtable 的定义代码如下:

```
const semTabSize = 251

var semtable [semTabSize]struct {
    root semaRoot
    pad  [cpu.CacheLinePadSize - unsafe.Sizeof(semaRoot{})]Byte
}
```

如果只是一个大小固定的 table,则肯定无法管理运行阶段数量不定的 semaphore。事实上,runtime 会把 semaphore 放到平衡树中,而 semtable 存储的是 251 棵平衡树的根,对应数据结构为 semaRoot。semaRoot 的定义代码如下:

```
type semaRoot struct {
    lock  mutex
    treap * sudog
    nwait uint32
}
```

lock 用来保护这棵平衡树，treap 字段是真正的平衡树数据结构的根，nwait 字段表明了树中结点的数量，实际上平衡树的每个节点都是个 sudog 类型的对象，代码如下：

```
type sudog struct {
    g *g
    isSelect bool
    next           * sudog
    prev           * sudog
    elem           unsafe.Pointer //data element (may point to stack)
    acquiretime    int64
    releasetime    int64
    ticket         uint32
    parent         * sudog //semaRoot binary tree
    waitlink       * sudog //g.waiting list or semaRoot
    waittail       * sudog //semaRoot
    c              * hchan //channel
}
```

sudog.g 用于记录当前排队的协程，sudog.elem 用于存储对应信号量的地址。当要使用一个信号量时，需要提供一个记录信号量数值的变量，根据它的地址 addr 进行计算并映射到 semtable 中的一棵平衡树上，semroot() 函数专门用来把 addr 映射到对应平衡树的根，代码如下：

```
func semroot(addr * uint32) * semaRoot {
    return &semtable[(uintptr(unsafe.Pointer(addr))>> 3) % semTabSize].root
}
```

它先把 addr 转换成 uintptr，然后对齐到 8 字节，再对表的大小取模，结果用作数组下标。定位到某棵平衡树之后，再根据 sudog.elem 存储的地址与信号量变量的地址是否相等，进一步定位到某个节点，这样就能找到该信号量对应的等待队列了。

如图 7-12 所示，semtable 中序号为 0 的平衡树包括 5 个节点，代表有 5 个不同的信号量通过地址计算并映射到这棵平衡树，而 sudog 节点 d、e、f 属于同一个信号量的等待队列，通过 sudog.waitlink 和 sudog.waittail 连接起来。

semacquire1() 函数会先通过调用 cansemacquire() 函数来判断能否在不等待的情况下获取信号量，该函数的源码如下：

```
func cansemacquire(addr * uint32) bool {
    for {
        v : = atomic.Load(addr)
        if v == 0 {
            return false
        }
```

```
        if atomic.Cas(addr, v, v - 1) {
            return true
        }
    }
}
```

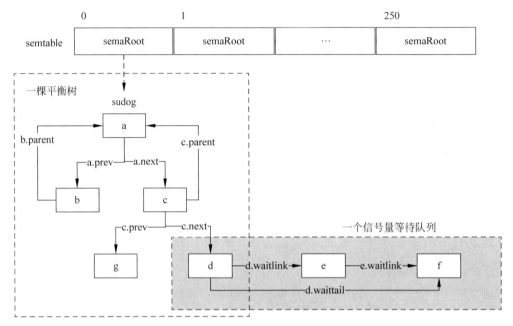

图 7-12   semtable 示例结构

其实很简单,在信号量的值大于 0 的前提下,循环尝试将信号量的值原子性地减 1。如果成功了就返回值 true,上一层的 semacquire1() 函数也就可以直接返回了。如果在减 1 之前发现信号量的值已经是 0 了,就返回值 false,上一层的 semacquire1() 函数就需要执行后续的排队逻辑了。排队逻辑是在一个 for 循环中实现的,因为有可能需要多次尝试,代码如下:

```
for {
    lockWithRank(&root.lock, lockRankRoot)
    atomic.Xadd(&root.nwait, 1)
    if cansemacquire(addr) {
        atomic.Xadd(&root.nwait, -1)
        unlock(&root.lock)
        break
    }
    root.queue(addr, s, lifo)
    goparkunlock(&root.lock, waitReasonSemacquire, traceEvGoBlockSync, 4 + skipframes)
```

```
        if s.ticket != 0 || cansemacquire(addr) {
            break
        }
    }
}
```

首先对 root.lock 加锁,然后把 root.nwait 加 1,因为当前协程即将到平衡树中去等待了。再次尝试 cansemacquire() 函数,这个尝试是必要的,因为这期间可能有其他协程释放了信号量,而且要注意操作 nwait 和 addr 的顺序,这里是先把 nwait 加 1,后检测 addr 中的值,semrelease1 中会先把 addr 中的值加 1,后检测 nwait,这样能够避免漏掉应有的唤醒。继续回到调用 cansemacquire() 函数这里,如果返回值为 true,也就表明获取了信号量,不需要进入平衡树等待了,因此再把 nwait 减去 1,释放锁,然后跳出循环。若 cansemacquire() 函数的返回值为 false,就要继续排队的流程。通过调用 root.queue() 方法,把与当前协程关联的 sudog 节点添加到平衡树中,然后调用 gopark() 函数挂起当前协程。

semacquire1() 函数的核心逻辑基本上就是这些,再来看一下 semrelease1() 函数,摘选部分关键代码如下:

```
root := semroot(addr)
atomic.Xadd(addr, 1)

if atomic.Load(&root.nwait) == 0 {
    return
}

lockWithRank(&root.lock, lockRankRoot)
if atomic.Load(&root.nwait) == 0 {
    unlock(&root.lock)
    return
}
s, t0 := root.dequeue(addr)
if s != nil {
    atomic.Xadd(&root.nwait, -1)
}
unlock(&root.lock)
```

它会先把信号量的值加 1,然后判断 nwait 是否为 0,如果没有协程在等待就直接返回了。否则就要对 root.lock 加锁,再次判断 nwait 是否为 0,若不为 0 就通过 root.dequeue() 方法从队列中取出一个协程,然后把 nwait 减去 1 并解锁。后面的代码通过 goready() 函数唤醒协程,并按需调用 goyield() 函数,以便让出 CPU,这里就不把代码全贴出来了。

关于 semaphore 的探索就讲解到这里,它是为协程而设计的,也是 7.4.3 节中要介绍的 sync.Mutex 的基础。

7.4.3 sync.Mutex

Mutex 这个名称的由来,应该是 Mutual Exclusion 的前缀组合,俗称互斥体或互斥锁。它是一把结合了自旋锁与信号量的优化过的锁,先来看一下 Go 语言 sync 包中 Mutex 的数据结构,代码如下:

```go
type Mutex struct {
    state int32
    sema  uint32
}
```

因为足够简单,所以不需要额外的初始化,此结构的零值就是一个有效的互斥锁,处于 Unlocked 状态。state 存储的是互斥锁的状态,加锁和解锁方法都是通过 atomic 包提供的函数原子性地操作该字段。那么,加锁失败时该如何排队等待这个 Mutex 呢? 答案就是 7.4.2 节介绍的信号量。这里的 sema 字段用作信号量,为 Mutex 提供等待队列。

4min

1. Mutex 工作模式

Mutex 有两种模式:正常模式和饥饿模式。正常模式下,一个尝试加锁的 goroutine 会先自旋几次,尝试通过原子操作获得锁,若几次自旋之后仍不能获得锁,则通过信号量排队等待。所有的等待者会按照先入先出(FIFO)的顺序排队,但是当一个等待者被唤醒后并不会直接拥有锁,而是需要和后来者(处于自旋阶段,尚未排队等待的协程)竞争。

这种情况下后来者更有优势,一方面原因是后来者正在 CPU 上运行,自然比刚被唤醒的 goroutine 更有优势,另一方面处于自旋状态的 goroutine 可以有很多,而被唤醒的 goroutine 每次只有一个,所以被唤醒的 goroutine 有很大概率获得不到锁,这种情况下它会被重新插入队列的头部,而不是尾部。当一个 goroutine 本次加锁等待的时间超过了 1ms 后,它会把当前 Mutex 切换至饥饿模式。

在饥饿模式下,Mutex 的所有权从执行 Unlock 的 goroutine 直接传递给等待队列头部的 goroutine。后来者不会自旋,也不会尝试获得锁,它们会直接从队列的尾部排队等待,即使 Mutex 处于 Unlocked 状态。

当一个等待者获得了锁之后,它会在以下两种情况时将 Mutex 由饥饿模式切换回正常模式:

(1) 它是最后一个等待者,即等待队列空了。

(2) 它的等待时间小于 1ms,也就是它刚来不久,后面自然更没有饥饿的 goroutine 了。

正常模式下 Mutex 有更好的性能,但是饥饿模式对于防止尾端延迟(队列尾端的 goroutine 迟迟抢不到锁)来讲特别重要。

综上所述,在正常模式下自旋和排队是同时存在的,执行 Lock 的 goroutine 会先一边自旋一边通过原子操作尝试获得锁,尝试过几次后如果还没获得锁,就需要去排队等待了。这种在排队之前,先让大家来抢的模式,能够有更高的吞吐量,因为频繁地挂起、唤醒

2min

goroutine 会带来较多的开销,但是又不能无限制地自旋,要把自旋的开销控制在较小的范围内,而饥饿模式下不再自旋尝试,所有 goroutine 都要排队,严格地按先来后到执行。

2. Mutex 的状态

与 Mutex 的 state 字段相关的几个常量定义如下:

```
mutexLocked = 1 << iota //1
mutexWoken              //2
mutexStarving          //4
mutexWaiterShift = iota  //3
```

mutexLocked 表示互斥锁处于 Locked 状态。mutexWoken 表示已经有 goroutine 被唤醒了,当该标志位被设置时,Unlock 操作不会唤醒排队的 goroutine。mutexStarving 表示饥饿模式,该标志位被设置时 Mutex 工作在饥饿模式,清零时 Mutex 工作在正常模式。mutexWaiterShift 表示除了最低 3 位以外,state 的其他位用来记录有多少个等待者在排队。Mutex.state 标志位如图 7-13 所示。

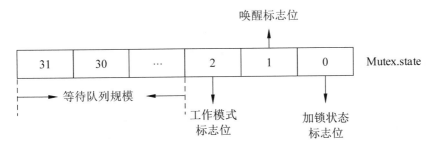

图 7-13 Mutex.state 标志位

3. Lock() 和 Unlock() 方法

精简了注释和部分与 race 检测相关的代码,两个方法的代码如下:

7min

```go
func (m * Mutex) Lock() {
    if atomic.CompareAndSwapInt32(&m.state, 0, mutexLocked) {
        return
    }
    m.lockSlow()
}

func (m * Mutex) Unlock() {
    new : = atomic.AddInt32(&m.state, - mutexLocked)
    if new != 0 {
        m.unlockSlow(new)
    }
}
```

这两个方法主要通过 atomic 函数实现了 Fast path,相应的 Slow path 被单独放在了 lockSlow()方法和 unlockSlow()方法中。根据源码注释的说法,这样是为了便于编译器对 Fast path 进行内联优化。

1) Fash path

Lock()方法的 Fast path 期望 Mutex 处于 Unlocked 状态,没有 goroutine 在排队,更不会饥饿。理想状况下,一个 CAS 操作就可以获得锁了。如果 CAS 操作没能获得锁,就需要进入 Slow path 了,也就是 lockSlow()方法。

Unlock()方法同理,首先通过原子操作从 state 中减去 mutexLocked,也就是释放锁,然后根据 state 的新值来判断是否需要执行 Slow path。如果新值为 0,也就意味着没有其他 goroutine 在排队,所以不需要执行额外操作;如果新值不为 0,则可能需要唤醒某个 goroutine。

2) Slow path

lockSlow()方法的逻辑比较复杂,需要整体上来理解,笔者通过注释对关键代码进行解释,代码如下:

```go
func (m * Mutex) lockSlow() {
    var waitStartTime int64
    starving : = false
    awoke : = false
    iter : = 0
    old : = m.state
    for {
        //饥饿模式下不要自旋,因为所有权按顺序传递,自旋没有意义
        if old&(mutexLocked|mutexStarving) == mutexLocked
            && runtime_canSpin(iter) {
            //当前处于"主动自旋",尝试设置 mutexWoken 标识
            //以避免 Unlock 方法唤醒更多 goroutine
            if !awoke && old&mutexWoken == 0
                && old >> mutexWaiterShift != 0
                && atomic.CompareAndSwapInt32(&m.state, old, old|mutexWoken) {
                awoke = true
            }
            runtime_doSpin()
            iter++
            old = m.state
            continue
        }
        new : = old
        //不要尝试获得处于饥饿模式的 mutex,后来者必须排队
        if old&mutexStarving == 0 {
```

```
        new |= mutexLocked
}
if old&(mutexLocked|mutexStarving) != 0 {
        new += 1 << mutexWaiterShift
}
    //当前 goroutine 将 mutex 切换至饥饿模式
    //如果 mutex 已经处于 unlocked 状态,就不要切换了
//因为 Unlock()方法认为处于饥饿模式的 mutex 等待队列不为空
    if starving && old&mutexLocked != 0 {
        new |= mutexStarving
}
if awoke {
        //当前 goroutine 是被唤醒的,检查并清除 mutexWoken 标志位
        if new&mutexWoken == 0 {
            throw("sync: inconsistent mutex state")
    }
    new &^= mutexWoken
    }
    if atomic.CompareAndSwapInt32(&m.state, old, new) {
        if old&(mutexLocked|mutexStarving) == 0 {
            break //通过 CAS 操作获得了锁
    }
        //被唤醒之后没有抢到锁,需要插入队列头部,而不是尾部
    queueLifo := waitStartTime != 0
    if waitStartTime == 0 {
        waitStartTime = runtime_nanotime()
    }
    runtime_SemacquireMutex(&m.sema, queueLifo, 1)
    starving = starving || runtime_nanotime() - waitStartTime > starvationThresholdNs
    old = m.state
    if old&mutexStarving != 0 {
            //当前代码位置 goroutine 肯定是被唤醒的,而且 mutex 处于饥饿模式
            //所有权被直接交给当前 goroutine
            //但是这种情况下 mutex 的 state 会与实际情况不一致
            //mutexLocked 标志位没有设置
            //而且等待者计数中也没有减去当前 goroutine.需要修复 state
            //注意,饥饿模式下传递 mutex 所有权不会设置 mutexWoken 标志
            //只有正常模式下唤醒才会
            if old&(mutexLocked|mutexWoken) != 0
            || old >> mutexWaiterShift == 0 {
                throw("sync: inconsistent mutex state")
    }
    delta := int32(mutexLocked - 1 << mutexWaiterShift)
    if !starving || old >> mutexWaiterShift == 1 {
    //退出饥饿模式,至关重要
```

```
            delta -= mutexStarving
        }
        atomic.AddInt32(&m.state, delta)
        break
    }
    awoke = true
    iter = 0
    } else {
        old = m.state
    }
  }
}
```

然后是与之对应的 unlockSlow() 函数的代码如下：

```
func (m * Mutex) unlockSlow(new int32) {
    if (new + mutexLocked)&mutexLocked == 0 {
        throw("sync: unlock of unlocked mutex")
    }
    if new&mutexStarving == 0 {
        old := new
        for {
            //如果等待队列为空或者已经有一个 goroutine 被唤醒或获得了锁
            //就不需要再去唤醒某个 goroutine 了
            //在饥饿模式下,所有权是直接从执行 Unlock 的 goroutine
            //传递给队列中首个等待者的,也不需要再唤醒
            if old >> mutexWaiterShift == 0 || old&(mutexLocked|mutexWoken|mutexStarving) != 0 {
                return
            }
            //尝试设置 mutexWoken 标志,以获得唤醒一个 goroutine 的权力
            new = (old - 1 << mutexWaiterShift) | mutexWoken
            if atomic.CompareAndSwapInt32(&m.state, old, new) {
                runtime_Semrelease(&m.sema, false, 1)
                return
            }
            old = m.state
        }
    } else {
        //饥饿模式：将 mutex 的所有权传递给下一个等待者
        //该等待者会继承当前 goroutine 的时间片并立刻开始运行
        //注意:mutexLocked 标志位没有设置,被唤醒的 goroutine 会设置它
        //因为饥饿模式下的 mutex 会被认为处于 Locked 状态
    //所以后来者不会尝试获取它
        runtime_Semrelease(&m.sema, true, 1)
    }
}
```

3）自旋

再来看一下与自旋相关的函数，首先是判断能否自旋的 sync. runtime_canSpin（）函数，它实际上是个名字链接，真正调用的是 runtime. sync_runtime_canSpin（）函数，代码如下：

```
func sync_runtime_canSpin(i int) bool {
    if i > = active_spin || ncpu < = 1 || gomaxprocs < = int32(sched.npidle + sched.
nmspinning) + 1 {
        return false
    }
    if p : = getg().m.p.ptr(); !runqempty(p) {
        return false
    }
    return true
}
```

sync. Mutex 是协作式的，在自旋方面比较保守。自旋的次数比较少，并且需要同时满足以下条件：在一个多核机器上运行并且 GOMAXPROCS＞1，并且至少有一个其他的 P 正在运行，此外，当前 P 的本地 runq 是空的。

不像 runtime. mutex 那样，这里不会进行被动（消极）自旋，因为全局 runq 或者其他 P 上或许还有可运行的任务。

sync. runtime_doSpin（）函数也是通过 linkname 机制链接到 runtime. sync_runtime_doSpin（）函数的，真正的逻辑是通过 procyield（）函数实现 30 次自旋。

4）信号量相关操作

7.4.2 节已经介绍过 semaphore，这里只简单看一下调用关系。sync. runtime_Semacquire-Mutex（）函数是个名字链接，实际上调用的是 runtime. sync_runtime_SemacquireMutex（）函数，后者又会调用 runtime. semacquire1（）函数。semacquire1（）函数在 7.4.2 节已经分析过了，它实现了排队入列逻辑，通过 lifo 参数可以实现 FIFO 和 LIFO，实际上就是插入队列尾部还是头部。

sync. runtime_Semrelease（）函数也是个名字链接，实际上调用的是 runtime. sync_runtime_Semrelease（）函数，后者又会调用 runtime. semrelease1（）函数。semrelease1（）函数实现了排队出列逻辑，通过 handoff 参数可以让被唤醒的 goroutine 继承当前时间片并立刻开始运行。

7.4.4 channel

10min

channel 被设计用于实现 goroutine 间的通信，按照 golang 的设计思想：以通信的方式共享内存。因为 channel 在设计上就已经解决了同步问题，所以程序逻辑只要保证数据的所有权随通信传递就可以了。本节就来分析一下 channel 实现的原理，先从内存布局开始。

1. channel 内存布局

make()函数会在堆上分配一个 runtime.hchan 类型的数据结构,示例代码如下:

```
ch := make(chan int)
```

ch 是存在于函数栈帧上的一个指针,指向堆上的 hchan 数据结构。为什么是堆上的一个结构体? 首先,要实现 channel 这样的复杂功能,肯定不是几字节可以实现的,所以需要一个 struct 实现;其次,这种被设计用于实现协程间通信的组件,其作用域和生命周期不可能仅限于某个函数内部,所以 golang 直接将其分配在堆上。

接下来就结合在 channel 中的作用,解读一下 hchan 中都有哪些字段。协程间通信肯定涉及并发访问,所以要有锁来保护整个数据结构,代码如下:

```
lock mutex
```

channel 分为无缓冲和有缓冲两种,对于有缓冲 channel 来讲,需要有相应的内存来存储数据,实际上就是一个数组,需要知道数组的地址、容量、元素的大小,以及数组的长度,也就是已有元素的个数,这几个字段的代码如下:

```
qcount   uint            //数组长度,即已有元素的个数
dataqsiz uint            //数组容量,即可容纳元素的个数
buf      unsafe.Pointer //数组地址
elemsize uint16          //元素大小
```

因为 runtime 中内存复制、垃圾回收等机制依赖数据的类型信息,所以 hchan 中还要有一个指针,指向元素类型的类型元数据,代码如下:

```
elemtype * _type  //元素类型
```

channel 支持交替地读写(比起发送和接收,笔者更喜欢称 send 为写,称 recv 为读),有缓冲 channel 内的缓冲数组会被作为一个环形缓冲区使用,当下标超过数组容量后会回到第 1 个位置,所以需要有两个字段记录当前读和写的下标位置,代码如下:

```
sendx    uint    //下一次写下标位置
recvx    uint    //下一次读下标位置
```

当读和写操作不能立即完成时,需要能够让当前协程在 channel 上等待,当条件满足时,要能够立即唤醒等待的协程,所以要有两个等待队列,分别针对读和写,代码如下:

```
recvq    waitq  //读等待队列
sendq    waitq  //写等待队列
```

channel 是能够被关闭的,所以要有一个字段记录是否已经关闭了,代码如下:

```
closed   uint32
```

最后整合起来,runtime.hchan 结构的代码如下:

```
type hchan struct {
    qcount    uint            //数组长度,即已有元素的个数
    dataqsiz uint             //数组容量,即可容纳元素的个数
    buf       unsafe.Pointer  //数组地址
    elemsize uint16           //元素大小
    closed    uint32
    elemtype * _type          //元素类型
    sendx     uint            //下一次写下标位置
    recvx     uint            //下一次读下标位置
    recvq     waitq           //读等待队列
    sendq     waitq           //写等待队列
    lock      mutex
}
```

至此,我们已经了解了 channel 的主要数据结构,从各个字段的作用基本就能了解到 channel 内部大致是如何运作的。接下来还是结合源码,分析一下 send、recv 和 select 都是如何实现的。

2. channel 的 send 操作

1) 阻塞式 send 操作

首先来看一下 channel 的常规 send 操作。假如有一个元素类型为 int 的 channel,变量名为 ch,常规的 send 操作的代码如下:

```
ch <- 10
```

其中 ch 可能有缓冲,也可能无缓冲,甚至可能为 nil。按照上面的写法,有两种情况能使 send 操作不会阻塞:

(1) 通道 ch 的 recvq 里已有 goroutine 在等待。

(2) 通道 ch 有缓冲,并且缓冲区没有用尽。

在第一种情况中,只要 ch 的 recvq 中有协程在排队,当前协程就直接把数据交给 recvq 队首的那个协程就好了,然后两个协程都可以继续执行,无关 ch 有没有缓冲。在第二种情况中,ch 有缓冲,并且缓冲区没有用尽,也就是底层数组没有存满,此时当前协程直接把数据追加到缓冲数组中,就可以继续执行。

同样是上面的写法,有 3 种情况会使 send 操作阻塞:

(1) 通道 ch 为 nil。

(2) 通道 ch 无缓冲且 recvq 为空。

（3）通道 ch 有缓冲且缓冲区已用尽。

在第一种情况中，参照目前的实现，允许对 nil 通道执行 send 操作，但是会使当前协程永久性地阻塞在这个 nil 通道上，因死锁抛出异常的示例代码如下：

```
func main() {
    var ch chan int
    ch <- 10
}
```

在第二种情况中，ch 为无缓冲通道，recvq 中没有协程在等待，所以当前协程需要到通道的 sendq 中排队。第三种情况中，ch 有缓冲且已用尽，隐含的信息就是 recvq 为空，不会出现缓冲区不为空且 recvq 也不为空的情况，所以当前协程只能到 sendq 中排队。

2）非阻塞式 send

接下来再看一看 channel 的非阻塞式 send 操作。熟悉并发编程的读者应该知道，有些锁支持 tryLock 操作，也就是我想获得这把锁，但是万一已经被别人获得了，我不阻塞等待，可以去做其他事情。对于 channel 的非阻塞 send 就是：我想通过 channel 发送数据，但是如果当前没有接收者在排队等待，并且缓冲区没有剩余空间（包含无缓冲的情况），我就需要阻塞等待，但是我不想等待，所以立刻返回并告诉我"现在不能发送"就可以了。

对于单个通道的非阻塞 send 操作可以用如下代码实现，注意是一个 select、一个 case和一个 default，哪个都不能少，代码如下：

```
select {
case ch <- 10:
    ...
default:
    ...
}
```

如果检测到 ch 发送数据不会阻塞，就会执行 case 分支，如果会阻塞，就会执行 default分支。

3）环形缓冲区

我们通过一个简单例子介绍一下 channel 的数据缓冲区是如何使用的，为什么称它为环形缓冲区。

假如有一个元素类型为 int 的 channel，缓冲区大小为 5，目前 sendq 和 recvq 为空，缓冲区还有一个元素的空闲位置，此时，读下标 recvx 及写下标 sendx 的位置如图 7-14 所示。

图 7-14　示例 channel 读、写下标位置

接下来,有一个 goroutine 接收了一个元素,被读取的元素就是读下标所指向的第 0 个元素 1,此时,channel 缓冲区还有 3 个元素与两个空闲空间,读写下标位置如图 7-15 所示。

接下来,又有一个 goroutine 向这个 channel 发送了一个元素 5,此时缓冲区的读写下标位置如图 7-16 所示。可以看到新的元素 5 被添加到最后一个空位处,但由于这是缓冲区最后一个位置,所以 sendx 回到了缓冲区头部,指向第 0 个位置。此时缓冲区还有 4 个元素与一个空闲位置。

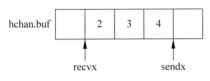

图 7-15　读取一个元素后读、写下标位置

图 7-16　发送一个元素后读、写下标位置

下面又有两个元素 6 和 7 发送到这个 channel,元素 6 会占用此时 sendx 指向的第 0 个位置,此时,读、写下标相等,没有空闲位置了,表明缓冲区已满,发送元素 7 的 goroutine 只能进到 sendq 中排队等待,如图 7-17 所示。

此时排队等待要发送元素 7 的 goroutine,只有等到有 goroutine 从这个 channel 读取数据后腾出空闲缓冲区位置,才能完成数据发送。例如接下来读取一个元素,recvx 向后移动一个位置,元素 7 被存到空出的位置,sendq 再次为空,缓冲区依然是满的,如图 7-18 所示。

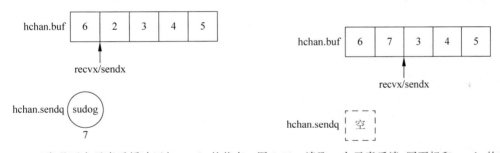

图 7-17　又发送两个元素后缓冲区与 sendq 的状态　图 7-18　读取一个元素后读、写下标和 sendq 的状态

可以看到,这个 channel 缓冲区的读写下标都是从 0 到 4 再到 0 这样循环变化的,这就好像在使用一个环形缓冲区一样,例如图 7-15 所示的缓冲区对应图 7-19 所示的环形缓冲区,灰色区域代表已使用缓冲区,空白区域代表未使用缓冲区。

3. send 操作的源码分析

channel 的常规 send 操作会被编译器转换为对 runtime.chansend1() 函数的调用,后者内部只是调用了 runtime.chansend() 函数。非阻塞式的 send 操作会被编译器转换为对 runtime.selectnbsend() 函数的调用,后者也仅仅调用了 runtime.chansend() 函数,所以 send 操作主要通过 chansend() 函数实现,接下来我们就来分析一下这个函

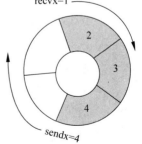

图 7-19　环形缓冲区示意图

数的源码。chansend()函数的原型如下：

```
func chansend(c * hchan, ep unsafe.Pointer, block bool, callerpc uintptr) bool
```

其中,c是一个hchan指针,指向要用来send数据的channel。ep是一个指针,指向要被送入通道c的数据,数据类型要和c的元素类型一致。block表示如果send操作不能立即完成,是否想要阻塞等待。callerpc用以进行race相关检测,暂时不需要关心。返回值为true表示数据send完成,false表示目前不能发送,但因为不想阻塞(block为false)而返回。

这个函数的逻辑还算比较直观,接下来就分块梳理一下。以下省略掉了部分不太重要的代码,摘选主要逻辑,第一部分代码如下：

```
if c == nil {
    if !block {
        return false
    }
    gopark(nil, nil, waitReasonChanSendNilChan, traceEvGoStop, 2)
    throw("unreachable")
}
```

如果c为nil,进一步判断block：如果block为false,则直接返回false,表示未发送数据。如果block为true,就让当前协程永久地阻塞在这个nil通道上。

第二部分代码如下：

```
if !block && c.closed == 0 && full(c) {
    return false
}
```

如果block为false且closed为0,也就是在不想阻塞且通道未关闭的前提下,如果通道满了(无缓冲且recvq为空,或者有缓冲且缓冲已用尽),则直接返回false。本步判断是在不加锁的情况下进行的,目的是让非阻塞send在无法立即完成时能真正不阻塞(加锁操作可能阻塞)。

第三部分代码如下：

```
lock(&c.lock)
if c.closed != 0 {
    unlock(&c.lock)
    panic(plainError("send on closed channel"))
}
```

对hchan加锁,如果closed不为0,即通道已经关闭,则先解锁,然后panic。因为不允许用已关闭的通道进行send。

第四部分代码如下：

```
if sg := c.recvq.dequeue(); sg != nil {
    send(c, sg, ep, func() { unlock(&c.lock) }, 3)
    return true
}
```

如果 recvq 不为空，隐含了缓冲区为空，就从中取出第 1 个排队的协程，将数据传递给这个协程，并将该协程置为 ready 状态（放入 run queue，进而得到调度），然后解锁，返回值为 true。

第五部分代码如下：

```
if c.qcount < c.dataqsiz {
    qp := chanbuf(c, c.sendx)
    typedmemmove(c.elemtype, qp, ep)
    c.sendx++
    if c.sendx == c.dataqsiz {
        c.sendx = 0
    }
    c.qcount++
    unlock(&c.lock)
    return true
}
```

通过比较 qcount 和 dataqsiz 判断缓冲区是否还有剩余空间，在这里无缓冲的通道被视为没有剩余空间。如果有剩余空间，就将数据追加到缓冲区中，相应地移动 sendx，增加 qcount，然后解锁，返回值为 true。

第六部分代码如下：

```
if !block {
    unlock(&c.lock)
    return false
}
```

运行到这里表明通道已满，如果 block 为 false，即不想阻塞，则解锁，返回值为 false。

第七部分代码如下：

```
gp := getg()
mysg := acquireSudog()
mysg.elem = ep
mysg.g = gp
mysg.isSelect = false
mysg.c = c
```

```
gp.waiting = mysg
c.sendq.enqueue(mysg)
atomic.Store8(&gp.parkingOnChan, 1)
gopark(chanparkcommit, unsafe.Pointer(&c.lock), waitReasonChanSend, traceEvGoBlockSend, 2)
```

当前协程把自己追加到通道的 sendq 中阻塞排队,gopark()函数挂起协程后会调用 chanparkcommit()函数对通道解锁,等到有接收者接收数据后,阻塞的协程会被唤醒。 chansend()函数在向 recvq 中的协程发送数据时,调用了 send()函数,send()函数的主要代码如下:

```
func send(c * hchan, sg * sudog, ep unsafe.Pointer, unlockf func(), skip int) {
    if sg.elem != nil {
        sendDirect(c.elemtype, sg, ep)
        sg.elem = nil
    }
    gp := sg.g
    unlockf()
    gp.param = unsafe.Pointer(sg)
    sg.success = true
    goready(gp, skip + 1)
}
```

其中,数据传递工作是通过 sendDirect()函数完成的,然后调用 unlockf()函数会把 hchan 解锁,最后通过 goready()函数唤醒接收者协程。因为发送数据会访问接收者协程的栈,所以 sendDirect()函数用到了写屏障,函数的代码如下:

```
func sendDirect(t * _type, sg * sudog, src unsafe.Pointer) {
    dst := sg.elem
    typeBitsBulkBarrier(t, uintptr(dst), uintptr(src), t.size)
    memmove(dst, src, t.size)
}
```

至此,channel 的 send 操作就基本告一段落了,接下来我们再来看一看 recv 操作。

4. channel 的 recv 操作

1)阻塞式 recv

先来看一下 channel 的常规 recv 操作。假如有一个元素类型为 int 的 channel,变量名为 ch,常规的 recv 操作的代码如下:

```
//将结果丢弃
<- ch
//将结果赋值给变量 v
v := <- ch
```

```
//comma ok style,ok 为 false 表示 ch 已关闭且 v 是零值
v, ok : = <- ch
```

其中 ch 可能有缓冲,也可能无缓冲,甚至可能为 nil。按照上面的写法,有两种情况能使 recv 操作不会阻塞:

(1) 通道 ch 的 sendq 里已有 goroutine 在等待。

(2) 通道 ch 的 sendq 是空的,但是通道有缓冲且缓冲区中有数据。

在第一种情况中,只要 ch 的 sendq 中有协程在排队,就需要进一步判断通道是否有缓冲:如果无缓冲,当前协程就直接从 sendq 队首的那个协程获取数据,然后两者都可以继续执行。如果有缓冲,隐含信息就是缓冲区已满,否则 sendq 中不会有协程排队,这时当前协程从缓冲区取出第 1 个数据(缓冲区有了一个空闲位置),然后从 sendq 中取出第 1 个协程,把它的数据追加到缓冲区中,并把它置成 ready 状态,最终两个协程都能继续执行了。

在第二种情况中,ch 的 sendq 中没有协程在排队,所以不需要关心。如果 ch 有缓冲,并且缓冲区有数据,则当前协程直接从缓冲区取出第 1 个数据,然后就可以继续执行了。

同样是上面的写法,有 3 种情况会使 recv 操作阻塞:

(1) 通道 ch 为 nil。

(2) 通道 ch 无缓冲且 sendq 为空。

(3) 通道 ch 有缓冲且缓冲区无数据。

在第一种情况中,参照目前的实现,允许对 nil 通道执行 recv 操作,但是会使当前协程永久性地阻塞在这个 nil 通道上,因死锁抛出异常的示例代码如下:

```
func main() {
    var ch chan int
    <- ch
}
```

在第二种情况中,ch 为无缓冲通道,sendq 中没有协程在等待,所以当前协程需要到通道的 recvq 中排队。在第三种情况中,ch 有缓冲但是没有数据,隐含的信息是 sendq 为空,否则缓冲区不可能没有数据,所以当前协程只能到 recvq 中排队。

2) 非阻塞式 recv

再来看一下 channel 的非阻塞 recv 操作。还是类似于 tryLock 操作,我想获得这把锁,但是万一已经被别人获得了,我不阻塞等待,可以去做其他事情。对于通道的非阻塞 recv 就是:我想从通道接收数据,但是当前没有发送者在排队等待,并且缓冲区内无数据(包含无缓冲),我需要阻塞等待,但是我不想等待,所以立刻返回并告诉我"现在无数据"就可以了。

对于单个通道的非阻塞 recv 操作可以用如下代码实现,注意是一个 select、一个 case 和一个 default,哪个都不能少,代码如下:

```
select {
case <- ch: //此处可以带有赋值操作,或者 comma ok style
    ...
default:
    ...
}
```

如果检测到 ch recv 不会阻塞,就会执行 case 分支,如果会阻塞,就会执行 default 分支。

事实上,channel 的常规 recv 操作会被编译器转换为对 runtime.chanrecv1()函数的调用,后者内部只是调用了 runtime.chanrecv()函数。comma ok 写法会被编译器转换为对 runtime.chanrecv2()函数的调用,内部也是调用 chanrecv()函数,只不过比 chanrecv1()函数多了一个返回值。非阻塞式的 recv 操作会被编译器转换为对 runtime.selectnbrecv()函数或 selectnbrecv2()函数的调用(根据是否 comma ok),后两者也仅仅调用了 runtime.chanrecv()函数,所以 recv 操作主要通过 chanrecv()函数实现,接下来我们就来分析一下这个函数的源码。

5. recv 操作的源码分析

上面简单地分析了 channel 的常规 recv 操作和非阻塞 recv 操作,虽然两者在形式上看起来稍微有些差异,但是主要逻辑都是通过 runtime.chanrecv()函数实现的,下面简单地进行一下解读。chanrecv()函数的原型如下:

```
func chanrecv(c * hchan, ep unsafe.Pointer, block bool) (selected, received bool)
```

其中,c 是一个 hchan 指针,指向要从中 recv 数据的 channel。ep 是一个指针,指向用来接收数据的内存,数据类型要和 c 的元素类型一致。block 表示如果 recv 操作不能立即完成,是否想要阻塞等待。selected 为 true 表示操作完成(可能因为通道已关闭),false 表示目前不能立刻完成 recv,但因为不想阻塞(block 为 false)而返回。received 为 true 表示数据确实是从通道中接收的,不是因为通道关闭而得到的零值,为 false 的情况需要结合 selected 来解释,可能是因为通道关闭而得到零值(selected 为 true),或者因为不想阻塞而返回(selected 为 false)。

chanrecv()函数的大致逻辑与 chansend()函数的大致逻辑很相似,接下来还是省略不太重要的代码,对函数的主要逻辑分段进行梳理。

第一部分代码如下:

```
if c == nil {
    if !block {
        return
    }
    gopark(nil, nil, waitReasonChanReceiveNilChan, traceEvGoStop, 2)
```

```
        throw("unreachable")
    }
}
```

如果 c 为 nil,进一步判断 block:如果 block 为 false,就直接返回两个 false,表示未 recv
数据。如果 block 为 true,就让当前协程永久地阻塞在这个 nil 通道上。

第二部分代码如下:

```
if !block && empty(c) {
    if atomic.Load(&c.closed) == 0 {
        return
    }
    if empty(c) {
        if ep != nil {
            typedmemclr(c.elemtype, ep)
        }
        return true, false
    }
}
```

如果 block 为 false,也就是在不想阻塞的前提下,并且通道是空的(无缓冲且 sendq 为
空,或者通道有缓冲且缓冲区为空),就再判断通道是否已关闭。如果未关闭,则直接返回两
个 false,表示因不想阻塞而返回。已关闭就先把 ep 清空,然后返回 true 和 false,表明因通
道关闭而得到零值。本步判断是在不加锁的情况下进行的,目的是让非阻塞 recv 在无法立
即完成时能真正不阻塞(加锁可能阻塞)。是否为空和是否已关闭这两个判断顺序不能打
乱,要在后面判断通道是否关闭。因为关闭后的通道不能再被打开,这样保证了并发条件下
的一致性。如果把判断 closed 前置,则在检查缓冲区和 sendq 时通道可能已关闭,这样会出
现错误。

第三部分代码如下:

```
//加锁
lock(&c.lock)

if c.closed != 0 && c.qcount == 0 {
    unlock(&c.lock)
    if ep != nil {
        typedmemclr(c.elemtype, ep)
    }
    return true, false
}
```

如果 closed 不为 0,即通道已经关闭,则解锁,然后给 ep 赋零值,返回值为 true 和
false。

第四部分代码如下：

```
if sg := c.sendq.dequeue(); sg != nil {
    recv(c, sg, ep, func() { unlock(&c.lock) }, 3)
    return true, true
}
```

如果 sendq 不为空，就从中取出第 1 个排队的协程 sg。如果有缓冲，则还需要滚动缓冲区，完成数据读取，并将协程 sg 置为 ready 状态（放入 run queue，进而得到调度），然后解锁，这些工作都由 recv() 函数完成。最后返回两个 true。

第五部分代码如下：

```
if c.qcount > 0 {
    qp := chanbuf(c, c.recvx)
    if ep != nil {
        typedmemmove(c.elemtype, ep, qp)
    }
    typedmemclr(c.elemtype, qp)
    c.recvx++
    if c.recvx == c.dataqsiz {
        c.recvx = 0
    }
    c.qcount--
    unlock(&c.lock)
    return true, true
}
```

通过 qcount 判断缓冲区是否有数据，在这里无缓冲的通道被视为没有数据，因为到达这一步 sendq 一定为空。如果缓冲区有数据，将第 1 个数据取出并赋给 ep，移动 recvx，递减 qcount，解锁，返回两个 true。

第六部分代码如下：

```
if !block {
    unlock(&c.lock)
    return false, false
}
```

运行到这里就说明 sendq 和缓冲区都为空，如果 block 为 false，也就是不想阻塞，则解锁，返回两个 false。

第七部分代码如下：

```
gp := getg()
mysg := acquireSudog()
```

```
mysg.elem = ep
gp.waiting = mysg
mysg.g = gp
mysg.isSelect = false
mysg.c = c
c.recvq.enqueue(mysg)
atomic.Store8(&gp.parkingOnChan, 1)
gopark(chanparkcommit, unsafe.Pointer(&c.lock), waitReasonChanReceive, traceEvGoBlockRecv,
2)
```

最后,运行到这里就要阻塞了,当前协程把自己追加到通道的 recvq 中阻塞排队,
gopark()函数会在挂起当前协程后调用 chanparkcommit()函数解锁,等到后续 recv 操作完
成时协程会被唤醒。

第八部分代码如下:

```
success := mysg.success
releaseSudog(mysg)
return true, success
```

被唤醒有可能是因为通道被关闭,所以最后的返回值 received 需要根据被唤醒的原因
来判断,若是因为等到真实数据,则为 true,若是因为通道关闭,则为 false。chanrecv()函数
在从 sendq 中的协程接收数据时,调用了 recv()函数,recv()函数的主要代码如下:

```
func recv(c * hchan, sg * sudog, ep unsafe.Pointer, unlockf func(), skip int) {
    if c.dataqsiz == 0 {
        if ep != nil {
            recvDirect(c.elemtype, sg, ep)
        }
    } else {
        qp := chanbuf(c, c.recvx)
        if ep != nil {
            typedmemmove(c.elemtype, ep, qp)
        }
        typedmemmove(c.elemtype, qp, sg.elem)
        c.recvx++
    if c.recvx == c.dataqsiz {
        c.recvx = 0
        }
        c.sendx = c.recvx //c.sendx = (c.sendx + 1) % c.dataqsiz
    }
    sg.elem = nil
    gp := sg.g
```

```
        unlockf()
        gp.param = unsafe.Pointer(sg)
        sg.success = true
        goready(gp, skip + 1)
}
```

如果是无缓冲通道,则直接通过 recvDirect()函数进行数据复制。若有缓冲,则同时隐含了缓冲区已满,这样 sendq 才会不为空。此时需要对缓冲区进行滚动,把缓冲区头部的数据取出来并接收,然后把 sendq 头部协程要发送的数据追加到缓冲区尾部。最后,通过 goready()函数唤醒发送者协程就可以了。

recvDirect()函数和 sendDirect()函数类似,因为要访问其他协程的栈,所以在应用写屏障后进行数据复制,代码如下:

```
func recvDirect(t * _type, sg * sudog, dst unsafe.Pointer) {
        src := sg.elem
        typeBitsBulkBarrier(t, uintptr(dst), uintptr(src), t.size)
        memmove(dst, src, t.size)
}
```

关于 channel 的 recv 操作就先探索到这里,建议有兴趣的读者好好阅读一下源码。

6. channel 之多路 select

本节第 2 部分和第 4 部分在介绍 channel 的非阻塞式 send 和非阻塞式 recv 时提到过select,但是那只是针对单个通道的操作。不同的写法对应着不同的底层实现,接下来我们就简单地介绍一下多路 select 的用法,以及其底层的实现原理。

多路 select 指的是存在两个及以上的 case 分支,每个分支可以是一个 channel 的 send或 recv 操作。例如 ch1 和 ch2 是两个元素类型为 int 的 channel,示例代码如下:

```
//第 7 章/code_7_8.go
select {
case v := <- ch1:
    println(v)
case ch2 <- 10:
default:
}
```

其中 default 分支是可选的,上述代码会被编译器转换成对 runtime.selectgo()函数的调用,该函数的原型如下:

```
func selectgo(cas0 * scase, order0 * uint16, pc0 * uintptr, nsends, nrecvs int, block bool)
(int, bool)
```

cas0 指向一个数组,数组里装的是 select 中所有的 case 分支,按照 send 在前 recv 在后的顺序。

order0 指向一个大小等于 case 分支数量两倍的 uint16 数组,实际上是作为两个大小相等的数组来用的。前一个用来对所有 case 中 channel 的轮询操作进行乱序,后一个用来对所有 case 中 channel 的加锁操作进行排序。轮询操作需要是乱序的,避免每次 select 都按照 case 的顺序响应,对后面的 case 来讲是不公平的,而加锁顺序需要按照固定算法排序,按顺序加锁才能避免死锁。

pc0 和 race 检测相关,这里暂时不用关心。nsends 和 nrecvs 分别表示在 cas0 数组中执行 send 操作和 recv 操作的 case 分支的个数。

block 表示是否想要阻塞等待,对应到代码中就是,有 default 分支的不阻塞,反之则会阻塞。

下面来看两个返回值,int 型的第 1 个返回值表示最终哪个 case 分支被执行了,对应 cas0 数组的下标。如果因为不想阻塞而返回,则这个值是 −1。bool 类型的第 2 个返回值在对应的 case 分支执行的是 recv 操作时,用来表示实际接收到了一个值,而不是因为通道关闭得到的零值。

selectgo() 函数的逻辑比之 chansend() 函数和 chanrecv() 函数的逻辑要复杂一些,但是原理上是相通的。例如第 7 章/code_7_8.go 中,一个协程通过多路 select 等待 ch1 和 ch2,我们暂且把这个协程记为 g1。

g1 执行这个多路 select 时,会先按照有序的加锁顺序对所有 channel 加锁,然后按照乱序的轮询顺序检查所有 channel 的 sendq 或 recvq,以及缓冲区。当检查到 ch1 或 ch2 时,如果发现它的等待队列或缓冲区不为空,就直接复制数据,进入对应分支。

假如所有 channel 的操作都不能立即完成,就把当前协程 g1 添加到所有 channel 的 sendq 或 recvq 中,所以 g1 被添加到 ch1 的 recvq,也被添加到 ch2 的 sendq 中,如图 7-20 所示,然后就会调用 gopark() 函数把自己挂起,工作线程挂起当前协程后会调用 selparkcommit() 函数解锁所有 channel。

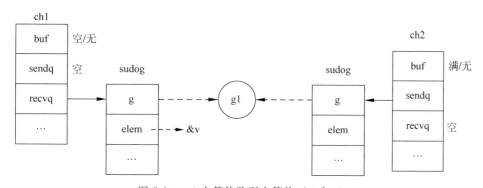

图 7-20　g1 在等待队列中等待 ch1 和 ch2

假如接下来 ch1 有数据可读了,g1 被唤醒,完成从 ch1 中 recv 数据后,会再次按照加锁顺序对所有 channel 加锁,然后从所有 sendq 或 recvq 中将自己移除,最后全部解锁后返回。

selectgo()函数的代码占用篇幅较大,但主要逻辑还算比较清晰,这里不再逐段进行分析,感兴趣的读者可自行阅读源码。

7.5　本章小结

本章中,我们从单核环境的并发到多核环境的并行,以及编译阶段与执行阶段的内存乱序,逐个讲解了同步面临的问题。后面又介绍了编译屏障、内存排序指令等解决方案。重点讲解了原子指令及自旋锁的实现,因为它们是其他各种锁的基础。最后一节中,从源码层面分析了 Go 语言中几个关键的同步组件:runtime. mutex、semaphore、sync. Mutex 及 channel,希望各位读者有所收获。

第 8 章

堆

进程的堆内存通常指的是地址空间中区别于代码区和全局数据区的另一个内存区,允许程序在运行阶段动态地申请所需的内存空间。很多编程语言的 runtime 实现了自己的堆,例如 C 语言中为大家所熟知的 malloc() 函数和 free() 函数,一方面包揽了向操作系统申请内存页面及内存空间的管理等工作,另一方面为开发者提供了简单易用的 API,使开发者不需要关心底层的细节,只是按需调用 API 分配和释放内存就可以了。Go 语言的堆内存管理和 C 语言有一点明显的不同,就是当一段内存不再使用的时候,不需要开发者手动进行释放,而是由垃圾回收器 GC 来自动完成。本章从内存分配和垃圾回收两方面来看一下 Go 语言的堆内存管理。

8.1 内存分配

▶ 10min

在使用其他编程语言的时候,堆内存分配通常是显式的,例如 C 语言中的 malloc() 函数,以及 C++ 中的 new 关键字等,基本上在它们出现的地方就意味着堆分配。在 Go 语言中,我们通常可能会认为出现 new() 函数和 make() 函数这两个内置函数的地方就是堆分配,实则不然。编译器会基于逃逸分析对内存的分配进行优化,有些没有逃逸的变量,即使源代码层面是通过 new() 函数或 make() 函数分配的,也不会在堆上分配,那些被认为逃逸的变量,即使没有用到 new() 函数和 make() 函数,也会在堆上分配。

在 Go 的 runtime 中,有一系列函数被用来分配内存。例如与 new 语义相对应的有 newobject() 函数和 newarray() 函数,分别负责单个对象的分配和数组的分配。与 make 语义相对应的有 makeslice() 函数、makemap() 函数及 makechan() 函数及一些变种,分别负责分配和初始化切片、map 和 channel。无论是 new 系列还是 make 系列,这些函数的内部无一例外都会调用 runtime.mallocgc() 函数,它就是 Go 语言堆分配的关键函数。在开始分析 mallocgc() 函数之前,我们需要先了解一些铺垫知识,例如一些关键的常量、数据结构和底层函数之类的。下面我们就先来了解这些基础内容,本节的最后再回过头来分析 mallocgc() 函数。

8min

8.1.1 sizeclasses

Go 的堆分配采用了与 tcmalloc 内存分配器类似的算法,tcmalloc 是谷歌公司开发的一款针对 C/C++的内存分配器,在对抗内存碎片化和多核性能方面非常优秀,因此有着很广泛的应用。其他一些编程语言中也有类似 tcmalloc 的实现,例如 PHP 7 参考了 tcmalloc 的思想对堆分配进行了优化,得到了显著的性能提升。

参考 tcmalloc 实现的内存分配器,内部针对小块内存的分配进行了优化。这类分配器会按照一组预置的大小规格把内存页划分成块,然后把不同规格的内存块放入对应的空闲链表中,如图 8-1 所示。这些内存块通常有 8 字节、16 字节、24 字节、32 字节、48 字节,直到数十或数百 KB,总共几十种大小规格。为了提高内存的利用率,这些规格大小并不都是 2 的整数次幂。程序申请内存的时候分配器会先根据要申请的空间大小找到最匹配的规格,然后从对应的空闲链表中分配一个内存块。

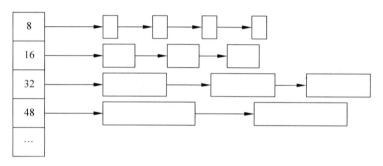

图 8-1 tcmalloc 内存分配器预置不同规格的链表

假如想要分配一段 20 字节大小的内存,分配器会认为所有预置的规格中 24 字节这个大小最为匹配,因此最终会实际分配一个大小为 24 字节的内存块。虽然不可避免地存在一定的空间浪费,但是解决了内存碎片化问题,还带来了一定程度上的性能提升。这些预置规格大小的选择,结合编程语言自身的特点,能够进一步提高内存空间的利用率。

在 Go 源代码 runtime 包的 sizeclasses.go 文件中,给出了一组预置的大小规格。在 runtime 版本 1.8～1.15 期间,一直是 66 种规格,其中最小的是 8 字节,最大的是 32KB。Go 1.16 版本新增了 24 字节大小这个规格,总共达到 67 种,如表 8-1 所示。

表 8-1 sizeclasses 预置的大小规格

class	Bytes/obj	B/span	objects	tail waste	max waste/%
1	8	8192	1024	0	87.50
2	16	8192	512	0	43.75
3	24	8192	341	8	29.24
4	32	8192	256	0	21.88
5	48	8192	170	32	31.52

续表

class	Bytes/obj	B/span	objects	tail waste	max waste/%
6	64	8192	128	0	23.44
7	80	8192	102	32	19.07
8	96	8192	85	32	15.95
9	112	8192	73	16	13.56
10	128	8192	64	0	11.72
11	144	8192	56	128	11.82
12	160	8192	51	32	9.73
13	176	8192	46	96	9.59
14	192	8192	42	128	9.25
15	208	8192	39	80	8.12
16	224	8192	36	128	8.15
17	240	8192	34	32	6.62
18	256	8192	32	0	5.86
19	288	8192	28	128	12.16
20	320	8192	25	192	11.80
21	352	8192	23	96	9.88
22	384	8192	21	128	9.51
23	416	8192	19	288	10.71
24	448	8192	18	128	8.37
25	480	8192	17	32	6.82
26	512	8192	16	0	6.05
27	576	8192	14	128	12.33
28	640	8192	12	512	15.48
29	704	8192	11	448	13.93
30	768	8192	10	512	13.94
31	896	8192	9	128	15.52
32	1024	8192	8	0	12.40
33	1152	8192	7	128	12.41
34	1280	8192	6	512	15.55
35	1408	16384	11	896	14.00
36	1536	8192	5	512	14.00
37	1792	16384	9	256	15.57
38	2048	8192	4	0	12.45
39	2304	16384	7	256	12.46
40	2688	8192	3	128	15.59
41	3072	24576	8	0	12.47
42	3200	16384	5	384	6.22
43	3456	24576	7	384	8.83
44	4096	8192	2	0	15.60

续表

class	Bytes/obj	B/span	objects	tail waste	max waste/%
45	4864	24576	5	256	16.65
46	5376	16384	3	256	10.92
47	6144	24576	4	0	12.48
48	6528	32768	5	128	6.23
49	6784	40960	6	256	4.36
50	6912	49152	7	768	3.37
51	8192	8192	1	0	15.61
52	9472	57344	6	512	14.28
53	9728	49152	5	512	3.64
54	10240	40960	4	0	4.99
55	10880	32768	3	128	6.24
56	12288	24576	2	0	11.45
57	13568	40960	3	256	9.99
58	14336	57344	4	0	5.35
59	16384	16384	1	0	12.49
60	18432	73728	4	0	11.11
61	19072	57344	3	128	3.57
62	20480	40960	2	0	6.87
63	21760	65536	3	256	6.25
64	24576	24576	1	0	11.45
65	27264	81920	3	128	10.00
66	28672	57344	2	0	4.91
67	32768	32768	1	0	12.50

第一列是所谓的 sizeclass,实际上就是所有规格按空间大小升序排列的序号。第二列是规格的空间大小,单位是字节。第三列表示需要申请多少字节的连续内存,目的是保证划分成目标大小的内存块以后,尾端因不能整除而剩余的空间要小于 12.5%。Go 使用 8192 字节作为页面大小,底层内存分配的时候都是以整页面为单位的,所以第三列都是 8192 的整数倍。第四列是第三列与第二列做整数除法得到的商,第五列则是余数,分别表示申请的连续内存能划分成多少个目标大小的内存块,以及尾端因不能整除而剩余的空间,也就是在内存块划分的过程中浪费掉的空间。最后一列就有点意思了,表示的是最大浪费百分比,结合了内存块划分时造成的尾端浪费和内存分配时向上对齐到最接近的块大小造成的块内浪费。

对于最大浪费百分比这一列,我们举两个例子计算并验证一下。先以大小为 8 字节的内存块为例,申请一个页也就是 8192 字节内存,可以划分成 1024 个块,因为没有余数,所以不存在尾端浪费。等到分配内存时,浪费最严重的情况是想要分配 1 字节时,向上对齐到 8 字节会浪费掉 7/8,也就是 87.5%。再来看一个块划分时不能整除的情况,例如大小为

1408 的内存块,申请两个页面也就是 16384 字节的内存,划分成 11 个内存块后剩余 896 字节。分配某个大小的内存时,1281~1408 字节这个范围会被向上对齐到 1408 字节这个内存块大小,其中 1281 字节是浪费最严重的情况。假如划分的 11 个内存块实际上都用作 1281 字节大小的分配,加上尾端的 896 字节,最大浪费百分比＝((1408－1281)×11＋896)/16384,约等于 14%。

关于 sizeclasses 就先介绍到这里,事实上,Go 语言 runtime 中的 sizeclasses. go 文件是被程序生成出来的,源码就在 mksizeclasses. go 文件中,感兴趣的读者可以从源码中了解更多细节。

8.1.2　heapArena

Go 语言的 runtime 将堆地址空间划分成多个 arena,在 amd64 架构的 Linux 环境下,每个 arena 的大小是 64MB,起始地址也是对齐到 64MB 的。每个 arena 都有一个与之对应的 heapArena 结构,用来存储 arena 的元数据,如图 8-2 所示。

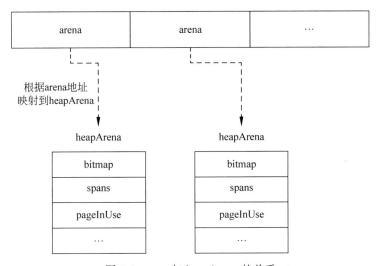

图 8-2　area 与 heapArena 的关系

heapArena 是在 Go 的堆之外分配和管理的,其结构定义的代码如下:

```
type heapArena struct {
    bitmap       [heapArenaBitmapBytes]byte
    spans        [pagesPerArena] * mspan
    pageInUse    [pagesPerArena / 8]uint8
    pageMarks    [pagesPerArena / 8]uint8
    pageSpecials [pagesPerArena / 8]uint8
    checkmarks   * checkmarksMap
    zeroedBase   uintptr
}
```

　　bitmap 字段是个位图,它用两个二进制位来对应 arena 中一个指针大小的内存单元,所以对于 64MB 大小的 arena 来讲,heapArenaBitmapBytes 的值是 64MB/8/8×2=2MB,这个位图在 GC 扫描阶段会被用到。bitmap 第一字节中的 8 个二进制位,对应的就是 arena 起始地址往后 32 字节的内存空间。用来描述一个内存单元的两个二进制位当中,低位用来区分内存单元中存储的是指针还是标量,1 表示指针,0 表示标量,所以也被称为指针/标量位。高位用来表示当前分配的这块内存空间的后续单元中是否包含指针,例如在堆上分配了一个结构体,可以知道后续字段中是否包含指针,如果没有指针就不需要继续扫描了,所以也被称为扫描/终止位。为了便于操作,一个位图字节中的指针/标量位和扫描/终止位被分开存储,高 4 位存储 4 个扫描/终止位,低 4 位存储 4 个指针/标量位。

　　例如在 arena 起始处分配一个 slice,slice 结构包括一个元素指针、一个长度及一个容量,对应的 bitmap 标记如图 8-3 所示。bitmap 位图第一字节第 0~2 位标记 slice 3 个字段是指针还是标量,第 4~6 位标记 3 个字段是否需要继续扫描。

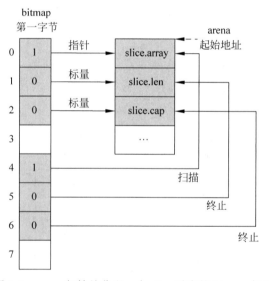

图 8-3　arena 起始处分配一个 slice 对应的 bitmap 标记

　　spans 数组用来把当前 arena 中的页面映射到对应的 mspan,暂时先认为一个 mspan 管理一组连续的内存页面,8.1.3 节中会详细介绍 mspan。pagesPerArena 表示 arena 中共有多少个页面,用 arena 大小(64MB)除以页面大小(8KB)得到的结果是 8192,也就是每个 arena 中有 8192 个页面。如图 8-4 所示,用给定地址相对 arena 起始地址的偏移除以页面大小,就可以得到对应页面在 arena 中的序号,将该序号用作 spans 数组的下标,就可以得到对应的 mspan 了。

　　pageInUse 是个长度为 1024 的 uint8 数组,实际上被用作一个 8192 位的位图,通过它和 spans 可以快速地找到那些处于 mSpanInUse 状态的 mspan。虽然 pageInUse 位图为 arena 中的每个页面都提供了一个二进制位,但是对于那些包含多个页面的 mspan,只有第

1个页面对应的二进制位会被用到,标记的是整个 span。如图 8-5 所示,arena 起始第一页对应的 mspan 只包含了一个页面,对应 pageInUse 位图第 0 位为 1。第二页对应的 mspan 包含了连续的两个页面,对应 pageInUse 第 1 位被使用,记为 1。接下来第四页至第六页对应一个 mspan,在 pageInUse 位图中只有第四页对应的位被标记为 1。

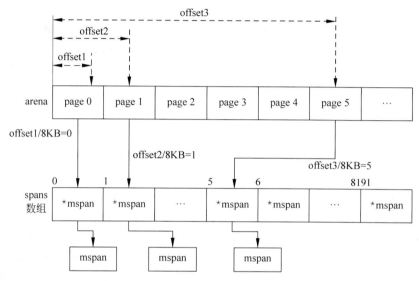

图 8-4　arena 中的页面到 mspan 的映射

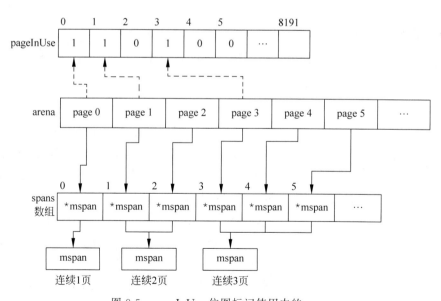

图 8-5　pageInUse 位图标记使用中的 span

　　pageMarks 表示哪些 span 中存在被标记的对象,与 pageInUse 一样用与起始页面对应的一个二进制位来标记整个 span。在 GC 的标记阶段会原子性地修改这个位图,标记结束之后就不会再进行改动了。清扫阶段如果发现某个 span 中不存在任何被标记的对象,就可以释放整个 span 了。

pageSpecials 又是一个与 pageInUse 类似的位图,只不过标记的是哪些 span 包含特殊设置,目前主要指的是包含 finalizers,或者 runtime 内部用来存储 heap profile 数据的 bucket。

checkmarks 是一个大小为 1MB 的位图,其中每个二进制位对应 arena 中一个指针大小的内存单元。当开启调试 debug.gccheckmark 的时候,checkmarks 位图用来存储 GC 标记的数据。该调试模式会在 STW 的状态下遍历对象图,用来校验并发回收器能够正确地标记所有存活的对象。

zeroedBase 记录的是当前 arena 中下个还未被使用的页面的位置,相对于 arena 起始地址的偏移量。页面分配器会按照地址顺序分配页面,所以 zeroedBase 之后的页面都还没有被用到,因此还都保持着清零的状态。通过它可以快速判断分配的内存是否还需要进行清零。

1. arenaHint

Go 的堆是动态按需增长的,初始化的时候并不会向操作系统预先申请一些内存备用,而是等到实际用到的时候才去分配。为避免随机地申请内存造成进程的虚拟地址空间混乱不堪,我们要让堆区从一个起始地址连续地增长,而 arenaHint 结构就是用来做这件事情的,它提示分配器从哪里分配内存来扩展堆,尽量使堆按照预期的方式增长,该结构的定义代码如下:

```
type arenaHint struct {
    addr uintptr
    down bool
    next * arenaHint
}
```

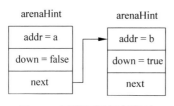

图 8-6 两段可用区间通过 arenaHint 链表表示

addr 是可用区间的起始地址,down 表示向下增长。当 down 为 false 时,addr 表示可用区间的低地址,类似数学上的左闭区间。当 down 为 true 时,addr 表示可用区间的高地址,类似数学上的右开区间。arenaHint 只给出了起始地址和增长方向,但没有给出可用空间的结束地址。next 用来指向链表中的下一个 arenaHint,sysAlloc()函数根据当前 arenaHint 的指示来扩展堆空间,当申请内存遇到错误时会自动切换至下一个 arenaHint。图 8-6 给出了两个向不同方向增长的 arenaHint 构成的链表。

2. arenaIdx

在 amd64 架构的 Linux 环境下,arena 的大小和对齐边界都是 64MB,所以整个虚拟地址空间都可以看作由一系列 arena 组成的。如图 8-7 所示，arena 区域的起始地址被定义为常量 arenaBaseOffset。用一个给定的地址 p 减去 arenaBaseOffset，然后除以 arena 的大小 heapArenaBytes，就可以得到 p 所在 arena 的编号。反之，给定 arena 的编号，也能由此计算出 arena 的地址。相关计算的代码如下：

```
func arenaIndex(p uintptr) arenaIdx {
    return arenaIdx((p - arenaBaseOffset) / heapArenaBytes)
}

func arenaBase(i arenaIdx) uintptr {
    return uintptr(i) * heapArenaBytes + arenaBaseOffset
}
```

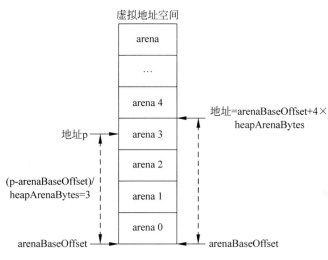

图 8-7　地址与 arena 编号之间的换算

　　其中，arenaIdx 类型底层是个 uint，它的主要作用是用来寻址对应的 heapArena。在 amd64 架构上虚拟地址的有效位数是 48 位，arena 的大小是 64MB，即 26 位，两者相差 22 位，也就是说整个地址空间对应 4M 个 arena。我们已经知道每个 arena 都有一个对应的 heapArena 结构，如果用 arena 的编号作为下标，把所有 heapArena 的地址放到一个数组中，则这个数组将占用 32MB 空间。32MB 还可以接受，但是在某些系统上就不止 32MB 了，在 amd64 架构的 Windows 上，受系统原因影响，arena 的大小是 4MB，缩小了 16 倍，用来寻址 heapArena 的数组就会相应地变大 16 倍，那就无法接受了，所以 Go 的开发者把 arenaIdx 分成了两段，把用来寻址 heapArena 的数组也做成了两级，有点类似于两级页表，代码如下：

```go
type arenaIdx uint

func (i arenaIdx) l1() uint {
    if arenaL1Bits == 0 {
        return 0
    } else {
        return uint(i) >> arenaL1Shift
    }
}

func (i arenaIdx) l2() uint {
    if arenaL1Bits == 0 {
        return uint(i)
    } else {
        return uint(i) & (1 << arenaL2Bits - 1)
    }
}
```

在 Linux 系统上，arenaL1Bits 被定义为 0，而在 amd64 架构的 Windows 系统上被定义为 6。第二级的位数等于虚拟地址有效位数 48 减去 arena 大小对应的位数和第一级的位数，在 amd64 架构下，arenaL2Bits 在 Linux 系统上是 22，在 Windows 系统上是 20。再来看一下用来寻址 heapArena 的数组，它就是 mheap 结构的 arenas 字段，代码如下：

```go
arenas [1 << arenaL1Bits] * [1 << arenaL2Bits] * heapArena
```

在 Linux 系统上，第一维数组的大小为 1，相当于没有用到，只用到了第二维这个大小为 4M 的数组，arenaIdx 全部的 22 位都用作第二维下标来寻址，如图 8-8 所示。

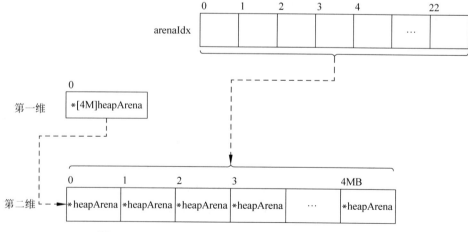

图 8-8　Linux 系统上用来寻址 heapArena 的二维数组

在 Windows 系统上,第一维数组的大小为 64,第二维大小为 1M,因为两级都存储了指针,利用稀疏数组按需分配的特性,可以大幅节省内存。arenaIdx 被分成两段,高 6 位用作第一维下标,低 20 位用作第二维下标,如图 8-9 所示。

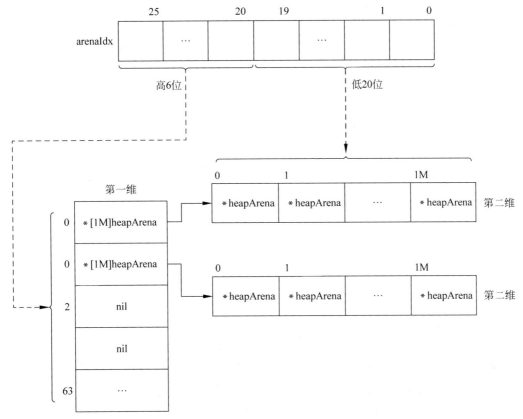

图 8-9 Windows 系统上用来寻址 heapArena 的二维数组

3. spanOf

至此,我们知道了如何根据一个给定的地址找到它所在的 mspan。假设给定地址 p,先用 p 减去堆区的起始地址,再除以 arena 的大小,就可以得到对应的 arenaIdx,如图 8-7 所示。进一步如图 8-8 与图 8-9 所示,通过二维数组 arenas 得到 heapArena 的地址。再用 p 对 arena 的大小取模得到 p 在 arena 中的偏移量,然后除以页面大小,就可以得到对应页面的序号,将该序号用作 spans 数组的下标,就可以得到 mspan 的地址了,如图 8-4 所示。

在 runtime 中提供了一些函数,专门用来根据给定的地址查找对应的 mspan,其中最常用的就是 spanOf() 函数。该函数在进行映射的同时,还会校验给定的地址是不是一个有效的堆地址,如果有效就会返回对应的 mspan 指针,如果无效则返回 nil,函数的代码如下:

```go
func spanOf(p uintptr) *mspan {
    ri := arenaIndex(p)
    if arenaL1Bits == 0 {
        if ri.l2() >= uint(len(mheap_.arenas[0])) {
            return nil
        }
    } else {
        if ri.l1() >= uint(len(mheap_.arenas)) {
            return nil
        }
    }
    l2 := mheap_.arenas[ri.l1()]
    if arenaL1Bits != 0 && l2 == nil {
        return nil
    }
    ha := l2[ri.l2()]
    if ha == nil {
        return nil
    }
    return ha.spans[(p/pageSize) % pagesPerArena]
}
```

第 1 个最外层的 if 负责校验 arenaIdx 有没有越界,例如在 amd64 架构上,arenas 数组是按照 48 位有效地址位来分配的,而程序代码中的地址被扩展到了 64 位,所以要经过校验才能保证安全。第 2 个最外层的 if 用来判断稀疏数组第二维的某个数组是否被分配,避免遇到空指针。最后一个 if 检测的是对应的 arena 是否已经分配,对于未分配的 arena,与之对应的 heapArena 也不会被分配,所以指针为空。runtime 中还有一个 spanOfUnchecked() 函数,与 spanOf() 函数功能类似,只不过移除了与安全校验相关的代码,需要调用者来保证提供的是一个有效的堆地址,函数的代码如下:

```go
func spanOfUnchecked(p uintptr) *mspan {
    ai := arenaIndex(p)
    return mheap_.arenas[ai.l1()][ai.l2()].spans[(p/pageSize) % pagesPerArena]
}
```

本节关于 arena 相关的分析就到这里,期间我们多次提到了 mspan,8.1.3 节中将围绕 mspan 进行一些分析探索。

8.1.3 mspan

mspan 用来记录和管理一组连续的内存页,这段连续的内存通常会被按照某个 sizeclass 划分成等大的内存块,内存块的分配及 GC 的标记和清扫都是在 mspan 层面完成的。除了自动管理模式之外,mspan 也支持手动管理模式。和 heapArena 一样,mspan 也

是在堆之外单独分配的。在进一步分析探索之前,我们还是先来看一下 mspan 的数据结构,代码如下:

```
type mspan struct {
    next            * mspan
    prev            * mspan
    list            * mSpanList
    startAddr       uintptr
    npages          uintptr
    manualFreeList gclinkptr
    freeindex       uintptr
    nelems          uintptr
    allocCache      uint64
    allocBits       * gcBits
    gcmarkBits      * gcBits
    sweepgen        uint32
    divMul          uint16
    baseMask        uint16
    allocCount      uint16
    spanclass       spanClass
    state           mSpanStateBox
    needzero        uint8
    divShift        uint8
    divShift2       uint8
    elemsize        uintptr
    limit           uintptr
    speciallock     mutex
    specials        * special
}
```

next 和 prev 用来构建 mspan 双链表,list 指向双链表的链表头。startAddr 指向当前 span 的起始地址,因为 span 都是按整页面分配的,所以指向的是首个页面的地址。npages 记录的是当前 span 中有几个页面,乘以页面大小就可以得到 span 空间的大小。manualFreeList 是个单链表,在 mSpanManual 类型的 span 中,用来串联所有空闲的对象。类型 gclinkptr 底层是个 uintptr,它把每个空闲对象头部的一个 uintptr 用作指向下一个对象的指针,如图 8-10 所示。

nelems 记录的是当前 span 被划分成了多少个内存块。freeindex 是预期的下个空闲对象的索引,取值范围在 0 和 nelems 之间,下次分配时会从这个索引开始向后扫描,假如发现第 N 个对象是空闲的,就将其用于分配,并会把 freeindex 更新成 N+1。allocBits 和 gcmarkBits 分别指向当前 span 的分配位图和标记位图,其中每个二进制位对应 span 中的一个内存块,如图 8-11 所示。给定当前 span 中一个内存块的索引 n,如果 n>=freeindex 并且 allocBits[n/8] & (1<<(n%8))=0,则该内存块就是空闲的。

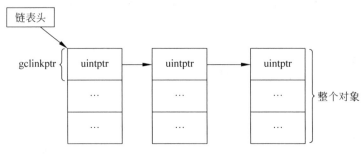

图 8-10　gclinkptr 串联的对象

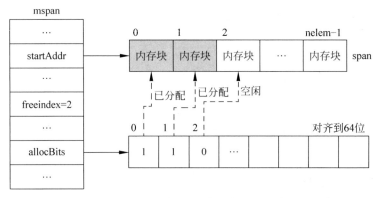

图 8-11　allocBits 位图对应 span 中已分配和未分配的内存块

　　清扫阶段会释放旧的 allocBits，然后把 gcmarkBits 用作 allocBits，并为 gcmarkBits 重新分配一段清零的内存。allocCache 缓存了 allocBits 中从 freeindex 开始的 64 个二进制位，这样一来在实际分配时更高效。sweepgen 与 mheap.sweepgen 相比较，能够得知当前 span 处于待清扫、清扫中、已清扫等哪种状态。divMul、baseMask、divShift、divShift2 都是用来优化整数除法运算的，转换成乘法运算和位运算后更高效。allocCount 用于记录当前 span 中有多少内存块被分配了。spanclass 类似于 sizeclass，实际上它把 sizeclass 左移了一位，用最低位记录是否不需要扫描，称为 noscan，如图 8-12 所示。Go 为同一种 sizeclass 提供了两种 span，一种用来分配包含指针的对象，另一种用来分配不包含指针的对象。这样一来不包含指针的 span 就不用进一步扫描了，noscan 位就是这个意思。

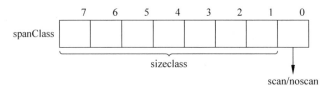

图 8-12　spanclass 中 sizeclass 和 noscan 位的位置

state 记录的是当前 span 的状态，有 mSpanDead、mSpanInUse 和 mSpanManual 这 3 种取值，分别表示无效的 mspan、被 GC 自动管理的 span 和手动管理的 span。goroutine 的栈分配用的就是 mSpanManual 状态的 span。needzero 表明分配之前需要对内存块进行清零。elemsize 是内存块的大小，可以通过 spanclass 计算得到。limit 记录的是 span 区间的结束地址，为右开区间。specials 是个链表，用来记录添加的 finalizer 等，speciallock 用来保护这个链表。

1. nextFreeIndex()方法

在了解了 mspan 各个字段的大致作用之后，我们再来分析一个重要的方法 nextFreeIndex()，这个方法的作用是寻找下一个空闲的索引，在实际分配内存的时候会用到它，该方法的源代码如下：

```go
func (s *mspan) nextFreeIndex() uintptr {
    sfreeindex := s.freeindex
    snelems := s.nelems
    if sfreeindex == snelems {
        return sfreeindex
    }
    if sfreeindex > snelems {
        throw("s.freeindex > s.nelems")
    }

    aCache := s.allocCache
    bitIndex := sys.Ctz64(aCache)
    for bitIndex == 64 {
        sfreeindex = (sfreeindex + 64) &^ (64 - 1)
        if sfreeindex >= snelems {
            s.freeindex = snelems
            return snelems
        }
        whichByte := sfreeindex / 8
        s.refillAllocCache(whichByte)
        aCache = s.allocCache
        bitIndex = sys.Ctz64(aCache)
    }
    result := sfreeindex + uintptr(bitIndex)
    if result >= snelems {
        s.freeindex = snelems
        return snelems
    }

    s.allocCache >>= uint(bitIndex + 1)
    sfreeindex = result + 1
    if sfreeindex % 64 == 0 && sfreeindex != snelems {
```

```
        whichByte : = sfreeindex / 8
        s.refillAllocCache(whichByte)
    }
    s.freeindex = sfreeindex
    return result
}
```

按照代码中的空行,可以把整个函数的逻辑分成三部分。第一部分只是做了些简单的校验,当 freeindex 等于 nelems 时,表明当前 span 中已经没有空闲的空间了。freeindex 是不能大于 nelems 的,如果 free index 大于 nelems,就意味着堆已经被破坏了,遇到这种不可恢复的错误,程序需要尽快崩溃。

第二部分的逻辑是寻找下个空闲索引,利用 allocCache 批量缓存 allocBits 能够提升效率。需要注意,allocCache 中用 0 表示已分配,用 1 表示未分配,这点与 allocBits 是相反的,主要是为了方便通过 Ctz64() 函数统计尾端为 0 的二进制位数量。如果 Ctz64() 函数的返回值是 64,说明 allocCache 中缓存的索引都被分配了,那就向后移动 freeindex,并通过 refillAllocCache() 方法重新填充 allocCache,这个填充是按照 64 位对齐的。通过 freeindex 和对应的二进制位在 allocCache 中的偏移相加,就可以得到下个空闲索引,但是一定要判断有没有越界。allocBits 因为要和 allocCache 配合,所以是按照 64 位的整倍数来分配的,但是 nelems 并不一定能被 64 整除,allocBits 的位数是在 nelems 的基础上基于 64 做的向上对齐,所以尾部可能有一部分二进制位是无效的。

第三部分是分配后的调整工作,需要把 freeindex 指向分配后的下一个位置,allocCache 也要相应地进行移位处理。如果此时 freeindex 能够被 64 整除,就说明 allocCache 缓存的二进制位都已经用完了,如果 freeindex 不等于 nelems,也就是说当前 span 还有剩余空间,此时需要重新填充 allocCache。最后,返回找到的空闲索引,函数返回后该索引也就被分配了。

现在回过头来看 arena 和 span,heapArena 层面实现了从堆地址到 mspan 的快速映射,并且为每个指针大小的内存单元提供了位图,这个位图能够用来区分指针和标量,以及确定要继续扫描还是应该终止,便于 GC 标记的时候高效地读取。span 层面实现了细粒度内存单元的管理,与 arena 层面提供的位图不同,mspan 中的分配位图和 GC 标记位图都是针对内存单元的,内存单元依据 sizeclass 指定的大小划分而成,而不是按照指针大小来提供的。heapArena 和 mspan 中的位图,因为用处不一样,所以分别适合放在不同的地方。

2. setSpans

具体的 span 分配逻辑在 mheap 的 allocSpan() 方法中,只不过代码篇幅有些长,就不进行详细分析了,这里只简单分析一下主要逻辑。allocSpan() 方法最主要的工作可以分成 3 步,第一步分配一组内存页面,第二步分配 mspan 结构,第三步设置 heapArena 中的 spans 映射。内存页面和 mspan 都有特定的分配器,这里不再进一步展开,重点关注一下第三步。mheap 有个 setSpans() 方法,专门用来把一个给定的 span 映射到相关的 heapArena 中,该方法的源代码如下：

```
func (h * mheap) setSpans(base, npage uintptr, s * mspan) {
    p : = base / pageSize
    ai : = arenaIndex(base)
    ha : = h. arenas[ai.l1()][ai.l2()]
    for n : = uintptr(0); n < npage; n++{
        i : = (p + n) % pagesPerArena
        if i == 0 {
            ai = arenaIndex(base + n * pageSize)
            ha = h. arenas[ai.l1()][ai.l2()]
        }
        ha. spans[i] = s
    }
}
```

参数 base 给出了 span 这段内存的起始地址，npage 给出了页面跨度，s 是用来管理这个 span 的 mspan 结构。setSpans 先根据 base 地址找到第 1 个 heapArena，然后以页面为单位循环设置 spans 映射。当检测到达 arena 边界时，就会切换到下一个 arena，说明 span 可以跨 arena，如图 8-13 所示。

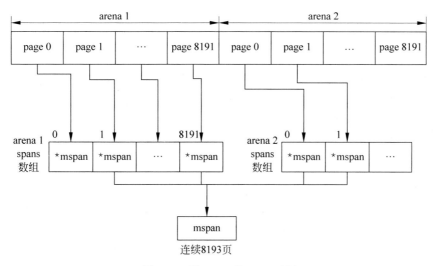

图 8-13　跨 arena 的 span 示例

8.1.4　mcentral

在 8.1.2 节和 8.1.3 节中，我们了解了 arena 和 span，arena 中可以有多个不同 sizeclass 的 span，将给定的地址经过 heapArena. spans 的映射，可以得到所属的 mspan，这在 GC 标记的时候非常有用。只不过我们在分配内存的时候，需要根据 sizeclass 来找到对应的 mspan，由于 arena 做不到这一点，因此，堆中引入了 mcentral，可以先简单地把它理解成对应各种 sizeclass 的一组 mspan 空闲链表。在 mheap 中定义了一个 mcentral 的数组，代码如下：

```
central [numSpanClasses]struct {
    mcentral mcentral
    pad        [cpu.CacheLinePadSize - unsafe.Sizeof(mcentral{})]
% cpu.CacheLinePadSize]byte
}
```

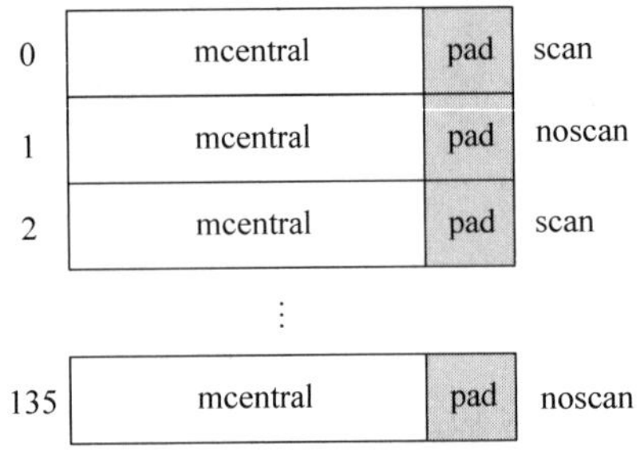

图 8-14 mheap 中的 mcentral 数组结构示意图

其中 numSpanClasses 是个值为 136 的常量，它是由（67 ＋ 1）× 2 得来的。67 种 sizeclass 再加上一个大小为 0 的 sizeclass，然后乘以二是因为一份包含指针，另一份不包含指针，也就是 noscan 位，如图 8-14 所示。之所以不是直接基于 mcentral 的数组，而要再包一层 struct，是为了使用 pad 来对齐到 cache line 大小，这样一来每个 mcentral 中的锁都在自己的 cache line 中。

一个 mcentral 类型的对象，对应一种 spanClass，管理着一组属于该 spanClass 的 mspan。mcentral 的结构定义代码如下：

```
type mcentral struct {
    spanclass spanClass
    partial   [2]spanSet
    full      [2]spanSet
}
```

spanclass 字段记录了当前 mcentral 管理着哪种类型的 mspan。partial 和 full 是两个 spanSet 数组，spanSet 有自己的锁，是个并发安全地支持 push 和 pop 的 * mspan 集合。partial 中都是还没有分配完的 span，每个 span 至少包含一个空闲单元，full 中都是没有空闲空间的 span。这两个字段为什么都是数组呢？数组中的两个 spanSet，有一个包含的是已清扫的 span，另一个包含的是未清扫的 span，并且它们在每轮 GC 中会互换角色。

mheap 中的 mcentral 数组实现了全局范围的、基于 spanClass 的 mspan 管理。因为是全局的，所以需要加锁。为了进一步减少锁竞争，Go 把 mspan 缓存到了每个 P 中，这就是 8.1.5 节中我们要了解的 mcache。mcentral 提供了两个方法用来支持 mcache，一个是 cacheSpan() 方法，它会分配一个 span 供 mcache 使用，另一个是 uncacheSpan() 方法，mcache 可以通过它把一个 span 归还给 mcentral。这里不再分析这两个方法的代码，感兴趣的读者可自行查看。

8.1.5　mcache

在 Go 的 GMP 模型中,mcache 是一个 per-P 的小对象缓存。因为每个 P 都有自己的一个本地 mcache,所以不需要再加锁。mcache 结构也是在堆之外由专门的分配器分配的,所以不会被 GC 扫描。mcache 的结构定义代码如下:

```
type mcache struct {
    nextSample uintptr
    scanAlloc  uintptr
    tiny       uintptr
    tinyoffset uintptr
    tinyAllocs uintptr
    alloc      [numSpanClasses] * mspan
    stackcache [_NumStackOrders]stackfreelist
    flushGen   uint32
}
```

nextSample 是配合 memory profile 来使用的,当开启 memory profile 的时候,每分配 nextSample 这么多内存后,就会触发一次堆采样。scanAlloc 记录的是总共分配了多少字节 scannable 类型的内存,也就是 noscan 位为 0、可以包含指针的 span。tiny 和 tinyoffset 用来实现针对 noscan 型小对象的 tiny allocator,tiny 用来指向一个 16 字节大小的内存单元,tinyoffset 记录的是这个内存单元中空闲空间的偏移量。tiny allocator 能够将一些小对象合并分配,极大地提高了空间利用率。tinyAllocs 记录的是共进行了多少次 tiny 分配。alloc 是根据 spanClass 缓存的一组 mspan,因为不需要加锁,所以不用像 mcentral 那样对齐到 cache line。stackcache 是用来为 goroutine 分配栈的缓存,我们在第 9 章中将具体介绍栈内存的管理。flushGen 记录的是上次执行 flush 时的 sweepgen,如果不等于当前的 sweepgen,就说明需要再次 flush 以进行清扫。

8.1.6　mallocgc

9min

我们在 8.1.1~8.1.5 节中了解了与堆内存管理相关的一系列数据结构,还有几个比较关键的底层函数,了解这些都是为了能够更好地理解本节要介绍的 mallocgc()函数。本节之初已经讲过,mallocgc()函数是堆分配的关键函数,runtime 中的 new 系列函数和 make 系列函数都依赖于它。该函数的代码稍微有点长,完全贴出来既占用篇幅又不好分析,但是要完全不看代码又有种脱离实际的感觉,所以我们先大致讲一下函数的主要逻辑,再把关键代码分段进行细化分解。

mallocgc()函数的主要逻辑按照代码的先后顺序可以分成如下几部分:

(1) 检查当前 goroutine 的 gcAssistBytes 值,如果减去本次要分配的内存大小后结果为负值,就需要先调用 gcAssistAlloc()函数辅助 GC 完成一些标记任务。

(2) 根据此次要分配的空间大小,以及是否要分配 noscan 类型空间,选用不同的分配策略。目前有 3 种分配策略,即 tiny、sizeclass 和 large。

(3) 如果分配的不是 noscan 类型空间,就需要调用 heapBitsSetType() 函数,该函数会根据传入的类型元数据对 heapArena 中的位图进行标记。

(4) 调用 publicationBarrier、GC 标记新分配的对象、memory profile 采样、更新 gcAssistBytes 的值,按需发起 GC 等一系列收尾操作。

1. 辅助 GC

辅助 GC 也就是 mallocgc() 函数的第一部分,对应的源代码如下:

```
var assistG * g
if gcBlackenEnabled != 0 {
    assistG = getg()
    if assistG.m.curg != nil {
        assistG = assistG.m.curg
    }
    assistG.gcAssistBytes -= int64(size)
    if assistG.gcAssistBytes < 0 {
        gcAssistAlloc(assistG)
    }
}
```

其中 gcBlackenEnabled 就像是一个开关,它在 GC 标记开始的时候被设置为 1,在标记结束的时候被清零,也就是只有在 GC 标记阶段才能执行辅助 GC。每个 goroutine 都有自己的 gcAssistBytes,在这个值用光之前不用执行辅助 GC。辅助 GC 机制能够有效地避免程序过快地分配内存,从而造成 GC 工作线程来不及标记的问题。

2. 空间分配

空间分配指的是上述 mallocgc() 函数的 4 个阶段中的第二阶段,这里会根据要分配的目标大小及是否为 noscan 型空间,来选用不同的分配策略。这里先来看一下是如何选择策略的,然后针对每种策略展开分析。选择分配策略的代码如下:

```
if size <= maxSmallSize {
    if noscan && size < maxTinySize {
        //使用 tiny allocator 分配
    } else {
        //使用 mcache.alloc 中对应的 mspan 分配
    }
} else {
    //直接根据需要的页面数,分配大的 mspan
}
```

maxSmallSize 是个值为 32768 的常量,也就是说对于 32KB 以上的内存分配会直接根据需要的页面数分配一个新的 span。maxTinySize 是个值为 16 的常量,对于小于 16 字节且是 noscan 类型的内存分配请求会使用 tiny 分配器。对于［16，32768］这个范围内的 noscan 分配请求，以及不超过 32768 的所有 scannable 型分配请求都会使用预置的各种 sizeclass 来分配。

接下来我们先来看一下 tiny allocator 是如何分配空间的，相关代码如下：

```
off : = c.tinyoffset
if size&7 == 0 {
    off = alignUp(off, 8)
} else if sys.PtrSize == 4 && size == 12 {
    off = alignUp(off, 8)
} else if size&3 == 0 {
    off = alignUp(off, 4)
} else if size&1 == 0 {
    off = alignUp(off, 2)
}
if off + size < = maxTinySize && c.tiny != 0 {
    x = unsafe.Pointer(c.tiny + off)
    c.tinyoffset = off + size
    c.tinyAllocs++
    mp.mallocing = 0
    releasem(mp)
    return x
}
span = c.alloc[tinySpanClass]
v : = nextFreeFast(span)
if v == 0 {
    v, span, shouldhelpgc = c.nextFree(tinySpanClass)
}
x = unsafe.Pointer(v)
( * [2]uint64)(x)[0] = 0
( * [2]uint64)(x)[1] = 0
if size < c.tinyoffset || c.tiny == 0 {
    c.tiny = uintptr(x)
    c.tinyoffset = size
}
size = maxTinySize
```

先取出 mcache 中的 tinyoffset，然后根据分配目标大小 size 进行对齐，如果对齐后的 off 加上 size 没有超过 maxTinySize，就可以使用现有的 tiny 内存块直接分配。maxTinySize 是常量 16，也就是 tiny allocator 内部内存块的大小。如果当前内存块中剩余的空间不足以满足本次分配，就从 mcache 的 alloc 数组中找到对应 tinySpanClass 的 mspan，并通过 nextFreeFast()函数重新分配一个 16 字节的内存块。如果对应的 mspan 中也没有空间了，nextFree()方法会从 mcentral 中取一个新的 mspan 过来，并且返回值 shouldhelpgc 是 true。最后，把新分配的内存块清零，如果本次分配之后新内存块的剩余空间大于旧内存块的剩余空间,就用新的把旧的替换掉。

tiny 分配器被设计成能够将几个小块的内存分配请求合并到一个 16 字节的内存块中,这样能够提高内存空间的利用率。例如,通过 tiny 分配器分配 16 个 1 字节的内存,合并分配后利用率为 100%,如图 8-15 所示。

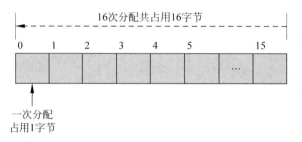

图 8-15　使用 tiny 分配器连续分配 16 次 1 字节内存

如果没有 tiny 分配器,则每次分配 1 字节就需要适配 sizeClass 中最小的规格,即 8 字节,而且每次都会浪费 7 字节,内存实际利用率仅为 12.5%,如图 8-16 所示。

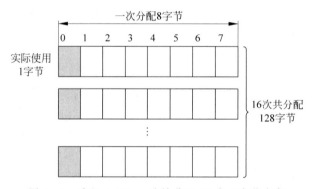

图 8-16　适配 sizeClass 连续分配 16 次 1 字节内存

再来看一下使用预置的 sizeclass 来分配内存的情况,相关源代码如下:

```
var sizeclass uint8
if size <= smallSizeMax - 8 {
    sizeclass = size_to_class8[divRoundUp(size, smallSizeDiv)]
} else {
    sizeclass = size_to_class128[divRoundUp(size - smallSizeMax, largeSizeDiv)]
}
size = uintptr(class_to_size[sizeclass])
spc := makeSpanClass(sizeclass, noscan)
span = c.alloc[spc]
v := nextFreeFast(span)
if v == 0 {
    v, span, shouldhelpgc = c.nextFree(spc)
```

```
}
x = unsafe.Pointer(v)
if needzero && span.needzero != 0 {
    memclrNoHeapPointers(unsafe.Pointer(v), size)
}
```

smallSizeMax 是个常量,值是 1024。1024 减去 8 是 1016,也就是当 size 不超过 1016 时使用 size_to_class8,否则使用 size_to_class128 将 size 映射到对应的 sizeclass,然后结合 noscan 合成 spc,并通过 spc 找到 alloc 数组中对应的 mspan,再通过 nextFreeFast() 函数分配内存块。如果 mspan 中也没有剩余空间,就调用 nextFree() 方法去 mcentral 中取一个新的 mspan。最后按需清空内存块。

当要分配的内存空间超过 32KB 时,就要直接分配内存页面了,具体代码如下:

```
shouldhelpgc = true
span = c.allocLarge(size, needzero, noscan)
span.freeindex = 1
span.allocCount = 1
x = unsafe.Pointer(span.base())
size = span.elemsize
```

allocLarge() 方法会把 size 向上对齐到整页面大小,然后分配一个大的 span。最后,整个 span 被用作一个内存块返回给请求者。至此,空间分配逻辑也就梳理完了。

3. 位图标记

分配完空间之后,需要对 heapArena 中的位图进行标记,这个工作是由 heapBitsSetType() 函数完成的。除此之外,还会把分配了多少需要扫描的空间累加到 scanAlloc 字段,具体代码如下:

```
var scanSize uintptr
if !noscan {
    if typ == deferType {
        dataSize = unsafe.Sizeof(_defer{})
    }
    heapBitsSetType(uintptr(x), size, dataSize, typ)
    if dataSize > typ.size {
        if typ.ptrdata != 0 {
            scanSize = dataSize - typ.size + typ.ptrdata
        }
    } else {
        scanSize = typ.ptrdata
    }
    c.scanAlloc += scanSize
}
```

如果分配的是 noscan 类型的空间,就可以跳过这一步了。计算 scanSize 的时候,用到了类型元数据中的 ptrdata 字段,它表示该类型的数据前多少字节中包含指针,后续还有数据也属于标量数据,只扫描前 ptrdata 字节就可以了。

4. 收尾工作

最后的收尾工作也包含多个操作,首先调用 publicationBarrier() 函数,该函数相当于一个 Store-Store 屏障,在 x86 上根本用不着,所以被实现成一个空的函数,但在其他一些平台上有实际效果。在此之后要让 GC 标记新分配的对象,具体代码如下:

```
if gcphase != _GCoff {
    gcmarknewobject(span, uintptr(x), size, scanSize)
}
```

上述代码先进行了判断,只有在 GC 的标记阶段才能标记新分配的对象。在此之后Memory Profile 的采样代码如下:

```
if rate := MemProfileRate; rate > 0 {
    if rate != 1 && size < c.nextSample {
        c.nextSample -= size
    } else {
        mp := acquirem()
        profilealloc(mp, x, size)
        releasem(mp)
    }
}
```

在 Memory Profile 开启的情况下,每分配 nextSample 字节内存以后,就进行一次采样。之后还剩最后一步 GC 相关操作,代码如下:

```
if assistG != nil {
    assistG.gcAssistBytes -= int64(size - dataSize)
}
if shouldhelpgc {
    if t := (gcTrigger{kind: gcTriggerHeap}); t.test() {
        gcStart(t)
    }
}
```

在分配的过程中,size 可能已向上对齐过,所以可能会变大,而 dataSize 保存了原来真实的 size 值,最后要从分配内存的 goroutine 的 gcAssistBytes 中减去因 size 对齐而额外多分配的大小。最后执行检测操作,如果达到了 GC 的触发条件,就发起 GC。

至此,关于堆内存分配的探索就先告一段落。本节中,我们了解了内置的 sizeclasses 和用来管理堆空间的 arena,以及负责小块内存管理的 span,分析了将堆地址映射到对应

mspan 的过程,以及 mspan 如何寻找下一个空闲的内存块。还有集中管理 mspan 的 mcentral,和 per-P 缓存 mspan 的 mcache。在本节的最后,分析了 mallocgc() 函数的主要逻辑,了解了 tiny、sizeclasses 和 large 这 3 种内存分配策略,应该可以让各位读者理解堆内存分配的大致框架。

8.2　垃圾回收

　　垃圾回收器也就是我们通常所讲的 GC,Go 语言的垃圾收集器是基于精确类型的,并且被设计成可以与普通的线程并发运行,同时允许多个 GC 线程并行运行。它是一个使用写屏障的并发标记清除算法,是不分代的、不压缩的。一轮垃圾回收包含以下几个步骤:

　　(1) Sweep Termination,清扫终止,在本轮标记开始之前,先把上一轮剩余的清扫工作完成。具体来讲,首先 Stop the World,从而使所有的 P 都达到一个 GC 安全点,然后清扫所有还未清扫的 span,通常情况下不会存在还未清扫的 span,除非 GC 提前触发。

　　(2) Concurrent Mark,并发标记,可以认为是本轮 GC 的主要工作。具体来讲,将 gcphase 从_GCoff 改成_GCmark,启用写屏障和辅助 GC,把 GC root 送入工作队列中。

　　直到所有的 P 都开启了写屏障后,GC 才会开始标记对象,写屏障的开启也是在 STW 期间完成的,然后 Start the World,GC 工作线程和辅助 GC 会一起完成标记工作,写屏障会将指针赋值过程中被覆盖掉的旧指针和新指针同时着色,新分配的对象会被立即标为黑色。GC root 包含所有协程的栈、可执行文件数据段和 BSS 段等全局数据区,以及来自 runtime 中一些堆外数据结构里的堆指针。扫描一个 goroutine 时会先将其挂起,对其栈上发现的指针进行着色,最后恢复它的运行。GC 标记时,从工作队列中取出灰色对象,扫描该对象使其变成黑色,并对发现的指针进行着色,这可能又会向工作队列中添加更多指针。因为 GC 涉及多处本地缓存,所以它使用一种分布式算法来判断所有的 GC root 和灰色对象都已经处理完,之后会切换至 Mark Termination,即标记终止状态。

　　(3) Mark Termination,标记终止。Stop the World,将 gcphase 设置成_GCmarktermination,关闭 GC 工作线程和辅助 GC。冲刷所有的 mcache,以将 mspan 还回 mcentral 中。

　　(4) Concurrent Sweep,并发清扫。将 gcphase 设置成_GCoff,重置清扫相关状态并关闭写屏障。Start the World,此后分配的对象就都是白色的了,必要时,分配之前会先对 span 进行清扫。除了分配时清扫之外,GC 还会进行后台清扫。等到分配的内存达到一定的阈值后,又会触发下一轮 GC。

　　如图 8-17 所示,在整个 GC 的过程中一共需要两次 Stop the World,分别是在清扫终止和标记终止这两个阶段,程序需要 STW 来达到一致状态,好在这两个阶段都比较短暂。在并发标记和并发清扫阶段都允许普通 goroutine 和 GC worker 并发运行,整体上 STW 的占比是非常小的。

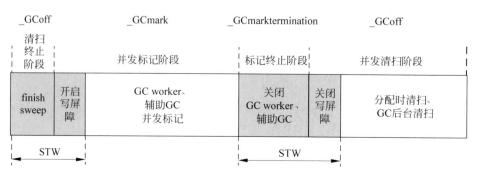

图 8-17　一轮 GC 的几个阶段

8.2.1　GC root

所谓 GC root，其实就是标记的起点。程序运行阶段内存中所有的变量、对象之间是有关联性的，例如通过一个 struct 的地址可以找到这个对象，它的所有字段中如果包含指针，又可以进一步寻址其他的变量或对象。通过指针，所有的变量和对象组成了一张大图，而GC root 就是这张图的一组起点，从这组起点出发能够遍历整张图。没错，是一组起点而不是一个，因为这张图的结构非常复杂，有多个起点，只通过其中一两个起点不足以遍历整张图。下面我们就来看一看 Go 的几种 GC root，以及 GC 是如何扫描的。

1. 全局数据区

全局数据区这种叫法是针对进程的内存布局来讲的。一般情况下，变量的分配位置就是全局数据区、栈区和堆这 3 处。堆区主要用于运行阶段的动态分配，而栈区以栈帧为单位来分配，装载的是函数的参数、返回值和局部变量，全局数据区主要用于全局变量的分配。对应到 Go 语言，就是包级别的变量，此处全局的含义应该理解为与进程生命周期相同，而不是语法层面的作用域。在可执行文件中有两个节区可以被认为是全局数据区，一个是data 段，里面都是有初始值的变量，另一个是 bss 段，里面是未初始化的变量。事实上，bss段在可执行文件中不会被实际分配空间，只是有个对应的 header 来描述它。在可执行文件加载的时候，加载器会为 bss 段分配空间，如图 8-18 所示。

全局数据区中的变量分配在构建阶段就已经确定了，在运行阶段有可能包含指向堆区的指针，所以需要把它作为 GC root 进行扫描。如何进行扫描呢？如果再逐个分析每个变量的类型元数据，效率就太低了，毕竟我们只关心其中是否包含指针而已。好在构建工具已经把供 GC 使用的位图写入了可执行文件中，通过 moduledata 的 gcdatamask 和 gcbssmask字段就可以直接使用了，其中每一位对应全局数据区中的一个指针大小的内存块，实际上就是个指针位图，如图 8-19 所示。

2. 栈

这里指的是所有 goroutine 的栈，以及与栈密切相关的_defer、_panic 这些对象。因为goroutine 是活动的，会分配内存、进行指针赋值等操作，所以栈上往往会有大量指向堆内存的指针，_defer 和_panic 对象里也有一些指针字段，GC 在对栈进行扫描时会一并处理。与全局数据区类似，栈扫描时也需要知道哪些是指针，所以需要获得与每个栈帧对应的指针位图，如图 8-20 所示，runtime.getStackMap() 函数能够返回目标栈帧的局部变量和参数的指针位图，以及栈帧上的对象列表。

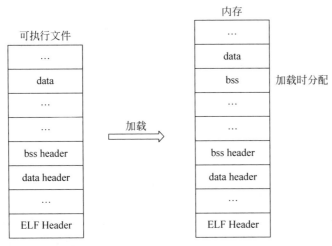

图 8-18　可执行文件加载时为 bss 段分配空间

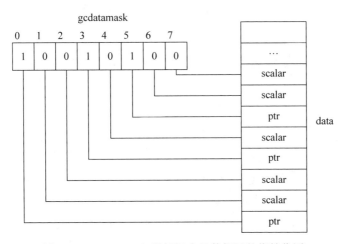

图 8-19　gcdatamask 是标记全局数据区的指针位图

3. Finalizer

通过 runtime.SetFinalizer() 函数能够为堆上分配的对象关联一个 finalizer() 函数，当 GC 发现了一个关联了 finalizer() 函数的不可达对象时，它就会取消它们之间的关联，并在一个特有的协程中用该对象的地址作为参数来调用 finalizer() 函数。这样一来就会使该对象再次变成可达的，只是不再有与之关联的 finalizer() 函数了，这样下一轮 GC 就会发现它不可达，进而把它清理掉。

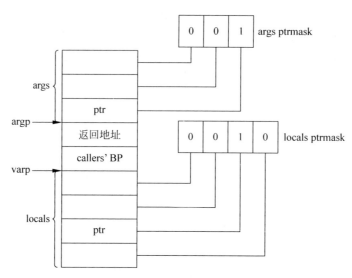

图 8-20　每个栈帧都有对应的指针位图

　　Finalizer 为什么也属于 GC root 呢？事实上，从该对象可到达的所有内容都必须被标记，对象自身却不需要。因为我们需要保证，在把对象的地址作为参数调用与它关联的 finalizer() 函数时，通过该对象可到达的所有内容都被保留了下来，否则就会发生意料之外的错误。与对象关联的 finalizer() 函数使用一个 specialfinalizer 结构来存储，该结构的定义代码如下：

```
//go:notinheap
type specialfinalizer struct {
    special special
    fn      * funcval
    nret    uintptr
    fint    * _type
    ot      * ptrtype
}
```

　　specialfinalizer 对象不是在堆上分配的，因此其中的一些指针字段也需要扫描，主要是指向 funcval 的指针，因为这个 Function Value 本身可能是一个在堆上分配的闭包对象，如图 8-21 所示。

8.2.2　三色抽象

　　Go 语言的 GC 使用了三色抽象标记堆中的对象，使用的 3 种不同颜色及其含义如表 8-2 所示。

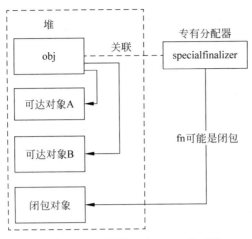

图 8-21 标记关联有 finalizer 的对象

表 8-2 三色抽象的颜色及其含义

颜 色	含 义
白色	表示未被标记也未扫描的对象
灰色	表示已经被标记但还未进行扫描的对象
黑色	表示已经被标记并且已经扫描完成的对象

每轮 GC 标记开始时,所有对象都是白色的,标记过程中 3 种颜色的对象都会存在,标记结束时只剩下黑色和白色的对象。在并发清理阶段会清理掉那些白色对象,因为新分配的对象也是白色的,所以要先将整个 span 清理后才能用于新的分配。

GC 的工作队列实现了灰色对象指针的生产者——消费者模型,灰色对象实际上是一个被标记并且被添加到工作队列中等待扫描的对象,黑色对象同样也被标记过,但是不在工作队列中。如图 8-22 所示,写屏障、GC root 扫描、栈扫描和对象扫描都会向工作队列中添加更多指针,扫描工作会消费工作队列中的灰色指针,使它们变成黑色并扫描它们,可能又会产生更多灰色指针。

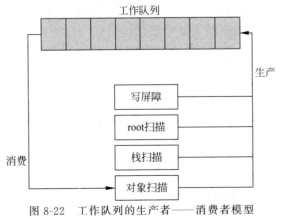

图 8-22 工作队列的生产者——消费者模型

在 runtime 中 GC 工作队列的具体实现就是 gcWork 这个结构体类型,结构的定义代码如下:

```
type gcWork struct {
    wbuf1, wbuf2 * workbuf
    bytesMarked   uint64
    scanWork      int64
    flushedWork   bool
}
```

其中 wbuf1 和 wbuf2 分别是主要和次要工作缓冲区。bytesMarked 记录了通过当前工作队列标记了多少内存空间,最终会被聚合到全局的 work. bytesMarked 中。scanWork 记录了当前工作队列执行了多少扫描工作,也是以字节为单位的。flushedWork 表示从上次 gcMarkDone 检测之后,有非空的工作缓冲区被冲刷到了全局的工作列表中,与标记终止的判定有关。

工作缓冲区对应的 workbuf 结构,以及 workbuf 内嵌的 workbufhdr 结构的定义代码如下:

```
//go:notinheap
type workbuf struct {
    workbufhdr
    obj [(_WorkbufSize - unsafe.Sizeof(workbufhdr{})) / sys.PtrSize]uintptr
}

type workbufhdr struct {
    node lfnode //must be first
    nobj int
}
```

其中的 obj 是个 uintptr 数组,用来存储扫描过程中发现的指针。nobj 用于记录 obj 数组使用了多少,实际上是个递增的下标,为 0 时表示缓冲区是空的,等于 obj 的长度时表示缓冲区已满。lfnode 的类型是个结构体类型,包含一个 int64 和一个 uintptr,可以简单地认为它用来构建链表,包含指向下一个节点的指针。_WorkbufSize 的值是 2048,所以数组 obj 的容量应该是 253。

实际为堆对象着色的工作是 runtime 中的 greyobject() 函数实现的,以下就是笔者精简过的函数源码,去掉了与调试相关的部分代码,保留了最主要的逻辑,代码如下:

```
//go:nowritebarrierrec
func greyobject(obj, base, off uintptr, span * mspan, gcw * gcWork, objIndex uintptr) {
    if obj&(sys.PtrSize-1) != 0 {
        throw("greyobject: obj not pointer-aligned")
```

```
    }

    mbits := span.markBitsForIndex(objIndex)
    if mbits.isMarked() {
        return
    }
    mbits.setMarked()

    arena, pageIdx, pageMask := pageIndexOf(span.base())
    if arena.pageMarks[pageIdx]&pageMask == 0 {
        atomic.Or8(&arena.pageMarks[pageIdx], pageMask)
    }

    if span.spanclass.noscan() {
        gcw.BytesMarked += uint64(span.elemsize)
        return
    }

    if !gcw.putFast(obj) {
        gcw.put(obj)
    }
}
```

第1个 if 语句用于校验对象地址是不是按照指针对齐的,8.1节讲内存分配的时候已经知道各种 sizeclass 都是 8 的整数倍。接下来调用 markBitsForIndex() 方法,可以通过对象内存块在 span 中的索引 objIndex 定位到 gcmarkBits 对应的二进制位,如果已经标记过了就直接返回,如果未标记就进行标记。heapArena 结构中的 pageMarks 记录的是哪些 span 中存在被标记过的对象,所以要通过它把对象所在的 span 也标记一下。图 8-23 展示了 greyobject() 方法标记对象的效果。

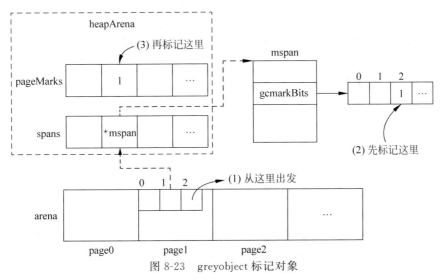

图 8-23　greyobject 标记对象

接下来的 if 语句用于判断对象所在的 span 是否为 noscan 型,也就是不包含指针,那样就不用进一步对对象进行扫描了,记录 bytesMarked 后直接返回,对象 obj 就是黑色的了。如果 span 不是 noscan 型的,就把对象指针添加到工作队列中,等待后续进一步对对象展开扫描。

8.2.3 写屏障

GC 使用写屏障来追踪指针的赋值操作,Go 使用的是一种组合了删除写屏障和插入写屏障的混合写屏障。删除写屏障负责对地址被覆盖掉的对象进行着色,插入写屏障负责对新地址指向的对象进行着色。在 goroutine 的栈是灰色的时候,才有必要执行插入写屏障。按照这种设计思想,混合写屏障的伪代码如下:

```
writePointer(slot, ptr):
    shade( * slot)
    if current stack is grey:
        shade(ptr)
    * slot = ptr
```

其中 slot 是个指向指针的指针,也就是指针赋值运算中目的操作数的地址,ptr 是用来赋值的新值。shade()函数会根据传入的地址标记堆上的对象,还会把该地址添加到 GC 工作队列中,前提是传入的是一个堆地址。混合写屏障能够防止 goroutine 对 GC 隐藏某个对象:

(1) shade(* slot) 能够防止 goroutine 把指向对象的唯一指针从堆或全局数据段移动到栈上,从而造成对象被隐藏,当 goroutine 尝试删除一个堆上的指针时,删除写屏障负责为该指针指向的对象着色。

例如,当前协程 G 的栈已经完成扫描,A 和 B 是栈上的两个指针,如图 8-24 所示。

接下来 G 会执行如下操作:

① 把 old 的地址写入栈上的本地变量 A。

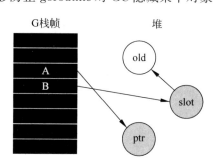

图 8-24 示例初始状态 G 栈帧已完成扫描

② 把 ptr 的地址写入 slot。

上述第一步操作因栈上没有插入写屏障,不会标记 old 指针,如果堆上没有删除写屏障,指向 old 的唯一路径被切断,old 就不能被 GC 发现了,如图 8-25 所示。

所以在删除堆上的指针时应用删除写屏障对 old 进行标记,如图 8-26 所示。

(2) shade(ptr) 能够防止 goroutine 把指向对象的唯一指针从它的栈上移动到堆或全局数据段的某个黑色对象里而造成的隐藏问题,当 goroutine 尝试向一个黑色对象里写入指针时,插入写屏障负责为该指针指向的对象着色。

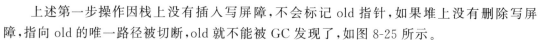

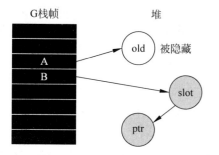

图 8-25　堆上没应用删除写屏障时 old 被隐藏

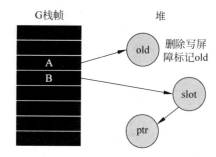

图 8-26　堆上应用删除写屏障对 old 进行标记

例如,当前协程 G 的栈还未扫描,A 和 B 是栈上的两个指针,堆上的 slot 和 old 是在标记期间分配的,所以都已被标记为黑色,之前分配的 ptr 还是白色,如图 8-27 所示。

接下来 G 会执行如下操作:

① 把 ptr 的地址写入 slot。

② 把 old 的地址写入 B。

上面第二步操作在栈上没有删除写屏障,不会标记 ptr。如果没有插入写屏障,就会将白色对象 ptr 写入堆上的黑色对象 slot,此时 ptr 就不能被 GC 发现了,如图 8-28 所示。

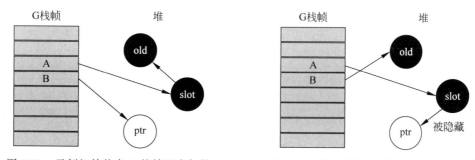

图 8-27　示例初始状态 G 栈帧还未扫描 　　　　图 8-28　没应用插入写屏障时 ptr 被隐藏

为了避免将白色对象写入堆上的黑色对象,就要靠插入写屏障,在写入 slot 时标记新指针 ptr,如图 8-29 所示。

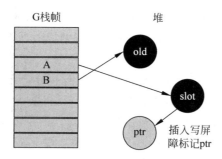

图 8-29　堆上应用插入写屏障对 ptr 进行标记

（3）如果 goroutine 的栈是黑色的，则 shade(ptr) 就没有必要了。因为把对象指针从栈上移动到堆或全局数据段进而造成其隐藏的前提是，该指针在栈上时是未被标记的。栈刚刚被扫描完时，它指向的对象都是被标记过的，所以不会有隐藏的对象指针。shade(∗slot) 会防止后续有指针在栈上被隐藏。

还是直白点讲更好理解，当进入并发标记阶段以后，程序会从所有 GC root 开始扫描遍历整个对象图。并发标记在设计上允许普通 goroutine 和 GC 一起运行，只是在扫描 goroutine 栈的时候会暂时将其挂起，扫描完成后又会恢复运行。goroutine 恢复运行之后可能又会对整个对象图进行一系列修改，主要是新分配内存和移动现有指针（指针赋值），标记阶段分配的内存都会被 mallocgc() 函数直接标黑，所以不会有遗漏，但是指针赋值会有较多变数。我们不能重新扫描整个对象图，只想处理后来的增量变动，而写屏障就能很好地追踪到 goroutine 恢复运行后造成的增量变动。

因为变量一般就是存在于全局数据段、堆区和栈区，所以 goroutine 造成的增量变动也就脱离不了这几处位置。如果对全局数据段、堆和栈都应用插入写屏障，则可以跟踪到所有增量修改，但是这就要求 goroutine 在向全局数据段、堆及栈上写入指针时，都要经过插入写屏障。全局数据段和堆还可以接受，如果操作当前函数栈帧中的指针都要经过插入写屏障，无论是对程序的性能还是可执行文件的体积，都会造成很大的影响，因为编译器需要额外生成大量代码，所以我们还要寻求一种新的方案，能够使 goroutine 不必对当前函数栈帧上的指针应用写屏障，这也就是 Go 为什么要引入混合写屏障的原因。

首先，当为栈上的指针赋值时，新的地址值大致有 4 种来源，即全新分配、栈上的指针、堆上的指针，以及全局数据段的指针。标记阶段全新分配的对象会被 mallocgc() 函数自动标黑，所以不需要额外处理。函数栈帧里两个指针间的赋值不必应用写屏障，因为已扫描过的栈不存在隐藏指针，未扫描过的栈不需要追踪增量变动，后续扫描时会完整处理。至于堆和全局数据段，如果仅仅从它们那里把指针复制到栈上，也不会有问题，我们虽然不再重新扫描栈，但是对象可以通过堆或全局数据段里旧有的指针来保证其可达性。怕的就是我们把指针复制到栈上以后，堆或全局数据段里旧有的指针被擦除了，而且不再有其他的指针指向该对象。栈上复制过来的指针就变成了唯一指针，然而我们不再重新扫描栈，所以对象就被隐藏了。

至此，关键的问题就变成了，当堆或全局数据段中的指针被擦除之前，需要灰化它指向的对象。这样一来，把堆和全局数据段里的指针复制到栈上也不用经过插入写屏障了，旧指针不被擦除，由旧有指针来保证可达性，旧有指针被擦除前，删除写屏障负责灰化其指向的对象。这就是 Go 引入删除写屏障的原因，缘于我们不希望对栈应用插入写屏障。

插入写屏障就比较好理解了，前提还是因为我们不会重新扫描堆和全局数据段。如果当前的栈还未被扫描，栈上就有可能存在白色的指针。如果 goroutine 把一个白色指针赋值给堆或全局数据段里一个黑色对象的某个字段，并且栈上的旧有指针在栈扫描之前被覆盖，则该对象就被成功地隐藏了。插入写屏障就是用来跟踪写入堆和全局数据段的指针，从而防止对象隐藏。

删除写屏障应对就像是一种极端条件,只有在即将被擦除的指针本身位于堆或全局数据段上,并且是指向某个位于堆上的对象的唯一指针,并且该指针曾经被复制到某个黑色的协程栈上时,删除写屏障才会真正发挥作用。实际实现的时候不必去跟踪或检测这些条件,只是宽泛地对堆和全局数据段里的指针擦除进行跟踪就行了。插入写屏障也不必真地去检测 goroutine 的栈是否为黑色,这样会造成一定程度的性能损失,宽泛地跟踪写入堆和全局数据段的所有指针就行了。

下面我们就用一段简单的示例代码,通过反编译的方法,来看一看写屏障是如何被应用的,示例代码如下:

```go
//第 8 章/code_8_1.go
package main

var p * int

func main() {
    toStack(&p)
    toGlobal(&p)
    toUnknown(&p, &p)
}

//go:noinline
func toStack(i ** int) (o * int) {
    o = *i
    return
}

//go:noinline
func toGlobal(i ** int) {
    p = *i
}

//go:noinline
func toUnknown(a ** int, i ** int) {
    *a = *i
}
```

代码中的 3 个函数对应 3 种不同的场景,toStack()函数把一个未知来源的指针复制到栈上,函数的参数 i 是个 int 类型的二级指针,未知来源指的是它所指向的 int 类型的指针可以在栈、堆及全局数据段等任何位置。相应地,toGlobal()函数会把一个未知来源的指针赋值给全局数据段里的变量 p,而 toUnknown()函数则是把一个未知来源的指针复制到未知的目的地。

我们先来反编译一下 toStack()函数,按照之前的分析,它应该不会应用写屏障。反编译得到的汇编代码如下：

```
$ go tool objdump - S - s '^main.toStack$' barrier.exe
TEXT main.toStack(SB) C:/gopath/src/fengyoulin.com/barrier/main.go
      o = *i
  0x493f20          488b442408          MOVQ 0x8(SP), AX
  0x493f25          488b00              MOVQ 0(AX), AX
       return
  0x493f28          4889442410          MOVQ AX, 0x10(SP)
  0x493f2d          c3                  RET
```

只有简单的 4 条汇编指令，完成指针复制后就返回了，确实没有应用写屏障的痕迹。别着急，接下来反编译 toGlobal()函数，按道理它应该用到写屏障，反编译得到的汇编代码如下：

```
$ go tool objdump - S - s '^main.toGlobal$' barrier.exe
TEXT main.toGlobal(SB) C:/gopath/src/fengyoulin.com/barrier/main.go
func toGlobal(i ** int) {
  0x493f40          65488b0c2528000000  MOVQ GS:0x28, CX
  0x493f49          488b8900000000      MOVQ 0(CX), CX
  0x493f50          483b6110            CMPQ 0x10(CX), SP
  0x493f54          763b                JBE 0x493f91
  0x493f56          4883ec08            SUBQ $ 0x8, SP
  0x493f5a          48892c24            MOVQ BP, 0(SP)
  0x493f5e          488d2c24            LEAQ 0(SP), BP
      p = *i
  0x493f62          488b442410          MOVQ 0x10(SP), AX
  0x493f67          488b00              MOVQ 0(AX), AX
  0x493f6a          833d0f690f0000      CMPL $ 0x0, runtime.writeBarrier(SB)
  0x493f71          7510                JNE 0x493f83
  0x493f73          4889059e300b00      MOVQ AX, main.p(SB)
}
  0x493f7a          488b2c24            MOVQ 0(SP), BP
  0x493f7e          4883c408            ADDQ $ 0x8, SP
  0x493f82          c3                  RET
      p = *i
  0x493f83          488d3d8e300b00      LEAQ main.p(SB), DI
  0x493f8a          e85118fdff          CALL runtime.gcWriteBarrier(SB)
  0x493f8f          ebe9                JMP 0x493f7a
func toGlobal(i ** int) {
  0x493f91          e82afbfcff          CALL runtime.morestack_noctxt(SB)
  0x493f96          eba8                JMP main.toGlobal(SB)
```

汇编代码的开头和结尾是我们熟悉的栈增长代码，CMPL $ 0x0, runtime. writeBarrier (SB)这条指令是在检测写屏障有没有开启，后面的 CALL runtime. gcWriteBarrier(SB)指

令是在调用写屏障的处理函数。我们稍后会梳理写屏障处理函数的逻辑,toUnknown()函数反编译后得到的汇编代码如下:

```
$ go tool objdump − S − s '^main.toUnknown$' barrier.exe
TEXT main.toUnknown(SB) C:/gopath/src/fengyoulin.com/barrier/main.go
func toUnknown(a ** int, i ** int) {
  0x493fa0        65488b0c2528000000        MOVQ GS:0x28, CX
  0x493fa9        488b8900000000            MOVQ 0(CX), CX
  0x493fb0        483b6110                  CMPQ 0x10(CX), SP
  0x493fb4        7637                      JBE 0x493fed
  0x493fb6        4883ec08                  SUBQ $ 0x8, SP
  0x493fba        48892c24                  MOVQ BP, 0(SP)
  0x493fbe        488d2c24                  LEAQ 0(SP), BP
      * a = * i
  0x493fc2        488b7c2410                MOVQ 0x10(SP), DI
  0x493fc7        8407                      TESTB AL, 0(DI)
  0x493fc9        488b442418                MOVQ 0x18(SP), AX
  0x493fce        488b00                    MOVQ 0(AX), AX
  0x493fd1        833da8680f0000            CMPL $ 0x0, runtime.writeBarrier(SB)
  0x493fd8        750c                      JNE 0x493fe6
  0x493fda        488907                    MOVQ AX, 0(DI)
}
  0x493fdd        488b2c24                  MOVQ 0(SP), BP
  0x493fe1        4883c408                  ADDQ $ 0x8, SP
  0x493fe5        c3                        RET
      * a = * i
  0x493fe6        e8f5517fdff               CALL runtime.gcWriteBarrier(SB)
  0x493feb        ebf0                      JMP 0x493fdd
func toUnknown(a ** int, i ** int) {
  0x493fed        e8cefafcff                CALL runtime.morestack_noctxt(SB)
  0x493ff2        ebac                      JMP main.toUnknown(SB)
```

与 toGlobal()函数的代码结构基本相同,我们又看到了 CALL runtime.gcWriteBarrier (SB)指令。总结一下反编译这 3 个函数得到的结论:把指针复制到栈上不需要写屏障,把指针赋值给全局数据段中的变量需要写屏障。把指针复制到一个未知的位置(可能是栈、堆或全局数据段),也需要写屏障,因为对栈上的指针应用写屏障并不会出错,不应用是为了提高性能,而堆和全局数据段则必须用写屏障才行,否则可能造成对象隐藏而被错误地释放。

最后,我们来看一下 runtime.gcWriteBarrier()函数的逻辑,这个函数是用汇编语言实现的。在梳理汇编代码之前,先来看一个数据结构,也就是被写屏障用作缓冲区的 wbBuf 结构,代码如下:

```
type wbBuf struct {
    next uintptr
```

```
        end  uintptr
        buf  [wbBufEntryPointers * wbBufEntries]uintptr
    }
```

其中 buf 是个指针数组，wbBufEntryPointers 和 wbBufEntries 这两个常量的值分别是 2 和 256。因为是删除加插入的混合写屏障，所以每次会向缓冲区中写入两个指针，而缓冲区总共可供这样写入 256 次，写入 256 次后便会写满。next 指向缓冲区可用的位置，每次写入时向后移动两个指针大小。end 刚好指向缓冲区之后，可以理解为右开区间的坐标值，当 next 等于 end 时表示缓冲区满了。

接下来可以梳理 gcWriteBarrier() 函数的汇编源码了，笔者在代码中添加了注释以便于理解，代码如下：

```
TEXT runtime·gcWriteBarrier<ABIInternal>(SB),NOSPLIT, $120
    //函数里会用到 R14 和 R13 这两个寄存器,先在栈上备份一下
    MOVQ    R14, 104(SP)
    MOVQ    R13, 112(SP)
    get_tls(R13)
    MOVQ    g(R13), R13
    MOVQ    g_m(R13), R13
    MOVQ    m_p(R13), R13
    MOVQ    (p_wbBuf + wbBuf_next)(R13), R14
    //R14 里存储的是 wbBuf.next 的值,将其增加 16 字节分配空间
    LEAQ    16(R14), R14
    MOVQ    R14, (p_wbBuf + wbBuf_next)(R13)
    CMPQ    R14, (p_wbBuf + wbBuf_end)(R13)
    //AX 里存储的是指针赋值等号右边的新值,写入 wbBuf.buf 中
    MOVQ    AX, -16(R14)
    //DI 里是赋值等号左边变量的地址,取出旧值并存入 R13 中
    MOVQ    (DI), R13
    //将 R13 里的旧值写入 wbBuf.buf
    MOVQ    R13, -8(R14)
    //前面的 CMPQ 指令用于判断 wbBuf.buf 是否已满,按需 flush
    JEQ     flush
ret:
    MOVQ    104(SP), R14
    MOVQ    112(SP), R13
    //把 AX 中的新值写入 DI 指向的位置,完成了指针赋值操作
    MOVQ    AX, (DI)
    RET

flush:
    //备份除 R14 和 R13 外的其他寄存器,wbBufFlush 函数可能会用到它们
    MOVQ    DI, 0(SP)
```

```
MOVQ      AX, 8(SP)
MOVQ      BX, 16(SP)
MOVQ      CX, 24(SP)
MOVQ      DX, 32(SP)
MOVQ      SI, 40(SP)
MOVQ      BP, 48(SP)
MOVQ      R8, 56(SP)
MOVQ      R9, 64(SP)
MOVQ      R10, 72(SP)
MOVQ      R11, 80(SP)
MOVQ      R12, 88(SP)
MOVQ      R15, 96(SP)

//将 wbBuf.buf 中的指针冲刷到 GC 的工作队列中
CALL      runtime·wbBufFlush(SB)
//还原 CALL 之前备份的这些寄存器
MOVQ      0(SP), DI
MOVQ      8(SP), AX
MOVQ      16(SP), BX
MOVQ      24(SP), CX
MOVQ      32(SP), DX
MOVQ      40(SP), SI
MOVQ      48(SP), BP
MOVQ      56(SP), R8
MOVQ      64(SP), R9
MOVQ      72(SP), R10
MOVQ      80(SP), R11
MOVQ      88(SP), R12
MOVQ      96(SP), R15
JMP       ret
```

　　有兴趣的读者可以返回前面反编译 3 个函数的地方,看一看编译器是如何通过 DI 和 AX 这两个寄存器向 gcWriteBarrier() 函数传递参数的,关于写屏障的探索就先到这里。

8.2.4　触发方式

　　Go 的 GC 共有 3 种触发方式,第 1 种是被 runtime 初始化阶段创建的 sysmon 线程和 forcegchelper 协程发起,属于基于时间的周期性触发。第 2 种是被我们刚刚分析过的 mallocgc() 函数发起的,触发条件是堆大小达到或超过了临界值。第 3 种是被开发者通过 runtime.GC() 函数强制触发。通过查看这三处源码,发现内部会调用同一个 GC 启动函数,这就是 runtime.gcStart() 函数,函数的原型如下:

```
func gcStart(trigger gcTrigger)
```

我们不打算展开分析这个函数的源码，而是来研究一下它的参数，也就是这个 gcTrigger 类型，它是一个结构体，具体的定义代码如下：

```
type gcTrigger struct {
    kind gcTriggerKind
    now  int64
    n    uint32
}
```

其中 gcTriggerKind 底层是个 int 类型，runtime 定义了 3 个 gcTriggerKind 类型的常量，该常量的取值及其含义如表 8-3 所示。

表 8-3　gcTriggerKind 的取值及其含义

取　值	含　义
gcTriggerHeap	表示触发原因是因为堆的大小达到或超过了临界值，这个临界值是由 GC 控制器计算出来的
gcTriggerTime	表示触发原因是因为距上次 GC 运行已经超过了 forcegcperiod 这么多纳秒的时间，目前这个时间周期被定义为两分钟
gcTriggerCycle	主要用于强制执行 GC

gcTrigger 类型提供了一个 test() 方法，用于检测当前有没有达到 GC 触发条件，源代码如下：

```
func (t gcTrigger) test() bool {
    if !memstats.enablegc || panicking != 0 || gcphase != _GCoff {
        return false
    }
    switch t.kind {
    case gcTriggerHeap:
        return memstats.heap_live >= memstats.gc_trigger
    case gcTriggerTime:
        if gcpercent < 0 {
            return false
        }
        lastgc := int64(atomic.Load64(&memstats.last_gc_nanotime))
        return lastgc != 0 && t.now - lastgc > forcegcperiod
    case gcTriggerCycle:
        return int32(t.n - work.cycles) > 0
    }
    return true
}
```

1. gcTriggerHeap

在处理 gcTriggerHeap 这种类型时，memstats.heap_live 是当前的堆大小，memstats.

gc_trigger 是控制器计算得到的临界值。临界值来源于上次标记的堆大小和 gcpercent 的值,后者可以通过环境变量 GOGC 进行设置,表示当堆增长超过百分之多少后触发 GC,参考的堆起始大小就是上次标记终止时标记的大小,控制器会在每次标记终止时更新临界值。那么第一次触发参考哪个值呢?因为没有上一次可供参考,所以第一次触发的临界值被预置为 4MB,在 gcinit() 函数里进行初始化。

mallocgc() 函数中会发起 GC 的相关代码在 8.1.6 节已经讲解过了,如果 mallocgc() 函数分配了较大空间,则 shouldhelpgc 的值就是 true,然后就会创建一个 gcTriggerHeap 类型的 gcTrigger,通过 test 检测当前堆大小是否达到或超过临界值,按需调用 gcStart() 函数发起 GC。

2. gcTriggerTime

当处理 gcTriggerTime 类型时,memstats. last_gc_nanotime 以纳秒为单位记录了上次 GC 执行的时刻,gcTrigger 的 now 字段存储的是想要发起 GC 时的时间戳,两者之差如果超过 forcegcperiod 就会触发 GC。至于 gcTriggerCycle 这种类型,首先要说明一下 work. cycles,它会随着每轮 GC 自增,也就等于记录了当前执行到第几轮。runtime. GC() 函数会先读取 work. cycles 的值,然后把这个值加一作为 n 来构造一个 gcTriggerCycle 类型的 gcTrigger,把它作为参数来调用 gcStart() 函数。如果在这个过程中,下一轮 GC 已经在别处被触发,则 work. cycles 的值就会等于甚至大于 t. n 的值,t. test() 函数就会返回 false,gcStart() 函数也就随之返回,不会再重复执行了。

实际发起周期性 GC 的是 forcegchelper 协程,它是在 runtime 的 init() 函数中被创建的,入口函数的代码如下:

```
func forcegchelper() {
    forcegc.g = getg()
    lockInit(&forcegc.lock, lockRankForcegc)
    for {
        lock(&forcegc.lock)
        if forcegc.idle != 0 {
            throw("forcegc: phase error")
        }
        atomic.Store(&forcegc.idle, 1)
        goparkunlock(&forcegc.lock, waitReasonForceGCIdle, traceEvGoBlock, 1)
        if debug.gctrace > 0 {
            println("GC forced")
        }
        gcStart(gcTrigger{kind: gcTriggerTime, now: nanotime()})
    }
}
```

它开始运行之后做的第一件事就是获取自身的 g 指针并赋值给 forcegc. g,这样一来 sysmon 线程就可以通过 forcegc. g 来调度当前 goroutine 了。接下来它初始化了互斥锁 forcegc. lock,然后就进入了一个无限循环。

每轮循环中先获得 forcegc. lock 锁,然后将 forcegc. idle 置为 1,这样 sysmon 就能知道 forcegchelper 协程当前并没有在运行。设置完 idle 之后,通过 goparkunlock()函数来挂起自己,同时解锁 forcegc. lock,此后便等待 sysmon 调度。得到调度执行后,调用 gcStart()函数发起一轮 GC,触发类型为 gcTriggerTime。

相应地,sysmon 线程中调度 forcegchelper 的代码如下:

```
if t := (gcTrigger{kind: gcTriggerTime, now: now}); t.test() && atomic.Load(&forcegc.idle) != 0 {
    lock(&forcegc.lock)
    forcegc.idle = 0
    var list gList
    list.push(forcegc.g)
    injectglist(&list)
    unlock(&forcegc.lock)
}
```

先用当前时间创建一个类型为 gcTriggerTime 的 gcTrigger,然后调用 test 方法来判断当前时间是否已经满足 GC 触发条件。如果达到 GC 触发条件且 forcegchelper 处于 idle 状态,就把 forcegc. g 添加到 runq 中。

3. gcTriggerCycle

至于用户可以强制执行 GC 的 runtime. GC()函数,关键代码如下:

```
n := atomic.Load(&work.cycles)
gcWaitOnMark(n)
gcStart(gcTrigger{kind: gcTriggerCycle, n: n + 1})
gcWaitOnMark(n + 1)
for atomic.Load(&work.cycles) == n+1 && sweepone() != ^uintptr(0) {
    sweep.nbgsweep++
    Gosched()
}
```

笔者略去了少量不太重要的逻辑,首先从 work. cycles 获取当前 GC 的周期数并存于局部变量 n 中,然后通过 gcWaitOnMark 等待第 n 轮标记结束,然后调用 gcStart()函数发起第 n+1 轮 GC,并等待其标记结束,最后用一个 for 循环来完成第 n+1 轮的清扫工作。

关于 GC 触发方式的分析就到这里,感兴趣的读者可以深入研究一下 gcStart()等函数的源码。

8.2.5　GC Worker

GC 的标记阶段会创建一组后台工作协程,还会启用 assist 机制让一般的协程在分配内存时辅助完成一部分标记工作。GC 与一般的业务协程是并发运行的,为了避免 GC 过多地占用 CPU,runtime 中的常量 gcGoalUtilization 将最大使用率限制为 30%,常量

gcBackgroundUtilization 将后台工作协程的最大 CPU 使用率限制为 25%,两者之差(5%)是留给辅助 GC 的。

我们先来看一看后台工作协程的这个 25% 是如何实现的。这组协程是在哪里被创建的呢? 是由 gcBgMarkStartWorkers()函数创建的,该函数的代码如下:

```
func gcBgMarkStartWorkers() {
    for gcBgMarkWorkerCount < gomaxprocs {
        go gcBgMarkWorker()
        notetsleepg(&work.bgMarkReady, - 1)
        noteclear(&work.bgMarkReady)
        gcBgMarkWorkerCount++
    }
}
```

该函数通过一个 for 循环,创建 gomaxprocs 个工作协程,也就是保证每个 P 都能分配到一个。因为 gomaxprocs 可能会变化,所以用变量 gcBgMarkWorkerCount 记录了工作协程的数量,后续如果 gomaxprocs 被增大,下次调用该函数时就能把工作协程补齐。gomaxprocs 减小,不需要销毁对应的工作协程,可以留待后续 gomaxprocs 再次被增大时复用。gcStart()函数每次都会调用该函数,也就是每轮 GC 开始时都会检测后台协程数量,并按需补齐到 gomaxprocs 个。

感兴趣的读者可以阅读一下 gcBgMarkWorker 的源码,主要逻辑就是在一个 for 循环中执行标记逻辑并检测分布式标记是否已完成。在每轮循环的最开始,它会先通过 gopark 挂起自己,并且把自己 push 到 gcBgMarkWorkerPool 中,我们感兴趣的是这些后台协程是如何得到调度的。进一步跟踪 gcBgMarkWorkerPool 的 pop 操作,发现有两个地方会调用 pop,一个是在 gcControllerState 类型的 findRunnableGCWorker()方法中,另一个是在调度循环的 findrunnable()函数中。到这里有必要介绍一下后台工作协程的几种不同工作模式。

1. GC Worker 的工作模式

在 runtime 中为 GC 工作协程定义了 3 种工作模式,分别有与之对应的常量,如表 8-4 所示。

表 8-4 GC 工作协程的 3 种工作模式及其含义

工作模式	含义
gcMarkWorkerDedicatedMode	表示该工作协程所在的 P 专门用来运行这个 GC 工作协程,并且应该在不被抢占的情况下运行。实际实现的时候,dedicated 模式的 worker 先以可被抢占的模式运行,首次检测到抢占标识时,把本地 runq 中的所有 g 都放入全局 runq,后续以不被抢占的模式运行,这样可以使本地 runq 中原有的任务尽量减少延迟
gcMarkWorkerFractionalMode	这种模式的 worker 主要因为 gomaxprocs 乘以 gcBackgroundUtiliztion 的结果可能不是整数,不能用整数个 dedicated 模式的 worker 实现,剩余的小数部分就由 fractional 模式的 worker 来负责
gcMarkWorkerIdleMode	表示当前 P 没有其他任务可做,处于空闲状态,顺便来执行 GC

在以上 3 种模式中,idle 模式的 worker 由 findrunnable() 函数负责调度,当 findrunnable() 函数找不到其他可运行的 g 时,就会从 gcBgMarkWorkerPool 中 pop 出一个后台工作协程的 g,然后把当前 P 的 gcMarkWorkerMode 设置成 gcMarkWorkerIdleMode,并返回工作协程的 g。

我们更关心的是 dedicated 和 fractional 这两种模式是如何调度的,跟踪 findRunnableGCWorker() 方法,发现整个 runtime 中只有 schedule() 函数会调用它。第 6 章我们分析过 schedule() 函数的源码,它就是调度循环的具体实现,它会先调用 findRunnableGCWorker() 方法来尝试执行 GC 后台任务,然后才是从 runq 中取常规 g 来执行,所以关键点就在于 findRunnableGCWorker() 方法了,代码如下:

```go
func (c *gcControllerState) findRunnableGCWorker(_p_ *p) *g {
    if gcBlackenEnabled == 0 {
        throw("gcControllerState.findRunnable: blackening not enabled")
    }

    if !gcMarkWorkAvailable(_p_) {
        return nil
    }

    node := (*gcBgMarkWorkerNode)(gcBgMarkWorkerPool.pop())
    if node == nil {
        return nil
    }

    decIfPositive := func(ptr *int64) bool {
        for {
            v := atomic.Loadint64(ptr)
            if v <= 0 {
                return false
            }

            if atomic.Cas64((*uint64)(unsafe.Pointer(ptr)), uint64(v), uint64(v-1)) {
                return true
            }
        }
    }

    if decIfPositive(&c.dedicatedMarkWorkersNeeded) {
        _p_.gcMarkWorkerMode = gcMarkWorkerDedicatedMode
    } else if c.fractionalUtilizationGoal == 0 {
        gcBgMarkWorkerPool.push(&node.node)
        return nil
    } else {
```

```
        delta := nanotime() - gcController.markStartTime
            if delta > 0 && float64 ( _ p _. gcFractionalMarkTime)/float64 ( delta ) > c.
fractionalUtilizationGoal {
                gcBgMarkWorkerPool.push(&node.node)
                return nil
        }
        _p_.gcMarkWorkerMode = gcMarkWorkerFractionalMode
    }

    gp := node.gp.ptr()
    casgstatus(gp, _Gwaiting, _Grunnable)
    if trace.enabled {
        traceGoUnpark(gp, 0)
    }
    return gp
}
```

　　其中 gcMarkWorkAvailable()函数会检查 P 本地的 GC 工作队列和全局工作队列,如果已经没有任务需要处理,就直接返回 nil。否则就从 gcBgMarkWorkerPool 中 pop 出一个工作协程,如果为 nil,则直接返回 nil。decIfPositive()函数基于原子指令 CAS 实现对一个正整数减一的操作,被用于分配 dedicated 模式的 worker,优先返回 dedicated 模式的 worker。之后再根据 c. fractionalUtilizationGoal 来调度 fractional 模式的 worker。c. dedicatedMarkWorkersNeeded 和 c. fractionalUtilizationGoal 都是在本轮 GC 开始时计算出来的,分别表示 dedicated、fractional 模式的 worker 会占用多少个 P。delta 是从本轮开始标记已经过去的时间,用当前 P 的 gcFractionalMarkTime 除以 delta 得到的是当前 P 运行 fractional worker 所花时间占总时间的百分比,这样可以把 fractional worker 分摊到所有 P 上去执行,尽量使每个 P 都均衡地分担任务。如果当前 P 的执行时间已经超过目标值,就返回 nil。

　　最后,我们再来看一下辅助 GC,辅助 GC 虽然不属于 GC Worker,但是做的工作也是并发标记工作,所以也需要了解一下。

2. 辅助 GC

　　辅助 GC 是通过 gcAssistAlloc()函数完成的,整个 runtime 中只有一个地方会调用该函数,也就是在 mallocgc()函数中。8.1.6 节我们已经知道,g 的 gcAssistBytes 字段记录了当前协程通过辅助 GC 积累了多少字节的信用值,就像信用卡的额度一样,如果 mallocgc()函数要分配的内存大小在这个信用值的范围内,就不用执行辅助 GC,否则就要调用 gcAssistAlloc()函数来执行一部分辅助工作。信用值的存取模型如图 8-30 所示。

　　gcAssistAlloc()函数里有两段代码比较有价值,我们来分析一下。用来计算负债额度和扫描工作量的代码如下:

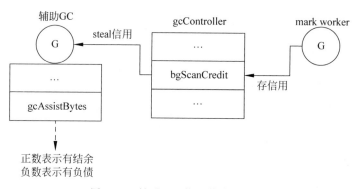

图 8-30　辅助 GC 信用值存取模型

```
assistWorkPerByte := float64frombits(atomic.Load64(&gcController.assistWorkPerByte))
assistBytesPerWork := float64frombits(atomic.Load64(&gcController.assistBytesPerWork))
debtBytes := - gp.gcAssistBytes
scanWork := int64(assistWorkPerByte * float64(debtBytes))
if scanWork < gcOverAssistWork {
    scanWork = gcOverAssistWork
    debtBytes = int64(assistBytesPerWork * float64(scanWork))
}
```

assistWorkPerByte 实际上是个 float64，表示每分配一字节内存空间应该相应地做多少扫描工作，gcController 把它当成 uint64 进行原子性存取。assistBytesPerWork 可以认为是前者的倒数，理解成完成一字节的扫描工作后可以分配多大的内存空间。这两者表示的都是比率，实际的内存分配和扫描不可能都是一字节一字节的。它们都是在每轮 GC 开始时被计算好，并且会随着堆扫描的进度一起更新。在 mallocgc() 函数中，因为 gp.gcAssistBytes＜0，所以才调用了 gcAssistAlloc，由此负债额度就是 gp.gcAssistBytes 的绝对值。预期需要扫描的大小等于 debtBytes 乘以 assistWorkPerByte，如果得到的结果小于 gcOverAssistWork，就取 gcOverAssistWork 的值，该值目前被定义为 64KB。也就是至少扫描 64KB 空间，这样可以避免多次执行而实际的产出过少，就像线程切换频繁造成整体的吞吐量低下。如果把 scanWork 对齐到 gcOverAssistWork，就需要乘以 assistBytesPerWork 重新计算 debtBytes。得到的 debtBytes 会比本次分配的实际需要大一些，但是没有关系，后面它会被累加到 gp.gcAssistBytes 中，多出来的部分可供下次分配使用。

还有一段代码用来从 gcController 窃取扫描信用额度，后台工作协程执行扫描任务积累的信用值会被累加到 gcController 的 bgScanCredit 字段，如果该值的大小足够抵消本次的 scanWork，则当前协程就不用实际去执行扫描任务了。信用窃取的主要代码如下：

```
bgScanCredit : = atomic.Loadint64(&gcController.bgScanCredit)
stolen : = int64(0)
if bgScanCredit > 0 {
    if bgScanCredit < scanWork {
        stolen = bgScanCredit
        gp.gcAssistBytes += 1 + int64(assistBytesPerWork * float64(stolen))
    } else {
        stolen = scanWork
        gp.gcAssistBytes += debtBytes
    }
    atomic.Xaddint64(&gcController.bgScanCredit, - stolen)

    scanWork -= stolen

    if scanWork == 0 {
        return
    }
}
```

根据 bgScanCredit 与 scanWork 的大小比较,决定是窃取全部还是窃取部分,并且根据实际窃取的大小更新 gp.gcAssistBytes,然后从 bgScanCredit 和 scanWork 中分别减去窃取的大小。最后,如果 scanWork 等于 0,就不用执行后续的扫描工作了。实现辅助 GC 主要是为了避免程序过于频繁地分配内存,造成后台工作协程忙不过来,如果程序的内存分配动作不是很频繁,实际上可能根本不会真正去执行辅助扫描。

本节关于 GC Worker 的分析就到这里,感兴趣的读者可阅读源码了解更多细节。

8.2.6 gctrace

讲了较多干巴巴的理论和代码,本节就来点相关实践,验证一下前面的分析探索。Go 的 runtime 对追踪和调试支持得比较好,例如最常用的 pprof,在查找内存泄漏及性能瓶颈时非常方便。垃圾回收方面可以通过 GODEBUG 环境变量开启 gctrace,程序运行时就会输出每轮 GC 的开始时间、耗时,以及标记终止时的堆大小和标记大小等信息。

接下来我们就用几段实际的代码来演示一下,首先来个简单一点的,代码如下:

```
//第 8 章/code_8_2.go
var p * int64

func main() {
    for i : = 0; i < 1000000; i++{
        p = new(int64)
    }
    time.Sleep(time.Second)
}
```

用 go build 命令构建上述代码,然后通过 GODEBUG 环境变量指定 gctrace＝1 来运行可执行文件,得到输出如下:

```
$ GODEBUG = 'gctrace = 1' ./gc_trace.exe
gc 1 @0.022s 0 % : 0 + 0.92 + 0 ms clock, 0 + 0/0.92/0 + 0 ms cpu, 4 -> 4 -> 0 MB, 5 MB goal, 8 P
gc 2 @0.035s 0 % : 0 + 0.99 + 0 ms clock, 0 + 0.64/0.64/1.6 + 0 ms cpu, 4 -> 4 -> 0 MB, 5 MB goal,
8 P
```

输出的这两行日志包含较多信息,我们一项一项来梳理。拿第一条日志来分析,开头处 gc 1 中的数字 1 是序号,表示这是当前进程第一次 GC。接下来的 @0.022s 表示 GC 开始的时刻,也就是程序开始执行的 22ms 后。后面的 0％表示 GC 占用 CPU 的比例,0＋0.92＋0 分别是清扫终止、并发标记和标记终止这 3 个阶段耗费的时间,以毫秒为单位。后面的 0＋0/0.92/0＋0 进一步细化地给出了清扫终止、辅助 GC、dedicated 加 fractional 标记、idle 标记,以及标记终止这 5 项所耗费的 CPU 时间。4－＞4－＞0 MB 对应标记开始时堆的大小、标记结束时堆的大小和标记结束时实际标记的空间大小。5 MB goal 表示预期标记结束时的堆大小。8 P 是本轮 GC 时 runtime 中 P 的数量。

初次触发 GC 的堆大小的临界值是 4MB,这与之前的代码分析一致。因为首次标记后存活的堆大小是 0MB,所以临界值保持在 4MB 没有升高。我们的代码分配了 100 万个 int64,总计消耗 8MB 的堆空间,所以总共发生了两次 GC。

我们稍微改动一下测试代码,把循环次数由 100 万次改成 1000 万次,这样一来 GC 次数就变多了,在笔者的计算机上发生了 19 次。虽然次数变多了,但是标记前后的堆大小和实际标记的大小一直是 4－＞4－＞0MB,goal 也一直保持在 5MB。我们可以试着通过 GOGC 环境变量把 gcpercent 改得大一些。gcpercent 的默认值是 100,意味着堆大小比上次标记大小增长了一倍时触发下次 GC。我们把它改成 300,也就是增长三倍时触发下次 GC。得到的输出如下:

```
$ GODEBUG = 'gctrace = 1' GOGC = 300 ./gc_trace.exe
gc 1 @0.049s 0 % : 0 + 0.99 + 0 ms clock, 0 + 0/0/0 + 0 ms cpu, 12 -> 12 -> 0 MB, 13 MB goal, 8 P
gc 2 @0.091s 0 % : 0 + 1.9 + 0 ms clock, 0 + 0.99/0.99/1.9 + 0 ms cpu, 12 -> 12 -> 0 MB, 13 MB
goal, 8 P
gc 3 @0.144s 0 % : 0 + 0.54 + 0 ms clock, 0 + 0/1.0/0 + 0 ms cpu, 12 -> 12 -> 0 MB, 13 MB goal, 8 P
gc 4 @0.195s 0 % : 0 + 1.2 + 0 ms clock, 0 + 1.0/0.27/0.27 + 0 ms cpu, 12 -> 12 -> 0 MB, 13 MB
goal, 8 P
gc 5 @0.254s 0 % : 0 + 0.57 + 0.40 ms clock, 0 + 0/0.57/0.57 + 3.2 ms cpu, 12 -> 12 -> 0 MB, 13 MB
goal, 8 P
gc 6 @0.310s 0 % : 0 + 0.70 + 0 ms clock, 0 + 0/0/0 + 0 ms cpu, 12 -> 12 -> 0 MB, 13 MB goal, 8 P
```

原来的 4MB 变成了 12MB,也就是把首次触发的临界值调高了三倍。每次标记之后实际标记的大小都是 0MB,因为我们的代码把每次循环分配的 int64 的地址都赋给了同一个包级别指针,这样后面的指针就会覆盖前面的指针,最后一次之前的指针都会变成不可达。

我们再稍微修改一下代码逻辑,用一个包级别的指针数组使分配的 int64 全都可达,代码如下:

```
//第 8 章/code_8_3.go
var pa [10000000] * int64

func main() {
    for i : = 0 ; i < 10000000; i++{
        pa[i] = new(int64)
    }
    time.Sleep(time.Second)
}
```

包级别变量 pa 是个大小为 1000 万的 int64 指针数组,我们循环分配 1000 万个 int64,通过 pa 数组保证它们都可达。运行得到的输出如下:

```
$ GODEBUG = 'gctrace = 1'. /gc_trace.exe
gc 1 @0.026s 17 % : 0 + 23 + 0 ms clock, 0 + 22/46/113 + 0 ms cpu, 4 -> 4 -> 3 MB, 5 MB goal, 8 P
gc 2 @0.062s 15 % : 0 + 10 + 0 ms clock, 0 + 9.4/10/56 + 0 ms cpu, 7 -> 7 -> 7 MB, 8 MB goal, 8 P
gc 3 @0.095s 12 % : 0 + 15 + 0 ms clock, 0 + 5.0/17/77 + 0 ms cpu, 14 -> 14 -> 14 MB, 15 MB goal, 8
P
gc 4 @0.158s 12 % : 0 + 25 + 0 ms clock, 0 + 16/48/120 + 0 ms cpu, 29 -> 29 -> 29 MB, 30 MB goal, 8
P
gc 5 @0.288s 11 % : 0 + 51 + 0 ms clock, 0 + 34/93/263 + 0 ms cpu, 58 -> 59 -> 59 MB, 59 MB goal, 8
P
```

这次共发生了 5 次 GC,可以看到每次标记开始时的堆大小相对于上次实际标记的大小基本上成二倍关系,并且 GC 占用 CPU 的百分比显著增加。不过由于所有分配均可达,造成每次标记终止时的堆大小和实际标记大小基本相等。我们再修改一下代码,让一半分配可达,另一半不可达,具体的代码如下:

```
//第 8 章/code_8_4.go
var pa [10000000] * int64

func main() {
    for i : = 0; i < 10000000; i++{
        pa[i] = new(int64)
        pa[i] = new(int64)
    }
    time.Sleep(time.Second)
}
```

我们在每轮循环中连续分配两个 int64,地址都赋给 pa[i],这样后面的指针就会覆盖掉前面的指针,从而实现我们想要的一半可达的效果。这次运行得到的输出如下:

```
$ GODEBUG = 'gctrace = 1' ./gc_trace.exe
gc 1 @0.049s 21% : 0 + 72 + 0 ms clock, 0 + 70/141/348 + 0 ms cpu, 4 -> 4 -> 3 MB, 5 MB goal, 8 P
gc 2 @0.154s 18% : 0.99 + 18 + 0 ms clock, 7.9 + 17/18/100 + 0 ms cpu, 7 -> 7 -> 7 MB, 8 MB goal,
8 P
gc 3 @0.238s 14% : 0.99 + 23 + 0 ms clock, 7.9 + 22/23/139 + 0 ms cpu, 14 -> 14 -> 14 MB, 15 MB
goal, 8 P
gc 4 @0.369s 11% : 0 + 27 + 0 ms clock, 0 + 9.8/52/131 + 0 ms cpu, 27 -> 28 -> 28 MB, 28 MB goal,
8 P
gc 5 @0.581s 9% : 0 + 65 + 0 ms clock, 0 + 18/113/336 + 0 ms cpu, 55 -> 56 -> 56 MB, 57 MB goal, 8
P
gc 6 @0.985s 7% : 0 + 52 + 0 ms clock, 0 + 16/89/281 + 0 ms cpu, 110 -> 113 -> 113 MB, 113 MB
goal, 8 P
```

堆的大小确实增加了,但是实际标记的大小还是和堆大小基本一致,这是怎么回事呢? 对了,我们忘了 tiny allocator,小于 16 字节且 noscan 的内存块会用 tiny 分配器进行组合分配。这里相邻的两次 int64 分配肯定被 tiny allocator 组合分配了,所以只要其中一个还是可达的,整个内存块就会被标记。我们可以再修改一下代码来绕过 tiny 分配器,可选分配 scan 型内存,或分配不小于 16 字节的内存块,我们选择前者,改成分配 *int64,代码如下:

```go
//第 8 章/code_8_5.go
var pa [10000000] ** int64

func main() {
    for i : = 0; i < 10000000; i++{
        pa[i] = new( * int64)
        pa[i] = new( * int64)
    }
    time.Sleep(time.Second)
}
```

这次不是 noscan 分配了,所以不能使用 tiny allocator。实际运行后的输出如下:

```
$ GODEBUG = 'gctrace = 1' ./gc_trace.exe
gc 1 @0.030s 19% : 0.21 + 72 + 0 ms clock, 1.6 + 20/142/347 + 0 ms cpu, 4 -> 5 -> 2 MB, 5 MB
goal, 8 P
gc 2 @0.132s 17% : 0 + 25 + 0 ms clock, 0 + 10/48/122 + 0 ms cpu, 5 -> 5 -> 4 MB, 6 MB goal, 8 P
gc 3 @0.198s 15% : 0 + 36 + 0.13 ms clock, 0 + 9.9/68/176 + 1.1 ms cpu, 8 -> 8 -> 6 MB, 9 MB
goal, 8 P
gc 4 @0.300s 15% : 0.99 + 48 + 0 ms clock, 7.9 + 23/94/245 + 0 ms cpu, 12 -> 12 -> 9 MB, 13 MB
goal, 8 P
gc 5 @0.443s 14% : 0 + 64 + 0 ms clock, 0 + 34/128/321 + 0 ms cpu, 18 -> 19 -> 14 MB, 19 MB goal,
8 P
gc 6 @0.643s 13% : 0 + 87 + 0 ms clock, 0 + 52/173/431 + 0 ms cpu, 28 -> 29 -> 21 MB, 29 MB goal,
8 P
```

```
gc 7 @0.911s 13 % : 0 + 112 + 0 ms clock, 0 + 59/223/559 + 0 ms cpu, 42 - > 44 - > 33 MB, 43 MB
goal, 8 P
gc 8 @1.234s 12 % : 0 + 76 + 0 ms clock, 0 + 40/151/388 + 0 ms cpu, 64 - >65 - > 49 MB, 66 MB goal,
8 P
gc 9 @1.500s 12 % : 0 + 119 + 0 ms clock, 0 + 66/238/593 + 0 ms cpu, 96 - > 99 - > 75 MB, 98 MB
goal, 8 P
```

这次标记终止时的堆大小和实际标记大小终于不相等了，也就是有可回收的空间了。关于 gctrace 的探索就到这里，大家可以设计更有意思的测试代码进行实验。

使用 Go 提供的 trace 包结合 trace 工具，还能以图形化的形式更直观地展示各种追踪数据，其中就包含与堆和 GC 相关的信息。我们再来简单地看一下，准备的示例代码如下：

```
//第 8 章/code_8_6.go
var pa [10000000] * int64

func main() {
    if err : = trace.Start(os.Stdout); err != nil {
        log.Fatalln(err)
    }
    defer trace.Stop()
    for i : = 0 ; i < 10000000; i++{
        pa[i] = new(int64)
        pa[i] = new(int64)
    }
}
```

代码会把 trace 数据输出到标准输出，我们需要收集这些数据以备进一步分析，所以运行可执行文件时要把标准输出重定向到一个文件，命令如下：

```
$ ./gc_trace.exe > out.dat
```

然后使用 trace 工具来分析 out.dat 文件，命令如下：

```
$ go tool trace out.dat
```

该命令会自动打开一个浏览器窗口，在打开的页面中单击 View trace 链接，然后就能看到如图 8-31 所示的图形界面了。

可以看到在程序运行的整个生命周期中堆的大小变化和 GC 运行的时段，以及各个 P 在不同时段分别在执行什么。笔者的计算机是 8 核 CPU，所以可以看到 8 个 P 中有两个在执行 dedicated 工作协程，还可以看到有的 P 在某个时段执行了辅助 GC 等。

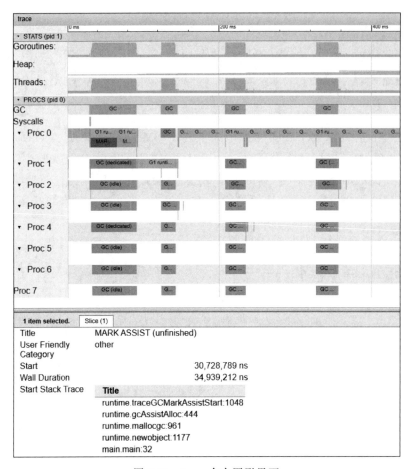

图 8-31　trace 命令图形界面

8.3　本章小结

本章主要探索了 Go 的堆内存管理,写作时主要参考了 Go 1.16 版及之前几个版本的 runtime。前半部分以内存分配为主线,首先了解了借鉴自 tcmalloc 的基于 sizeclasses 的空闲链表,然后重点分析了最关键的基于 arena 和 span 的内存空间管理,以及用于管理和本地缓存 mspan 的 mcentral 和 mcache 结构,最后梳理了 mallocgc() 函数的主要流程和 3 种内存分配策略。后半部分探索了垃圾回收,在了解了 GC 的大致流程之后,重点分析了 GC root、三色抽象、写屏障等几个关键概念。最后介绍了 gctrace 的用法,为大家进一步探索 GC 提供了一个思路,更多精彩发现期待大家动手探索。

第 9 章

栈

现代的计算机组成基本上是基于栈的,从单片机到服务器多核心处理器,都是按照栈的思想来设计的,各种常用的编程语言也是如此。从 Go 语言的角度来看,goroutine 的栈以栈帧的形式提供了函数局部变量的存储空间,又为函数调用时参数和返回值的传递提供了载体。考虑到函数调用与返回本身类似于入栈出栈的操作,因此栈是最适合的数据结构。下面,我们就来看一看 runtime 是如何管理 goroutine 的栈的。

9.1 栈分配

栈分配要研究的是 goroutine 的栈是何时被分配的,以及是怎样进行分配的。首先,要说何时被分配,当然是在 goroutine 被创建的时候。在第 6 章分析 goroutine 创建过程的时候,我们知道 newproc1()函数会先尝试通过调用 gfget()函数获取一个空闲的 g,如果无法获取,就调用 malg 来分配一个全新的 g。

gfget()函数从空闲链表中获取的 g 可能带有栈,也可能不带栈,因为 goroutine 退出运行的时候,如果栈的大小不等于初始大小(增长过),就会被释放,因此,gfget()函数需要检测得到的 g 有没有栈,并为不带栈的 g 分配一个初始的栈。至于 malg()函数,因为是全新分配的 g,所以肯定需要为它分配一个栈。

通过 runtime 源码可以得知,gfget()函数和 malg()函数中分配的栈大小都是 2KB。至于具体的栈空间分配工作,是由 stackalloc()函数来完成的。分配细节还得从 runtime 的初始化说起。

9.1.1 栈分配初始化

经过第 6 章的分析,我们已经知道整个初始化过程由 schedinit()函数负责,其中与栈相关的初始化是通过 stackinit()函数完成的。stackinit()函数会初始化两个用于栈分配的全局对象,一个是栈缓冲池 stackpool,另一个是专门用来分配大栈的 stackLarge。其中 stackpool 的定义代码如下:

```
var stackpool [_NumStackOrders]struct {
    item stackpoolItem
    //省略掉用于内存对齐的填充空间
}
```

在 Linux 环境下，_NumStackOrders 的值为 4，也就是说 stackpool 实际上是一个长度为 4 的数组。数组元素类型是一个结构体，结构体中包含一个 stackpoolItem 类型的 item 字段和用于内存对齐的填充空间。填充空间的作用是把整个结构体的大小对齐到平台 Cache Line 的大小，以便最大限度地优化存取速度，因为与逻辑不相关，这里就省略掉了。stackpoolItem 结构的定义代码如下：

```
//go:notinheap
type stackpoolItem struct {
    mu    mutex
    span mSpanList
}
```

其中 mSpanList 是一个由 mspan 构成的双向链表，mutex 用来保护这个链表，真正的栈内存由链表中的 mspan 来提供。stackpool 的结构如图 9-1 所示。

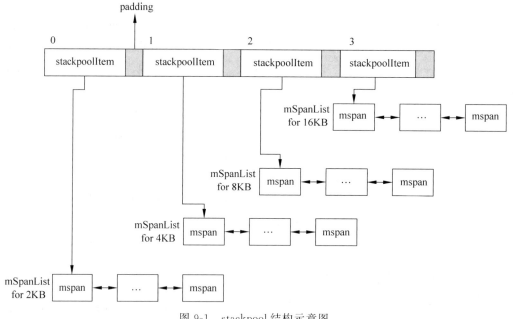

图 9-1　stackpool 结构示意图

stackpool 数组的 4 个链表分别用来分配大小为 2KB、4KB、8KB 和 16KB 的栈，更大的栈空间由 stackLarge 来分配。stackLarge 的定义代码如下：

```
var stackLarge struct {
    lock mutex
    free [heapAddrBits - pageShift]mSpanList
}
```

在 amd64 架构的 Linux 环境下, heapAddrBits 的值是 48, pageShift 的值是 13, 所以 free 字段就是个长度为 25 的 mSpanList 数组。下标为 0 的链表对应 _PageSize, 用来分配 8KB 的空间, 后续依次翻倍, 如图 9-2 所示。

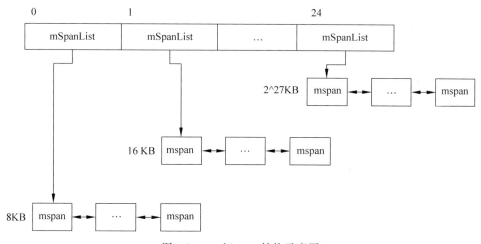

图 9-2 stackLarge 结构示意图

由于在实际运行中对大于 16KB 的栈需求较少, 所以这些针对不同大小的链表共用一把锁就可以了。像 stackpool 则不然, 因为使用频率较高, 所以要为每个链表配一把锁。

stackinit() 函数只是校验了 _StackCacheSize 必须被定义为 _PageSize 的整倍数, 并把 stackpool 和 stackLarge 中的链表都初始化为空链表, 函数的代码如下:

```
func stackinit() {
    if _StackCacheSize&_PageMask != 0 {
        throw("cache size must be a multiple of page size")
    }
    for i : = range stackpool {
        stackpool[i].item.span.init()
        lockInit(&stackpool[i].item.mu, lockRankStackpool)
    }
    for i : = range stackLarge.free {
        stackLarge.free[i].init()
        lockInit(&stackLarge.lock, lockRankStackLarge)
    }
}
```

目前_StackCacheSize 被定义为 32768，而_PageSize 则是 8192。接下来可以看一看 stackalloc() 函数是如何分配空间的。

9.1.2　栈分配逻辑

负责分配栈空间的 stackalloc() 函数的原型如下：

```
func stackalloc(n uint32) stack
```

参数 n 表示要分配的栈空间的大小，它必须是 2 的幂。返回的 stack 结构用来表示分配的栈空间，hi 字段是高地址，也就是栈空间的上界，lo 表示空间下界，代码如下：

```
type stack struct {
    lo uintptr
    hi uintptr
}
```

stackalloc() 函数内部会对小于 32KB 的分配和 32KB 及以上的分配区分处理，我们先来看一下小于 32KB 时的处理逻辑。

1．小于 32KB 的栈分配

由于参数 n 必须是 2 的幂，所以也就是针对 16KB 及以下的分配。主要的处理逻辑的代码如下：

```
order := uint8(0)
n2 := n
for n2 > _FixedStack {
    order++
    n2 >>= 1
}
var x gclinkptr
if stackNoCache != 0 || thisg.m.p == 0 || thisg.m.preemptoff != "" {
    lock(&stackpool[order].item.mu)
    x = stackpoolalloc(order)
    unlock(&stackpool[order].item.mu)
} else {
    c := thisg.m.p.ptr().mcache
    x = c.stackcache[order].list
    if x.ptr() == nil {
        stackcacherefill(c, order)
        x = c.stackcache[order].list
    }
    c.stackcache[order].list = x.ptr().next
    c.stackcache[order].size -= uintptr(n)
}
v = unsafe.Pointer(x)
```

开始的 for 循环让 order＝log2（n/_FixedStack），在 Linux 上，_FixedStack 被定义为
2KB，所以以参数 n＝2KB 时 order 为 0，n＝4KB 时 order 为 1，以此类推，8KB 对应 2，16KB
对应 3。在后续的分配过程中，order 对应 stackcache 和 stackpool 数组的下标。

接下来的 if 语句会优先使用当前 P 的 mcache 中的 stackcache 进行分配，它是个数组，
大小与 stackpool 相同，也是_NumStackOrders。实际上就是 stackpool 的一个本地缓存，不
用加锁，效率更高。

不过，有几种情况不能使用 stackcache，stackNoCache 不为 0 时，表示 runtime 构建的
时候关闭了 stackcache，当前 M 没有绑定的 P 时自然无法使用，还有就是 GC 正在运行的时
候，即 m. preemptoff 不为空时，会存在并发问题。stackcache 数组元素的类型是结构体，具
体的定义代码如下：

```
type stackfreelist struct {
    list gclinkptr
    size uintptr
}
```

gclinkptr 专门用来构造内存块链表，它会把每个节点最初的一个指针大小的内存用作
指向下一个节点的指针。因为最小的栈也有 2KB，所以 list 字段可以很安全地基于
gclinkptr 把它们连成一个链表，size 字段记录的是链表的长度。当本地 stackcache 中某个
链表空了的时候，stackcacherefill（）函数会循环调用 stackpoolalloc（）函数从 stackpool 中对
应的链表中取一些节点过来，不是按个数，而是按照空间大小为_StackCacheSize 的一半，也
就是每次 16KB。

在不能使用 stackcache 来分配的时候，stackalloc（）函数会直接调用 stackpoolalloc（）函
数在 stackpool 中分配。stackpoolalloc（）函数的主要代码如下：

```
func stackpoolalloc(order uint8) gclinkptr {
    list := &stackpool[order].item.span
    s := list.first
    lockWithRankMayAcquire(&mheap_.lock, lockRankMheap)
    if s == nil {
        s = mheap_.allocManual(_StackCacheSize >> _PageShift, spanAllocStack)
        //...
        s.elemsize = _FixedStack << order
        for i := uintptr(0); i < _StackCacheSize; i += s.elemsize {
            x := gclinkptr(s.base() + i)
            x.ptr().next = s.manualFreeList
            s.manualFreeList = x
        }
        list.insert(s)
    }
    x := s.manualFreeList
```

```
//...
s.manualFreeList = x.ptr().next
s.allocCount++
if s.manualFreeList.ptr() == nil {
    list.remove(s)
}
return x
}
```

先尝试从 stackpool 中取得与目标大小对应的链表,如果链表为空,就从堆上分配一个大小等于 _StackCacheSize 的 mspan,手动将其划分成目标大小的内存块,添加到manualFreeList 中,然后把新的 mspan 添加到 stackpool 对应的链表中。最终的栈是从 mspan 中分配的,实际上就是从 manualFreeList 中取出一个内存块,并增加 allocCount 计数,如果mspan 已经没有剩余空间了,就把它从 stackpool 中移除。

上述是 16KB 及以下大小的栈分配,主要逻辑如图 9-3 所示。

2. 大于或等于 32KB 的栈分配

32KB 及以上大小的栈分配的主要代码如下:

```
var s * mspan
npage := uintptr(n) >> _PageShift
log2npage := stacklog2(npage)

lock(&stackLarge.lock)
if !stackLarge.free[log2npage].isEmpty() {
    s = stackLarge.free[log2npage].first
    stackLarge.free[log2npage].remove(s)
}
unlock(&stackLarge.lock)

lockWithRankMayAcquire(&mheap_.lock, lockRankMheap)

if s == nil {
    s = mheap_.allocManual(npage, spanAllocStack)
    if s == nil {
        throw("out of memory")
    }
    osStackAlloc(s)
    s.elemsize = uintptr(n)
}
v = unsafe.Pointer(s.base())
```

通过把参数 n 右移 _PageShift 位,计算出整页面数 npage。再通过 stacklog2 用 npage对 2 做对数运算,得到 log2npage 用作 stackLarge.free 数组的下标,从对应的链表中取出一

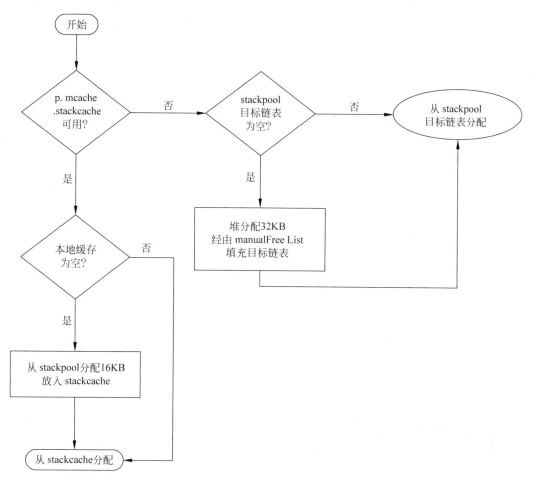

图 9-3　16KB 及以下大小的栈分配

个 mspan。如果链表为空，就从堆上分配一个大小为 npage 个页面的 mpan。最后，把 mspan 中的所有内存用作栈，分配工作就完成了。

3. 栈分配逻辑总结

我们总结一下整个分配逻辑，如果栈大小小于 32KB，就从 stackpool 中分配。首先尝试本地缓存 p. mcache. stackcache，缓存若为空就调用 stackcacherefill() 函数从 stackpool 中分配 16KB 空间放入本地缓存。如果不能使用本地缓存，就调用 stackpoolalloc() 函数直接从 stackpool 中分配。stackpoolalloc() 函数会按需从堆中分配 32KB 的内存，并划分成目标大小的块，添加到 stackpool 对应的链表中。如果栈大小大于或等于 32KB，先检查一下 stackLarge 对应的链表中有没有，如果没有就直接堆分配。

goroutine 栈的初始分配都发生在创建阶段，由 gfget() 函数或 malg() 函数调用 stackalloc() 函数分配一个最小的栈，但是 stackalloc() 函数并不只是在这里被调用，在运行阶段栈空间需要增长的时候,会调用该函数重新分配更大的栈空间,这也是 9.2 节中要研究的内容。

9.2 栈增长

在复杂的业务逻辑中,函数调用层级往往也会很深,栈空间会随着函数调用层级的加深而不断消耗。初始的 2KB 栈空间很可能会不够用,所以需要实现一种运行阶段动态增长的机制。goroutine 的栈增长是通过编译器和 runtime 合作实现的,编译器会在函数的头部安插检测代码,检查当前剩余的栈空间是否够用,在不够用的时候调用 runtime 中的相关函数来增长栈空间。

9.2.1 栈增长检测代码

本书至此,我们已不止一次见到过栈增长检测代码,笔者多次给出对应的伪代码如下:

```
func fibonacci(n int) int {
entry:
    gp := getg()
    if SP <= gp.stackguard0 {
        goto morestack
    }
    return fibonacci(n - 1) + fibonacci(n - 2)
morestack:
    runtime.morestack_noctxt()
    goto entry
}
```

其实这只是几种检测代码中的一种,根据 runtime 源码可以得知,编译器安插在函数头部的栈增长检测代码一共有 3 种形式,根据当前函数栈帧的大小来确定选用哪一种,接下来我们就逐个来看一下。

1. 第一种形式的栈增长检测

第一种栈增长检测形式针对函数栈帧大小不超过_StackSmall(128 字节)时,属于较小栈帧的情况。只要栈指针 SP 的位置没有超过 stackguard0 的界限,就不用进行栈增长。也就是说,在 stackguard0 以下有 128 字节空间可供安全使用。检测代码直接比较栈指针 SP 和 stackguard0,代码如下:

```
if SP <= gp.stackguard0 {
    goto morestack
}
```

我们可以通过反编译一个栈帧为 128 字节的函数来实际验证一下,在 amd64+Linux
环境下编译一个示例,代码如下:

```
//第9章/code_9_1.go
//go:noinline
func test(i int) byte {
    var b [104]byte
    for x : = range b {
        b[x] = byte(x)
    }
    return b[i % len(b)]
}
```

函数的逻辑并不重要,有两点需要简单说明一下:

(1) noinline 注释用来避免函数被编译器内联优化掉,那样就不能反编译了。

(2) 声明一个 104 字节的数组 b,使上述函数的栈帧正好凑足 128 字节,函数栈帧的分
配如图 9-4 所示。

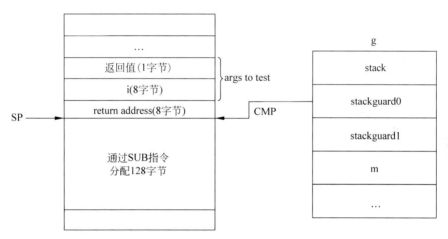

图 9-4 示例函数栈帧布局

反编译之后,汇编代码的一头一尾就是栈增长检测代码,汇编代码如下:

```
$ go tool objdump − S − s '^main.test$' stack
TEXT main.test(SB) C:/go/current/gopath/src/fengyoulin.com/stack/main.go
func test(i int) byte {
    0x45ede0    64488b0c25f8ffffff    MOVQ FS:0xfffffff8, CX    //第1条指令
    0x45ede9    483b6110              CMPQ 0x10(CX), SP         //第2条指令
    0x45eded    0f86a7000000          JBE 0x45ee9a              //第3条指令
    0x45edf3    4883c480              ADDQ $ − 0x80, SP         //第4条指令
    0x45edf7    48896c2478            MOVQ BP, 0x78(SP)
```

```
0x45edfc          488d6c2478              LEAQ 0x78(SP), BP
...
0x45ee9a          e8c1aeffff              CALL runtime.morestack_noctxt(SB)
0x45ee9f          90                      NOPL
0x45eea0          e93bffffff              JMP main.test(SB)
```

第一条指令 MOVQ 把当前协程 g 的地址放到 CX 寄存器中,加上 16 字节偏移就是 stackguard0 字段的地址,第二条指令 CMPQ 直接比较 stackguard0 和栈指针寄存器 SP。第四条指令 ADDQ 把栈指针向下移动了 0x80 字节,对应 128 字节的栈帧大小。用伪代码来描述上述的栈增长检测逻辑就是我们之前多次见过的这种形式,伪代码如下:

```
func test(i int) byte {
entry:
    gp := getg()
    if SP <= gp.stackguard0 {
        goto morestack
    }
    //... 这里是函数逻辑
morestack:
    runtime.morestack_noctxt()
    goto entry
}
```

2. 第二种形式的检测代码

接下来再看一看第二种形式的检测代码,源码注释中说,当函数栈帧大小大于 _StackSmall 并且小于_StackBig 的时候,会采用第二种形式的检测代码。根据笔者的测试,在栈帧大小等于_StackBig 的时候也会采用这种形式,所以正确的范围应该是在栈帧大于 128 字节,并且不超过 4096 字节的时候。我们把上述 test()函数中数组 b 的大小改成 4072,这样就能够构造一个 4096 字节的栈帧,再次反编译之后得到的检测代码如下:

```
$ go tool objdump - S - s '^main.test$' stack
TEXT main.test(SB) C:/go/current/gopath/src/fengyoulin.com/stack/main.go
func test(i int) byte {
    0x45ede0          64488b0c25f8ffffff      MOVQ FS:0xfffffff8, CX          //第1条指令
    0x45ede9          488d842480f0ffff        LEAQ 0xfffff080(SP), AX         //第2条指令
    0x45edf1          483b4110                CMPQ 0x10(CX), AX               //第3条指令
    0x45edf5          0f86a5000000            JBE 0x45eea0
    0x45edfb          4881ec00100000          SUBQ $ 0x1000, SP
    0x45ee02          4889ac24f80f0000        MOVQ BP, 0xff8(SP)
    0x45ee0a          488dac24f80f0000        LEAQ 0xff8(SP), BP
    ...
    0x45ee9c          0f1f4000                NOPL 0(AX)
```

```
0x45eea0        e8bbaeffff              CALL runtime.morestack_noctxt(SB)
0x45eea5        e936ffffff              JMP main.test(SB)
```

第二条指令 LEAQ 用 SP 减去 3968,把结果放到了 AX 寄存器中。第三条指令 CMPQ 把 AX 寄存器的值和 stackguard0 进行比较。这里的 3968 是由栈帧大小减去 _StackSmall 得到的,如图 9-5 所示。

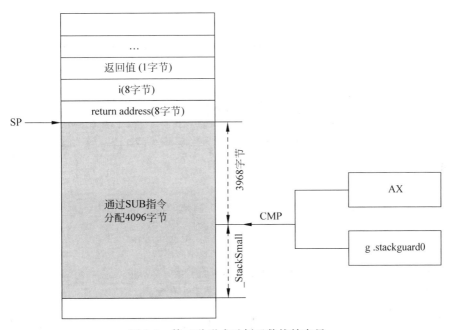

图 9-5   第二种形式示例函数栈帧布局

整个检测逻辑对应的伪代码如下:

```
func test(i int) byte {
entry:
    gp : = getg()
    if SP - (framesize - _StackSmall) <= gp.stackguard0 {
        goto morestack
    }
    //... 这里是函数逻辑
morestack:
    runtime.morestack_noctxt()
    goto entry
}
```

减去 _StackSmall 是因为 stackguard0 以下 128 字节是可以安全使用的,此范围以内不用进行栈增长。在 framesize 小于或等于 _StackSmall 的时候,括号内部是 0 或一个负数,

SP 减去它相当于加上一个非负数。只要 SP 大于 stackguard0，加上一个小于 128 的非负数肯定也会大于 stackguard0，所以第一种形式的检测代码可以看作第二种的简化版本。

3. 第三种形式的检测代码

第三种形式的检测代码，也是最后一种，在函数栈帧大小超过 4096 字节时，会使用这种形式。还是基于 test() 函数，我们把数组 b 的大小改成 4080，这样栈帧大小就变成了 4104。反编译之后得到的汇编代码如下：

```
$ go tool objdump - S - s '^main.test$' stack
TEXT main.test(SB) C:/go/current/gopath/src/fengyoulin.com/stack/main.go
func test(i int) byte {
  0x45ede0      64488b0c25f8ffffff      MOVQ FS:0xfffffff8, CX      //第 1 条指令
  0x45ede9      488b7110                MOVQ 0x10(CX), SI           //第 2 条指令
  0x45eded      4881fedefaffff          CMPQ $ - 0x522, SI          //第 3 条指令
  0x45edf4      0f84b5000000            JE 0x45eeaf                 //第 4 条指令
  0x45edfa      488d8424a0030000        LEAQ 0x3a0(SP), AX          //第 5 条指令
  0x45ee02      4829f0                  SUBQ SI, AX                 //第 6 条指令
  0x45ee05      483d28130000            CMPQ $ 0x1328, AX           //第 7 条指令
  0x45ee0b      0f869e000000            JBE 0x45eeaf
  0x45ee11      4881ec08100000          SUBQ $ 0x1008, SP
  0x45ee18      4889ac2400100000        MOVQ BP, 0x1000(SP)
  0x45ee20      488dac2400100000        LEAQ 0x1000(SP), BP
  ...
  0x45eeaf      e8acaeffff              CALL runtime.morestack_noctxt(SB)
  0x45eeb4      e927ffffff              JMP main.test(SB)
```

此处省略掉了函数逻辑，只保留了栈增长代码。第三条指令中的 $-0x522$ 对应常量 stackPreempt，第五条指令中的 0x3a0 对应常量 _StackGuard，而第七条指令中的 0x1328 是由栈帧大小 0x1008 加上 _StackGuard 再减去 _StackSmall 后得到的。这次的检测逻辑比之前的两种要复杂一点，转换成伪代码如下：

```
func test(i int) byte {
entry:
    gp : = getg()
    if SP == stackPreempt {
        goto morestack
    }
    if SP + _StackGuard - gp.stackguard0 <= framesize + _StackGuard - _StackSmall {
        goto morestack
    }
    //... 这里是函数逻辑
morestack:
    runtime.morestack_noctxt()
    goto entry
}
```

　　SP 和 stackguard0 都是无符号整型,因为内存地址不存在负数,相应的大小比较也是针对无符号整型的,JBE 是无符号比较对应的跳转指令。无符号整型运算需要格外注意 Wrap Around 问题(环回问题),也就是一个数减去比自己大一些的数,会得到一个极大的正数,因此,要在两侧都加上_StackGuard,避免因为 SP 小于 stackguard0 造成减法结果环回。_StackGuard 表示 stackguard0 到栈底的距离,在 Linux 下是 928 字节,SP 加_StackGuard 肯定大于 stackguard0。

　　如图 9-6 所示,如果将两侧的变量进行移动,并且消除_StackGuard,就会发现和第二种形式是等价的,只不过这种变形后的比较不兼容 stackPreempt,所以要前置单独判断。

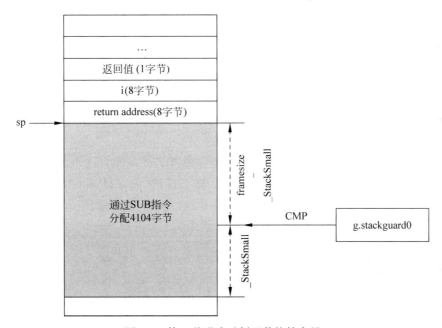

图 9-6　第 3 种形式示例函数栈帧布局

　　至此,编译器安插的三种形式的栈增长检测代码都讲解过了,本质上都是判断栈指针 SP 向下移动栈帧大小 framesize 字节以后,不会超过 stackguard0 以下_StackSmall 的位置。第三种形式最为接近,其他两种形式分别是在此基础上的简化和变形。

　　看完了编译器安插的代码,接下来研究一下 runtime 中用来执行栈增长的函数。

9.2.2　栈增长函数

　　通过 9.2.1 节的反汇编可以发现,负责进行栈增长的是 runtime.morestack_noctxt() 函数,该函数是用汇编语言实现的,代码如下:

```
TEXT runtime·morestack_noctxt(SB),NOSPLIT, $ 0
    MOVL    $ 0, DX
    JMP     runtime·morestack(SB)
```

它只不过是把 DX 寄存器清零,然后跳转到 runtime. morestack()函数。noctxt 是 no context 的缩写,指的是没有闭包上下文。在第 3 章讲解 Function Value 的时候我们已经知道,背后可能是个闭包,也可能是个普通的函数,Go 统一支持它们,而栈增长会区分闭包和普通的函数,它们各自会调用不同的函数进行栈增长。

首先,我们准备一个闭包函数,代码如下:

```
//第 9 章/code_9_2.go
func mc(l int) func(i int) byte {
    return func(i int) byte {
        b : = make([]byte, l)
        for x : = range b {
            b[x] = byte(x)
        }
        return b[i % len(b)]
    }
}
```

反编译的时候需要指定内部闭包函数,对于这种匿名的函数,Go 的反编译工具会对它们进行编号。例如这里是 mc()函数里的第 1 个匿名函数,名字是 mc. func1。反编译之后在得到的栈增长代码中调用的是 runtime. morestack()函数,代码如下:

```
$ go tool objdump - S - s '^main.mc.func1$' stack
TEXT main.mc. func1(SB) C:/go/current/gopath/src/fengyoulin.com/stack/main.go
        return func(i int) byte {
    0x45ef60        64488b0c25f8ffffff      MOVQ FS:0xfffffff8, CX
    0x45ef69        483b6110                CMPQ 0x10(CX), SP
    0x45ef6d        0f8687000000            JBE 0x45effa
    0x45ef73        4883ec30                SUBQ $ 0x30, SP
    0x45ef77        48896c2428              MOVQ BP, 0x28(SP)
    0x45ef7c        488d6c2428              LEAQ 0x28(SP), BP
    ...
    0x45effa        e8c1acffff              CALL runtime.morestack(SB)
    0x45efff        90                      NOPL
    0x45f000        e95bffffff              JMP main.mc.func1(SB)
```

阶段性总结一下,闭包函数内部如果需要栈增长,会直接调用 runtime. morestack()函数,而一般的函数会调用 runtime. morestack_noctxt()函数,它会先显式地将 DX 寄存器清零,然后调用 morestack()函数。

morestack()函数也是一个用汇编语言实现的函数,它会先进行一些检查工作,因为不能增长 g0 和 gsignal 的栈,所以它会先把调用者的 PC、SP 等存入 g. sched 中,然后调用 newstack()函数来增长栈。后半部分的代码如下:

```
//Set g->sched to context in f.
MOVQ    0(SP), AX //f's PC
MOVQ    AX, (g_sched+gobuf_pc)(SI)
MOVQ    SI, (g_sched+gobuf_g)(SI)
LEAQ    8(SP), AX //f's SP
MOVQ    AX, (g_sched+gobuf_sp)(SI)
MOVQ    BP, (g_sched+gobuf_bp)(SI)
MOVQ    DX, (g_sched+gobuf_ctxt)(SI)

//Call newstack on m->g0's stack.
MOVQ    m_g0(BX), BX
MOVQ    BX, g(CX)
MOVQ    (g_sched+gobuf_sp)(BX), SP
CALL    runtime·newstack(SB)
CALL    runtime·abort(SB)
```

需要注意的是 newstack() 函数是不会返回的,它的执行流程如图 9-7 所示。newstack() 函数并不一定会执行栈增长,在 stackguard0 等于常量 stackPreempt 时会调用 gopreempt_m() 函数让出 CPU。至于正常的栈增长逻辑,newstack() 函数先把当前的栈空间大小乘以 2,并把协程状态置为_Gcopystack,接下来调用 copystack() 函数完成新空间分配及旧栈上数据的复制,最后将协程状态恢复为_Grunning 并通过 gogo(&g.sched) 来恢复协程运行。

copystack() 函数真正完成了新空间分配和旧数据复制,其中有很多比较重要的细节,接下来就把最主要的逻辑摘选出来,分段进行分析。

第一部分代码如下:

```
old := gp.stack
used := old.hi - gp.sched.sp
new := stackalloc(uint32(newsize))
var adjinfo adjustinfo
adjinfo.old = old
adjinfo.delta = new.hi - old.hi
```

把当前协程的旧有栈空间范围记录在 old 中,计算出实际已使用的空间大小并存储在变量 used 中,分配新的栈空间 new,根据新旧栈空间的栈底做减法得出要调整的偏移量。

第二部分代码如下:

```
ncopy := used
if !gp.activeStackChans {
    if newsize < old.hi - old.lo && atomic.Load8(&gp.parkingOnChan) != 0 {
        throw("racy sudog adjustment due to parking on channel")
    }
```

```
        adjustsudogs(gp, &adjinfo)
    } else {
        adjinfo.sghi = findsghi(gp, old)
        ncopy -= syncadjustsudogs(gp, used, &adjinfo)
    }
    memmove(unsafe.Pointer(new.hi - ncopy), unsafe.Pointer(old.hi - ncopy), ncopy)
```

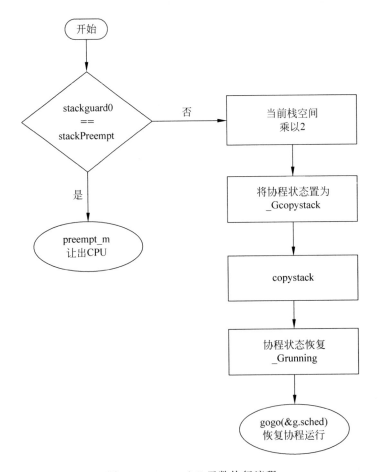

图 9-7 newstack()函数执行流程

　　ncopy 是接下来要复制的栈区间大小，默认等于已经使用的区间大小 used。
activeStackChans 表明存在未加锁的 channel 指向正在被移动的栈，需要先对这些 channel
加锁，然后才能安全地对栈进行操作。当 newsize 小于旧有栈空间大小时，表明在进行栈收
缩操作，而 parkingOnChan 表示当前协程正在等待 channel 通信，此时不允许进行栈收缩，
但是可以进行增长。adjustsudogs()函数用来调整当前协程的 waiting 链表，它会把每个
sudog 节点的 elem 指针都加上 delta 偏移量，使它们都指向新的栈空间，如图 9-8 所示。

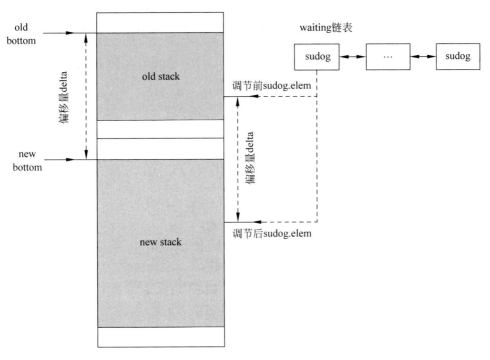

图 9-8 栈增长时 waiting 链表调整示意图

findsghi()函数会遍历当前协程的 waiting 链表,找出所有 sudog 的 elem 指针中值最大的那个。因为栈是向下增长的,如果协程因为 channel 通信而发生等待,则 channel 一般会指向最近的栈帧,所以对于从栈顶到 sghi 的这段区间必须谨慎操作。

syncadjustsudogs()函数会对所有的 channel 加锁,然后调用 adjustsudogs()函数对 waiting 链表中的 sudog 进行调整,并通过 memmove()函数复制栈顶到 sghi 这段区间的栈内存,最后释放所有 channel 的锁,并返回复制的栈区间的大小。ncopy 中要减去 syncadjustsudogs 已经复制的区间大小,剩下的栈内存就可以不用加锁了,可直接通过 memmove()函数进行复制。

第三部分代码如下:

```
adjustctxt(gp, &adjinfo)
adjustdefers(gp, &adjinfo)
adjustpanics(gp, &adjinfo)
if adjinfo.sghi != 0 {
    adjinfo.sghi += adjinfo.delta
}
```

adjustctxt()函数负责对闭包上下文进行调整,实际上是把 gp.sched.ctxt 加上偏移量

delta，如果启用了 frame pointer，则该函数也会调整 gp.sched.bp。adjustdefers()函数负责调整 gp._defer 链表中每个_defer 结构的各个字段，以及后面追加的函数参数。adjustpanics()函数主要用于调整 gp._panic，使它指向新的栈。

第四部分代码如下：

```
gp.stack = new
gp.stackguard0 = new.lo + _StackGuard
gp.sched.sp = new.hi − used
gp.stktopsp += adjinfo.delta
gentraceback(^uintptr(0), ^uintptr(0), 0, gp, 0, nil, 0x7fffffff, adjustframe, noescape
(unsafe.Pointer(&adjinfo)), 0)
stackfree(old)
```

使用新的栈空间 new 替换掉旧的栈空间，并更新 stackguard0、sched.sp 和 stktopsp，让它们指向新的栈空间。通过 gentraceback()函数回调 adjustframe()函数，对新栈上的地址类变量进行修正。adjustframe()函数会调用 adjustpointers()函数，后者在修改栈上的指针时对于栈顶到 sghi 这段区间内的指针会使用 CAS 操作以保证安全。最后通过 stackfree()函数释放旧的栈，这样 copystack()函数就完成任务了。

9.3 栈收缩

在 9.2 节中分析 copystack()函数源码的时候，我们发现它不仅支持栈增长，也可以执行栈收缩。就像它的名字一样，copystack()函数只是复制并移动栈，当 newsize 比原来的栈空间更小时，实际上执行的是一次栈收缩。

在 runtime 中有个专门负责栈收缩的函数，即 shrinkstack()函数。它会进行一些校验，然后用当前栈大小的一半作为 newsize 调用 copystack()函数。在 runtime 中有两个地方会调用 shrinkstack()函数，一个是在 scanstack()函数中，另一个是在 newstack()函数中。GC 的 markroot()函数会调用 scanstack()函数，scanstack()函数又会调用 shrinkstack()函数，代码如下：

```
if isShrinkStackSafe(gp) {
    shrinkstack(gp)
} else {
    gp.preemptShrink = true
}
```

如果当前能够安全地执行栈收缩，则 scanstack()函数就会直接调用 shrinkstack()函数，否则就设置 preemptShrink 标识。在 newstack()函数中检测到 stackPreempt 之后，在让出 CPU 之前还会检查 preemptShrink，如果值为 true 就会先进行栈收缩，代码如下：

```
if preempt {
    if gp.preemptShrink {
        gp.preemptShrink = false
        shrinkstack(gp)
    }

    //省略部分代码
    gopreempt_m(gp) //让出 CPU
}
```

　　也就是说,唯一发起栈收缩的地方是 GC 的 scanstack()函数。如果安全就会立即进行
栈收缩,否则就设置 preemptShrink 标识,等到 newstack()函数检测到该标志再调用
shrinkstack()函数收缩栈。整体来看,newstack()函数的名字也是很有道理的,因为它既可
以执行栈增长,也可以执行栈收缩。

　　最后还有一点比较重要,需要分析一下,也就是在什么情况下能够安全地执行栈收缩,
这就要看一看 isShrinkStackSafe()的源码,代码如下:

```
func isShrinkStackSafe(gp * g) bool {
    return gp.syscallsp == 0 &&
        !gp.asyncSafePoint &&
        atomic.Load8(&gp.parkingOnChan) == 0
}
```

　　首先判断 gp.syscallsp 是否等于 0,如果 gp.syscallsp 等于 0,则说明当前没有在执行系
统调用,系统调用可能会有一些指针指向协程的栈,并且很多参数经过强制类型转换,无法
得到最内层栈帧精确的指针位图。其次要判断 asyncSafePoint 是否等于 false,如果
asyncSafePoint 等于 true,则表明当前协程处在异步抢占中,这种情况下也无法得到最内层
栈帧精确的指针位图。最后通过原子性的 Load 操作判断 parkingOnChan 是否等于 0,在
parkingOnChan 不等于 0 的时候,表示协程正在调用 gopark()函数在某个 channel 上挂起
等待,但是还没设置 activeStackChans 的值,在这个时间窗口内也不能执行栈收缩,因为
copystack()函数依赖 activeStackChans 的值来决定是否需要加锁,在这个时间窗口内会出
现错误。

9.4 栈释放

　　本节我们来关注一下栈空间的释放,主要指的是 goroutine 的栈,在什么时候及是如何
被回收的。通过源码来分析比较容易找到用来释放栈空间的函数。与分配栈空间的
stackalloc()函数对应,stackfree()函数用来释放栈空间。通过 stackfree()函数的源码,我
们基本上能了解栈空间是如何被释放的,再通过分析对 stackfree()函数的引用,就能知道

栈空间是何时被释放的。

stackfree()函数的处理逻辑和 stackalloc()函数是对应的,也是把 16KB 及以下和 32KB 及以上的栈空间分开处理的。

9.4.1　小于或等于 16KB 的栈空间

我们先来看一看不超过 16KB 的栈是如何被回收的,主要逻辑代码如下:

```
v := unsafe.Pointer(stk.lo)
n := stk.hi - stk.lo
order := uint8(0)
n2 := n
for n2 > _FixedStack {
    order++
    n2 >>= 1
}
x := gclinkptr(v)
if stackNoCache != 0 || gp.m.p == 0 || gp.m.preemptoff != "" {
    lock(&stackpool[order].item.mu)
    stackpoolfree(x, order)
    unlock(&stackpool[order].item.mu)
} else {
    c := gp.m.p.ptr().mcache
    if c.stackcache[order].size >= _StackCacheSize {
    stackcacherelease(c, order)
    }
    x.ptr().next = c.stackcache[order].list
    c.stackcache[order].list = x
    c.stackcache[order].size += n
}
```

同样先计算出 log2(n/_FixedStack)并赋值给 order,如果当前可以操作 stackcache,就把要释放的栈内存放到 stackcache 对应的链表中,提前检测对应链表中空间总大小是否达到或超过了 32KB,通过 stackcacherelease()函数把多余的内存放回到 stackpool 中,只保留_StackCacheSize 的一半,也就是 16KB。如果当前不能操作 stackcache,就直接调用 stackpoolfree()函数,把要释放的内存直接放到 stackpool 对应的链表中。stackpoolfree()函数释放后会检查对应的 mspan 是否完全空闲,并调用堆释放函数把完全空闲的 mspan 释放。

9.4.2　大于或等于 32KB 的栈空间

针对 32KB 及以上大小的栈空间释放的相关代码如下:

```
s := spanOfUnchecked(uintptr(v))
if s.state.get() != mSpanManual {
    println(hex(s.base()), v)
    throw("bad span state")
}
if gcphase == _GCoff {
    osStackFree(s)
    mheap_.freeManual(s, spanAllocStack)
} else {
    log2npage := stacklog2(s.npages)
    lock(&stackLarge.lock)
    stackLarge.free[log2npage].insert(s)
    unlock(&stackLarge.lock)
}
```

先通过栈空间的起始地址(低地址)找到对应的 mspan,如果当前处于 GC 的清理阶段,就直接调用堆释放函数释放该 mspan。若 GC 正在运行,为了避免栈空间被重用发生冲突,就先把它放入 stackLarge 的 free 链表中。

stackfree()函数的逻辑到这里就梳理完了,那么该函数何时会被调用呢?

9.4.3 栈释放时机

通过分析源码中的调用关系,笔者发现会有两个地方调用该函数来释放常规 goroutine 的栈。常规 goroutine,指的是除了 g0、gsignal 这类特殊协程之外,那些通过 newproc()函数创建的 goroutine。这两处调用 stackfree()函数的地方,一处是在 gfput()函数中,代码如下:

```
if stksize != _FixedStack {
    stackfree(gp.stack)
    gp.stack.lo = 0
    gp.stack.hi = 0
    gp.stackguard0 = 0
}
```

如图 9-9 所示,该逻辑把大小不等于_FixedStack 的栈都释放,这个大小也正是初始分配时的栈大小,因为 shrinkstack()函数不会把栈收缩到比这更小,所以该逻辑是把所有增长过的栈都释放,其目的是节省内存空间。

另一处调用 stackfree()来释放常规 goroutine 栈空间的地方在 markrootFreeGStacks()函数中,这个函数整体不算复杂,具体代码如下:

```
func markrootFreeGStacks() {
    lock(&sched.gFree.lock)
    list := sched.gFree.stack
```

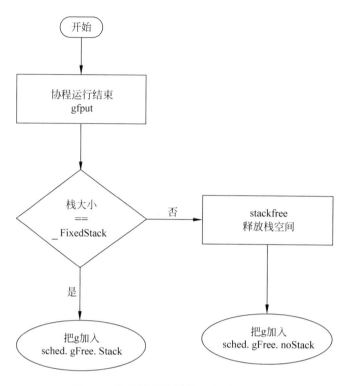

图 9-9   常规栈释放的第 1 个时机 gfput

```
sched.gFree.stack = gList{}
unlock(&sched.gFree.lock)
if list.empty() {
    return
}


q := gQueue{list.head, list.head}
for gp := list.head.ptr(); gp != nil; gp = gp.schedlink.ptr() {
    stackfree(gp.stack)
    gp.stack.lo = 0
    gp.stack.hi = 0
    q.tail.set(gp)
}


lock(&sched.gFree.lock)
sched.gFree.noStack.pushAll(q)
unlock(&sched.gFree.lock)
}
```

在锁的保护下,首先获取 sched. gFree. stack 链表并存到本地变量 list 中,sched. gFree. stack 就是有栈的那个全局空闲 g 链表。获取链表后把原链表清空,遍历获取的链表 list,调用 stackfree()函数逐个释放栈,然后将 gp. stack 清零并把 gp 放入队列 q 中。最后把队列 q 全部 push 到 sched. gFree. noStack 中,也就是没有栈的那个全局空闲 g 链表,主要逻辑如图 9-10 所示。

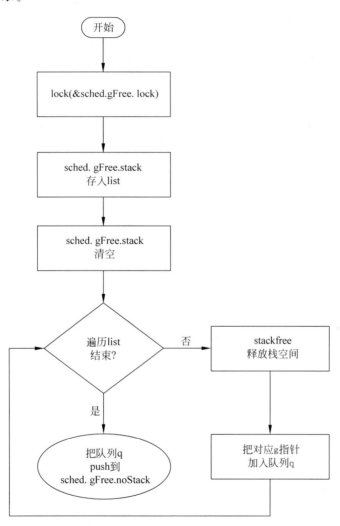

图 9-10　常规栈释放的第 2 个时机 markrootFreeGStacks

进一步追踪 markrootFreeGStacks()函数的调用者,发现只有一个地方会调用它,即 markroot()函数,也就是说源头是 GC,所以常规 goroutine 栈的释放,一是发生在协程运行结束时,gfput 会把增长过的栈释放,栈没有增长过的 g 会被放入 sched. gFree. stack 中;二是 GC 会处理 sched. gFree. stack 链表,把这里面所有 g 的栈都释放,然后把它们放入 sched. gFree. noStack 链表中。

9.5 本章小结

至此,关于 goroutine 栈内存管理的探索就告一段落了。我们了解了栈空间是如何分配与释放的,几个关键词是 stackcache、stackpool 和 stackLarge。还知道了 newstack()函数既能进行栈增长,又能进行栈收缩,shrinkstack()函数只负责栈收缩,这两者都是基于 copystack()函数实现的。copystack()函数会分配新的栈空间,复制旧的栈数据并通过一系列 adjustxxx()函数进行指针修正,最后释放旧的栈空间。GC 会发起栈收缩,以及释放 sched.gFree.stack 中所有 g 的栈空间。

考虑到栈增长的复杂性,应该还是有一定开销的,因此,对于栈深度较大的逻辑,应该避免频繁地创建和销毁协程,可以尝试结合有缓冲 channel 实现一个简单的协程池。

图 书 推 荐

书　　名	作　　者
HarmonyOS 应用开发实战（JavaScript 版）	徐礼文
鸿蒙操作系统开发入门经典	徐礼文
鸿蒙应用程序开发	董昱
鸿蒙操作系统应用开发实践	陈美汝、郑森文、武延军、吴敬征
HarmonyOS 移动应用开发	刘安战、余雨萍、李勇军 等
HarmonyOS App 开发从 0 到 1	张诏添、李凯杰
HarmonyOS 从入门到精通 40 例	戈帅
JavaScript 基础语法详解	张旭乾
华为方舟编译器之美——基于开源代码的架构分析与实现	史宁宁
Android Runtime 源码解析	史宁宁
鲲鹏架构入门与实战	张磊
鲲鹏开发套件应用快速入门	张磊
华为 HCIA 路由与交换技术实战	江礼教
深度探索 Flutter——企业应用开发实战	赵龙
Flutter 组件精讲与实战	赵龙
Flutter 组件详解与实战	［加］王浩然（Bradley Wang）
Flutter 跨平台移动开发实战	董运成
Dart 语言实战——基于 Flutter 框架的程序开发（第 2 版）	亢少军
Dart 语言实战——基于 Angular 框架的 Web 开发	刘仕文
IntelliJ IDEA 软件开发与应用	乔国辉
Vue＋Spring Boot 前后端分离开发实战	贾志杰
Vue.js 企业开发实战	千锋教育高教产品研发部
Python 从入门到全栈开发	钱超
Python 全栈开发——基础入门	夏正东
Python 全栈开发——高阶编程	夏正东
Python 游戏编程项目开发实战	李志远
Python 人工智能——原理、实践及应用	杨博雄 主编, 于营、肖衡、潘玉霞、高华玲、梁志勇 副主编
Python 深度学习	王志立
Python 预测分析与机器学习	王沁晨
Python 异步编程实战——基于 AIO 的全栈开发技术	陈少佳
Python 数据分析实战——从 Excel 轻松入门 Pandas	曾贤志
Python 数据分析从 0 到 1	邓立文、俞心宇、牛瑶
Python Web 数据分析可视化——基于 Django 框架的开发实战	韩伟、赵盼
Python 玩转数学问题——轻松学习 NumPy、SciPy 和 matplotlib	张骞
Pandas 通关实战	黄福星
深入浅出 Power Query M 语言	黄福星
FFmpeg 入门详解——音视频原理及应用	梅会东
云原生开发实践	高尚衡
虚拟化 KVM 极速入门	陈涛
虚拟化 KVM 进阶实践	陈涛

图 书 推 荐

书　　名	作　　者
边缘计算	方娟、陆帅冰
物联网——嵌入式开发实战	连志安
动手学推荐系统——基于 PyTorch 的算法实现(微课视频版)	於方仁
人工智能算法——原理、技巧及应用	韩龙、张娜、汝洪芳
跟我一起学机器学习	王成、黄晓辉
TensorFlow 计算机视觉原理与实战	欧阳鹏程、任浩然
分布式机器学习实战	陈敬雷
计算机视觉——基于 OpenCV 与 TensorFlow 的深度学习方法	余海林、翟中华
深度学习——理论、方法与 PyTorch 实践	翟中华、孟翔宇
深度学习原理与 PyTorch 实战	张伟振
AR Foundation 增强现实开发实战(ARCore 版)	汪祥春
ARKit 原生开发入门精粹——RealityKit + Swift + SwiftUI	汪祥春
HoloLens 2 开发入门精要——基于 Unity 和 MRTK	汪祥春
Altium Designer 20 PCB 设计实战(视频微课版)	白军杰
Cadence 高速 PCB 设计——基于手机高阶板的案例分析与实现	李卫国、张彬、林超文
Octave 程序设计	于红博
ANSYS 19.0 实例详解	李大勇、周宝
AutoCAD 2022 快速入门、进阶与精通	邵为龙
SolidWorks 2020 快速入门与深入实战	邵为龙
SolidWorks 2021 快速入门与深入实战	邵为龙
UG NX 1926 快速入门与深入实战	邵为龙
西门子 S7-200 SMART PLC 编程及应用(视频微课版)	徐宁、赵丽君
三菱 FX3U PLC 编程及应用(视频微课版)	吴文灵
全栈 UI 自动化测试实战	胡胜强、单镜石、李睿
FFmpeg 入门详解——音视频原理及应用	梅会东
pytest 框架与自动化测试应用	房荔枝、梁丽丽
软件测试与面试通识	于晶、张丹
智慧教育技术与应用	[澳]朱佳(Jia Zhu)
敏捷测试从零开始	陈霁、王富、武夏
智慧建造——物联网在建筑设计与管理中的实践	[美]周晨光(Timothy Chou)著；段晨东、柯吉译
深入理解微电子电路设计——电子元器件原理及应用(原书第 5 版)	[美]理查德·C. 耶格(Richard C. Jaeger)、[美]特拉维斯·N. 布莱洛克(Travis N. Blalock)著；宋廷强译
深入理解微电子电路设计——数字电子技术及应用(原书第 5 版)	[美]理查德·C. 耶格(Richard C. Jaeger)、[美]特拉维斯·N. 布莱洛克(Travis N. Blalock)著；宋廷强译
深入理解微电子电路设计——模拟电子技术及应用(原书第 5 版)	[美]理查德·C. 耶格(Richard C. Jaeger)、[美]特拉维斯·N. 布莱洛克(Travis N. Blalock)著；宋廷强译

图 书 资 源 支 持

感谢您一直以来对清华大学出版社图书的支持和爱护。为了配合本书的使用，本书提供配套的资源，有需求的读者请扫描下方的"书圈"微信公众号二维码，在图书专区下载，也可以拨打电话或发送电子邮件咨询。

如果您在使用本书的过程中遇到了什么问题，或者有相关图书出版计划，也请您发邮件告诉我们，以便我们更好地为您服务。

我们的联系方式：

教学资源·教学样书·新书信息

地　　址：北京市海淀区双清路学研大厦 A 座 714

邮　　编：100084

人工智能科学与技术
人工智能|电子通信|自动控制

电　　话：010-83470236　010-83470237

资源下载：http://www.tup.com.cn

资料下载·样书申请

客服邮箱：tupjsj@vip.163.com

QQ：2301891038（请写明您的单位和姓名）

书圈

用微信扫一扫右边的二维码，即可关注清华大学出版社公众号。